ALBERT SLOSMAN

LA ASTRONOMÍA SEGÚN LOS EGIPCIOS

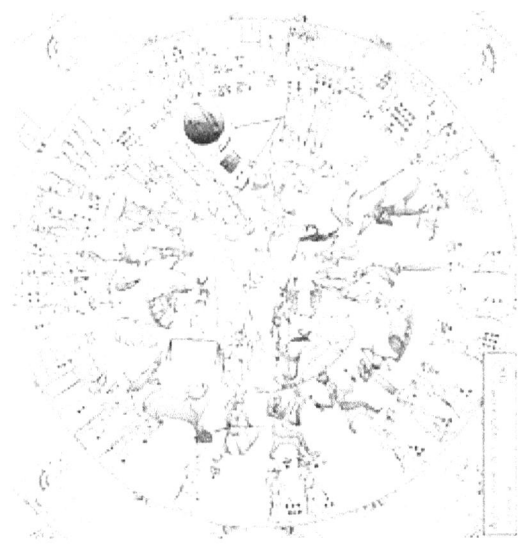

OMNIA VERITAS

ALBERT SLOSMAN
(1925-1981)

Fascinado por el antiguo Egipto y la Atlántida. Profesor de matemáticas y experto en análisis informático participó en los programas de la NASA para el lanzamiento de Pioneer en Júpiter y Saturno. Su intención era encontrar la fuente del monoteísmo y escribir su historia. Su búsqueda de los orígenes de todo y de todos le llevó, de forma curiosa e inesperada, a centrar su atención en la antigua civilización egipcia, cuya formación y desarrollo fue abordado con una mente abierta e independiente a lo largo de su corta vida. Albert fue un luchador de la resistencia durante la Segunda Guerra Mundial, torturado por la Gestapo, y más tarde víctima de un accidente que lo dejó en coma durante tres años. Slosman era una persona de apariencia y salud extremadamente frágil, pero animada por una intensa fuerza interior que lo mantenía vivo, motivada por el deseo de completar una obra de 10 volúmenes que pretendía ser un enorme tejido de la permanencia del monoteísmo a través del tiempo, y que su prematura muerte no le permitió concluir. Un accidente banal, una fractura del cuello del fémur, tras una caída en los locales de la *Maison de la Radio* de París, le quitó la vida, tal vez porque su cuerpo, (su carcasa humana como le gustaba decir) ya bien sacudido, no pudo soportar una agresión adicional, por insignificante que fuera.

LA ASTRONOMÍA SEGÚN LOS EGIPCIOS
© Omnia Veritas Limited, 2020

L'Astronomie selon les Égyptiens, Robert Laffont, 1983
Traducido del francés por Antonio Suárez
Publicado por
OMNIA VERITAS LTD

www.omnia-veritas.com

Reservados todos los derechos. No se permite la reproducción total o parcial de esta obra, ni su incorporación a un sistema informático, ni su transmisión en cualquier forma o por cualquier medio (electrónico, mecánico, fotocopia, grabación u otros) sin autorización previa y por escrito de los titulares del copyright. Ninguna parte de esta publicación puede ser reproducida por ningún medio sin permiso previo del editor. La infracción de dichos derechos puede constituir un delito contra la propiedad intelectual.

PREFACIO	**13**
CAPÍTULO I	**29**
La eternidad del tiempo	29
CAPÍTULO II	**50**
Las errantes del Sistema Solar	50
CAPÍTULO III	**66**
La "fija": Sirio	66
A. Nota importante sobre las radiaciones de la fija Sirio	82
B. Nota acerca de la palabra "pirámide" y su origen	86
C. Nota acerca del zodíaco de Dendera	90
CAPÍTULO IV	**91**
El Zodíaco según los Egipcios	91
CAPÍTULO V	**108**
Set: el dios Amón de la era del carnero	108
CAPÍTULO VI	**124**
Nut: reina del firmamento en la era de Piscis	124
CAPÍTULO VII	**136**
Hapy: el cuerno o la era del que vierte las aguas	136
CAPÍTULO VIII	**149**
Al inicio era el naja. (capricornio)	149
CAPÍTULO IX	**163**
La Astrología según los Egipcios	163
nota a propósito de los "42"	179
CAPÍTULO X	**185**
La Astronomía según los Egipcios	185
nota acerca de un calendario astronómico descubierto en la tumba de Ramses vi	198
CAPÍTULO XI	**199**

La vida eterna la constelación de Virgo 199

CAPÍTULO XII 210

El cuchillo de Set el asesino. Los dos leones 210

CAPÍTULO XIII 222

Las doce casas astrales 222

Anexo 233

Acerca de las bibliotecas y de la escuela de Alejandria 244

CAPÍTULO XIV 248

Los sesenta y cuatro "genios" del cielo: los khent 248

CAPÍTULO XV 267

Las combinaciones-matemáticas-divinas o los aspectos astrológicos 267

CAPÍTULO XVI 284

La carta del cielo del nacimiento 284

CONCLUSIÓN 296

OTROS TÍTULOS 299

Albert Slosman, 1925-1981

Apasionado por el antiguo Egipto y la Atlántida. Profesor de matemáticas y doctor en análisis de logística informática, participó en el programa informático "*Pionner*", en la NASA, y en el lanzamiento de los cohetes sobre Júpiter y Saturno en los años 1973. Su intención era volver a encontrar la fuente del monoteísmo y escribir su historia. Su búsqueda de los orígenes de todos y de todo lo llevó por curiosas e inesperadas sendas, hasta fijar su atención en la "antigua civilización de Egipto", cuya formación y desarrollo fueron estudiados con espíritu abierto e independiente a lo largo de su vida.

Albert Slosman participó en la resistencia en la segunda guerra mundial, torturado por la "Gestapo" y más tarde, víctima de un accidente estuvo tres años en coma. Su aspecto y salud siempre fueron extremadamente frágiles, pero animado por una gran fuerza interior que lo mantuvo en vida, y motivado por su deseo de poder llevar a término una obra de diez volúmenes que expondría la trama de la permanencia y constancia del monoteísmo a través de los tiempos... Sin embargo su muerte prematura no permitió concluirla. Un banal accidente de oficina, una fractura del cuello del fémur por su caída en los locales de la "Casa de la Radio" en París, le quitó la vida, quizás su cuerpo, "su cascarón humano" como a él le gustaba describirlo, ya muy gastado no pudo soportar una agresión suplementaria por insignificante que pareciera.

Los Horóscopos, o *Conservadores de las Horas*, velaban para que el tiempo exacto del nacimiento fuese cuidadosamente anotado en el seno del espacio circular. Los maestros de la Medida y del Número, o Calculadores de la Eternidad, enseñaban noche y día acerca de la posición de los planetas y de las estrellas, a fin que las configuraciones celestes fuesen perfectamente conocidas para cada instante de la Eternidad.

Los grandes videntes, o guardianes de la Ley de la Creación predicaban la obediencia estricta a los imperativos de las circunvoluciones celestes.

Así, la astronomía vio el día con las *Combinaciones-Matemáticas-Divinas*, calculadas según la posición de las doce constelaciones zodiacales en relación a las Siete Fijas y las Errantes de nuestro sistema solar. Este cinturón ecuatorial, literalmente abrazando con todo su poder de radiación definida y perfectamente descrita, aporta sorpresas al lector. Tal es la *Astronomía según los egipcios*, traducida y contada de forma magistral por Albert Slosman, autor de los Supervivientes de la Atlántida y de Moisés el Egipcio.

Albert Slosman con la colaboración de Elisabeth Bellecour, 1983.

PREFACIO

Una cosa es absolutamente cierta: Los primeros egipcios llegaron un día a orillas del Nilo con todas las disciplinas científicas, y de inmediato esos hombres aparecieron como "dioses" a los indígenas que aún vivían ahí en la edad de piedra. La polémica empieza cuando se debe determinar de dónde venían.

Pero ese no es el propósito de esta obra, que es la primera de una trilogía traduciendo los textos jeroglíficos originales: los que se refieren al estudio del cielo. En efecto, en esta época lejana de la primera dinastía no había astronomía, ni astrología, sino una composición matemática de los elementos celestes dispuestos por Dios en su Creación y destinados a ser usados por las criaturas humanas para permanecer en acuerdo con el cielo, es decir, con la armonía, on cl Bien.

Presentando públicamente esta *Astronomía según los egipcios,* que no tiene nada que ver por supuesto con lo que se dice o se hace en las tristes oficinas que se llaman "Gabinetes de Astrología". Sé que las reacciones serán vivas y que este libro levantará pasiones, y críticas terribles entre todos los que se vanaglorian de ser los *magos profetas del porvenir.* Es por lo que no deseando desviarme de la línea que me he fijado desde la publicación de mi primer libro, me limitaré a una narración pura y sencilla de los textos jeroglíficos que informan de fenómenos celestes precisos, dependiendo de la astronomía que estaba íntimamente ligada a todos los destinos humanos hace aproximadamente seis milenios.

Los textos sagrados son formales: el cinturón de las Doce que forma la bóveda celeste posee todos los poderes de la predestinación sobre las parcelas divinas: las almas terrestres, gracias a las configuraciones de las Errantes y de las Fijas que forman las Combinaciones Matemáticas Divinas.

La *Astronomía según los egipcios* provocará discusiones, que mi frágil condición física no podrá seguir, ya que desvela estos movimientos combinatorios de la Creación divina en relación a las criaturas, de las cuales el ser humano no es más que una ínfima minoría.

De forma que, a pesar de todas las dificultades de transcripción de la jeroglífica y de su adaptación, no sólo a nuestro idioma, sino a nuestra comprensión esencialmente diferente a la de los antiguos habitantes de las orillas del Nilo, presento este libro para que *mediten* aquellos que buscan comprender el conocimiento.

Hace dieciséis años que compulso todas las inscripciones que hablan del cielo en Egipto, y hoy, actualmente la primera parte de mi obra aparece bajo una *Trilogía de los Orígenes*, me quedaba mucho material en los archivos de trabajo, varios miles de documentos inéditos, en forma de fotocopias de papiros, diapositivas de los grabados que cubren muros enteros de los templos egipcios especializados en el estudio del cielo, como en Esna, Edfu, y sobre todo en Dendera, y en el Alto-Egipto en los edificios religiosos dedicados a la tríada Divina.

Sin embargo, todos esos textos jeroglíficos, que son, no lo olvidemos, escritos Santos, tres veces santos, tal y como se explica en el templo de la Dama del Cielo, en Dendera, justamente surgen aquí desde los tiempos más remotos para mayor admiración de los lectores. Se refieren al dominio religioso de los *Pontífices*, de los *Profetas* y de los *Horóscopos* (los maestros de las horas de la vida), que eran los *Grandes Sacerdotes* especialmente encargados de estudiar la enseñanza, pero también de vigilar la marcha del *Tiempo en el Espacio*, para que nada ni nadie pudiese interferir de una forma u otra en la navegación de los planetas y de las estrellas para que reinara eternamente la armonía divina entre el cielo y la tierra. Así el Creador mantendrá su creación y su protección sobre todas las criaturas.

Para conservar a toda costa este lazo de unión con el cielo, a pesar de la impiedad que se amplificaba y a pesar de las profecías alarmistas, los *Horóscopos*[1] buscaban afanosamente el fallo que se hubiera podido deslizar en sus cálculos. Pero las Errantes y las Fijas navegaban bajo el *Gran Río, o Hapy*: la Vía láctea, siguiendo el rito inmutable decretado por la Ley de la Creación.

Los *Siete* de nuestro sistema solar, no se desviaron jamás, ni la más mínima pulgada, desde del día del Gran Cataclismo, que había hecho oscilar el eje de nuestra tierra 180° y, por consiguiente, la visión del Sol, considerado como el jefe de fila de las Errantes. Las *doce* del cinturón, que son las doce constelaciones de la eclíptica, mantenían su lugar privilegiado, poseedoras de las radiaciones, impulsos emisores de nuestras ondas personales.

En fin, Sep'ti, la Sothis griega, nuestra Sirio, seguía siendo la gran maestra de nuestros destinos ritmando la marcha del tiempo con su calendario celeste desgranando el Año de Dios, extenso de 1.461 años solares. Las Combinaciones-Matemáticas-divinas no sólo eran previsibles, sino que permanecían incorruptibles excepto si Dios decidía otra cosa.

Las configuraciones geométricas dibujadas en el cielo no podían indicar más que el final del Edén, llevando la humanidad a su perdición. Todas estas nociones originales son ampliamente desarrolladas en los primeros capítulos de este libro, también se han nombrado numerosas veces en los libros ya editados. Pero este prólogo permite recordar que únicamente la astronomía y la matemática permiten predecir el futuro global. Ocurría lo mismo con las profecías sobre el futuro de los faraones o de los grandes consejeros. Es por lo que el término de astrología es impropio para calificar esta ciencia divina que muy pocos grandes sacerdotes dominaban.

Ya, que no sólo se debía ser *Gran Sacerdote, Horóscopo, Geómetra y Astrónomo*, sino que, además, debía haber superado todas las iniciaciones y llegado al grado supremo del conocimiento y la Sabiduría. Pocos de ellos, pues, accedían al título envidiado y respetado de

---

[1] Personas especializadas en los cálculos de las combinaciones matemáticas divinas.

"*Maestro de la Medida y del Número*". Y sus investigaciones fundamentales, tanto como sus previsiones y predicciones, no tenían una meta lucrativa, sino únicamente la de una promoción total del *bien público para armonizar la vida terrestre a las decisiones celestes.*

Ello puede parecer demasiado simplista, ingenuo o simplemente sorprendente al lector no avisado de la historia de esta lejana antigüedad. Pero si realizamos que ello ocurría hace más de seis mil años en el seno de una civilización avanzada, y que existía cuando vivíamos en el fondo de las cuevas ahumadas, vestidos o no con pieles rugosas de animales, puede que no parezca tan imposible ni tan irrealizable.

Los innumerables monumentos y templos descubiertos a lo largo de los más de mil kilómetros del Nilo, (es decir, la misma distancia que une Dunkerque a Marsella, sin necesidad de decir más para los franceses) las pirámides y la Esfinge son testimonios del vigor y de la inteligencia de este pueblo original. Cada una de las piedras grabadas cuyo número es incalculable, bien en los templos, en las necrópolis o en cualquier otro lugar arqueológico, obliga al respeto y sobre todo a la meditación y al recogimiento.

Numerosas veces he observado que los turistas hablan en voz baja paseándose entre los 134 pilares gigantescos de Karnak, la ciudad del dios-carnero de la antigua Luxor, como si temieran atraer los rayos de los constructores. No hay ninguna duda de que cada uno de estos edificios, que costó tantas penalidades y sangre, nos evidencia la opinión propia de un pueblo con un alto concepto de su grado de progreso en todas las disciplinas: religiosas, científicas, astronómicas, al igual que artísticas.

Cada obelisco, cada tumba, cada piedra, da prueba evidente de que los egipcios poseían no sólo una habilidad que iguala con facilidad la de nuestros mejores constructores de catedrales de la Edad Media, sino, y sobre todo, arquitectos tan experimentados como los nuestros, escultores fuera de lo común, dibujantes a los que les era familiar todos los procesos de reprografía como el de los grabados sobre piedras de las más duras y cuya pintura de colores es de tal nitidez y brillo que algunos de nuestros contemporáneos aún están en ese nuevo enigma químico.

Estos *maestros* sabían además explotar metódicamente las canteras y las minas, fundir los metales y hacer aleaciones entre ellos con el fin de utilizarlos de todos los modos, incluyendo la confección incomparable de los más preciados atavíos para decorar los bellos cuerpos de las egipcias. Los dibujos encontrados lo atestiguan provocándonos admiración, y todos nuestros libros de arte muestran al mundo entero los cuerpos de esas nobles mujeres, reinas, princesas, o simplemente burguesas, apenas vestidas con túnicas transparentes pero llevando joyas incomparables de categoría superior.

Para la construcción de los templos en si, es muy cierto que los maestros de obra conocían, además de su arte, la aritmética, la física y la geometría. Todos los que han visitado los edificios religiosos de Edfú, Esna y Dendera, cercanos unos a otros, han visto la representación terrestre simbólica de la tríada divina celeste: Osiris, su esposa Isis, y su hijo Horus. De ahí la conclusión patente que la religión monoteísta aliada a la astronomía era la preocupación esencial de los sacerdotes de estos templos, que además, eran observatorios astronómicos.

Añadiría sencillamente que en los primeros edificios construidos en los mismos lugares, decenas de siglos antes, se veneraba no ésta tríada, sino la anterior; la de sus padres: *Ptah, que era Dios-Uno, la Reina-Virgen Nut, y su hijo Osiris*. Habiendo ampliamente hablado de ello en el libro el *Gran Cataclismo*, ya publicado no volveré sobre ello, más que para hablar del esposo terrestre de Nut, que fue Geb.

Los famosos autores griegos de lo que llamamos la "*antigüedad*", tendieron a hacer de los babilónicos y caldeos los inventores de la astrología, denegando a cualquier otro todo predominio en tema de astronomía, por motivos fáciles de comprender, echando la responsabilidad a su orgullo como pueblo que se pretendía el más civilizado de todos.

Y aún, es esta opinión errónea generalmente despreciada por los que actualmente hacen negocio de un arte que se ha convertido en mercancía, a fin de no tener que reconocer que la astronomía era egipcia y que ellos no tenían noción alguna de su práctica. Si las páginas que siguen sólo pudieran servir para abrir sus ojos, ¡ya me sentiría satisfecho! Pero la naturaleza humana está hecha de forma que estos señores que comercian con esta ciencia protestarán y se quejarán a gritos para protegerse y hacer prevalecer únicamente su modo de actuar. Sin embargo, este engaño llamado caldeo no descansa en ninguna base histórica seria. Sin escrudiñar todos los manuscritos llamados originales, ya que no es la meta del libro, preciso aquí que me es imposible ordenar como datos las pretendidas observaciones realizadas a lo largo de 450 siglos de los diez reyes antidiluvianos nombrados por Beroso, ya que justamente los *únicos textos válidos* son los grabados en los muros de los templos de Dendera y de Edfú, relativos al observatorio de Ath-Mer, que era la capital de la Atlántida descrita por Platón, antes de Beroso el mismo lapso de tiempo.

Ocurre igual para la serie de observaciones que Calisteno envió desde Babilonia a Aristóteles, ya que sólo abarcaban un período de tiempo de 1.903 años. Sin embargo, el planisferio de Dendera describía escrupulosamente el estado el cielo en julio de 9.792 antes de nuestra era, lo que nos da una amplitud muy diferente para reconocer el valor de la *Astronomía según los egipcios.*

En realidad, todos los autores que citaron los caldeos y que fueron retomados por los astrólogos contemporáneos sin discernimiento alguno, no recitaron más que leyendas haciendo de los babilonios los fundadores de esta ciencia, ya que fueron alumnos más o menos motivados de los discípulos de algunos maestros menos clarividentes que enseñaban cualquier cosa a cambio de monedas sonantes y tan inciertos datos que escindieron, en aquel momento, en diferentes grupos la famosa escuela de Alejandría.

Tolomeo, entre otros, encontró todos los elementos de su *Composición Matemática,* título cercano a las *Combinaciones-Matemáticas-divinas* del antiguo Egipto, y en el que cita siete eclipses de Luna anotados en Babilonia entre el año 720 y el año 367 antes de nuestra era. Es, de hecho, el libro más serio que nos queda de esta realidad que fue la ciencia astronómica babilónica que, efectivamente, sucedió a su primogénita: La astronomía egipcia.

En cuanto a los griegos mismos, y hago aquí alusión a Tales de Mileto, a Pitágoras de Samos, Eudoxo, Platón, Plotino, Solón, y a todos los que salieron en búsqueda del saber enterrado a orillas del Nilo, aprendieron sólo briznas del conocimiento que, a su vez, enseñaron a su regreso a Grecia donde fueron considerados como grandes sabios y respetados como tales, mientras no se mezclaran en política haciendo sombra a los dirigentes de las ciudades que los acogían.

Los que, con sus escuelas recién abiertas, inculcaban a los jóvenes espíritus ávidos por aprender las débiles nociones que traían sobre la esfericidad de la tierra, la oblicuidad de la eclíptica y, además, en la escuela de Pitágoras de Crotona, sobre el movimiento cotidiano de la tierra sobre un eje inclinado como consecuencia de un cataclismo y su movimiento anual alrededor del sol, sólo podían ser considerados como unos tipos de dioses ellos mismos. Exceptuando a Pitágoras, que recibió una iniciación total en las más importantes Casas-de-Vida de Egipto que eran las escuelas adjuntas a los templos. Ninguno de los demás lo consiguió.

Sin embargo, los documentos jeroglíficos de todo tipo abundan sobre más de mil kilómetros a lo largo de todo el país que se denominaba bellamente *Segundo Corazón de Dios*. El conocimiento integral estaba a disposición de los corazones puros, los únicos que eran aptos para comprender, y ello varios milenios antes de que la Acrópolis de Atenas fuese una colina sagrada y la ciudad un lugar de comerciantes a merced de todos los bandidos llegando del mar.

Lo que debemos comprender bien, o sencillamente admitir, es que todos los textos sagrados, transcritos únicamente a partir del día en el que se estableció el calendario, en el mejor momento astral que era la conjunción Sirio-Sol, que se produce una vez cada 1.461 años, no sólo se refería a la astronomía con sus Combinaciones Matemáticas, sino a todas las demás disciplinas, incluyendo la anatomía y la medicina cuyos papiros son los más cotizados y famosos del museo de Berlín, y que remontan al hijo del primer rey de la primera dinastía, Athotis, que reinó en 4.240 a.C. Además, también fue este faraón quien restituyó la escritura y al que los griegos nombraron Thot, más tarde fue su famoso dios Mercurio.

En lo referente a la astronomía, ésta seguía perteneciendo al dominio privilegiado de los pontífices del colegio de los Grandes Sacerdotes. Por ello, los textos más dignos de fe, vueltos a copiar continuamente, son justamente aquellos reproducidos sobre los muros del templo de la Dama del Cielo en Dendera, en el Alto-Egipto, totalmente dedicados al estudio de la bóveda celeste.

Los textos, *seis veces* vueltos a ser copiados y grabados en cada una de las sucesivas reconstrucciones del edificio, incontestablemente ofrecen la garantía necesaria de autenticidad para tal estudio. Y a pesar de que el último conjunto sea una reconstrucción tolemaica de los últimos siglos antes de nuestra era, la jeroglífica jamás ha sido falsificada. En el templo, bien despejado, visible hoy para cualquier turista, cada uno puede admirar el menor centímetro cuadrado de muro, tanto en la sala hipóstila, como en las doce criptas en el subsuelo, en la terraza superior, en la sala del zodíaco, o incluso sobre los muros de las escaleras interiores que no tienen apertura alguna. Todo, absolutamente todo es utilizado para contar la aventura original de este primer pueblo vencido que vino a refugiarse ahí seis milenios antes. Era en tiempos del *Primer Corazón de Dios*: *Ahâ-Men-Ptath*, donde vivían la buena Reina-Virgen, Nut, que dio a luz a su Hijo-Divino, Osiris y luego a otros tres hijos más engendrados por su esposo el rey Geb y que eran: Set, luego las gemelas Isis y Nephtys, por respetar sus patronímicos griegos.

Es en este templo donde he efectuado la mayoría de mis meditaciones. Ahí, he tomado miles de fotografías para no depender de los centenares de páginas de dibujos de los egiptólogos que admiro por su hazaña, realizadas a mano desde el tiempo de Auguste Mariette hasta F. Daumas, y que hoy aún ofrece un trabajo ejemplar, sin olvidar a Chassinat que publicó una obra fotográfica en seis volúmenes notables.

A pesar de ello, desde los primeros días se elevaron tantas protestas por omisiones, añadiduras o jeroglíficos inexistentes, como en los cartuchos vacíos en los dos laterales o cintas que rodean el cuerpo de Nut cerca del zodíaco, añadidos por los miembros de la comisión científica que acompañaba a Bonaparte en 1.799 en su campaña de Egipto, sencillamente para hacerlo bien, y desencadenaron una polémica insensata entre los partisanos de un origen corto y los que preconizaban una antigüedad mucho más remota. Y curiosamente, fue Champollion el que apaciguó los ánimos al volver de su periplo de Dendera declarando que no había nada en esos cartuchos en el templo mismo, por el simple y único motivo que el nombre venerado de Dios-Uno, Ptah, Creador de todas las cosas en la tierra y en el cielo no debía jamás ser escrito ni grabado en ningún lugar.

Una habitación llamada por los egiptólogos la Sala de las Ofrendas y en la que según ellos, se encuentran detalles de las fiestas consagradas a la diosa del amor Hator que los griegos llamaron por este mismo motivo Venus [¡sic!], era el lugar donde después de innumerables orgías los participantes depositaban suntuosas ofrendas una vez al año.

Mentiras: ¿Cuántas verdades no se han pretendido llamándose verdades? La historia es totalmente otra, como lo cuenta la jeroglífica de esta habitación. Pero aquí también hay que desprenderse del prejuicio de la Iglesia de principios del siglo XIX, y conocer al menos un mínimo de astronomía, lo que no fue para nada el caso de los primeros visitantes de este templo.

En Primer lugar *Hator*, no es más que uno de los diez mil nombres que se le ha dado a Nut y a su hija Isis, confundidas en una única veneración. Los dos jeroglíficos Hat y Hor, significan: corazón y Horus, se trata pues de la que dio a luz a Horus y que es la *Buena Madre Isis*, el mismo título que la *Buena Madre María* tiene en Marsella-Francia. Es, pues, el Amor materno el que era venerado en este edificio, y nada, absolutamente nada, permite decir que ahí había orgías. Fue todo lo contrario, en este lugar la devoción alcanzaba su máximo. Y si efectivamente esta sala recibía lujosas ofrendas, era sencillamente porque esta adoración a Isis sólo era una vez al año, al inicio del año de Sirio, que en jeroglífica se llamaba el año de Ptah, y cuyo primer día sólo ocurría una vez cada 1.461 años haciendo objeto de una fiesta que atraía peregrinos de todo Egipto.

Y ese día, las barcas sagradas, las *Mandjit*, las que habían salvado del Gran Cataclismo a la tríada divina, viniendo de Edfú y de Esna por el Nilo con gran pompa, coincidían en Dendera con las que habían salvado a Nut e Isis. Cada una de estas barcas, llevaba una reliquia santa que había pertenecido a los miembros de la tríada divina. Se dice que esta extraordinaria ceremonia duraba "*un día*". Isis volvía a encontrar a su esposo e hijo, lo que era ocasión de fervientes actos de piedad en los que cada uno rezaba y pedía la anulación de sus pecados al igual que solicitaba millones de ventajas, y prometía buenas acciones para el futuro. Pero este *día* de Sirio duraba en realidad *un año solar*.

En efecto, y es ahí donde la astronomía es muy útil para comprender: la revolución anual de esta estrella es de 365 días en relación a la tierra y no de 365 días + ¼ (un cuarto). En el cielo de Dendera, el primer día del mes de Thot de cada año solar (el 19 de julio de nuestro calendario) Sirio aparece con seis horas de retraso en relación al año anterior. En cuatro años, pierde así un día (el que nosotros añadimos para hacer el año bisiesto en nuestro descuento de calendario). Por lo tanto, a lo largo de los 1.461 años de 365 días de Sirio, han pasado justo 1.460 años solares en el momento de la conjunción Sirio-Sol.

De ahí, los 365 días de desfase utilizados en Dendera para las fiestas religiosas cada 1.460 años de Sirio para agradecer a Ptah su benevolencia hacia la multitud a través de Osiris, Isis y Horus que la engendraron, y reiniciar un Año de Dios, siguiendo la voluntad de las Combinaciones-Matemáticas-divinas, volviendo a empezar partiendo del primer día del nuevo Thot. Había, pues, millones de peregrinos depositando sus óbolos en la Sala de las Ofrendas, a lo largo de un *día de Sirio* que, en realidad, eran 365 días solares.

Muchos textos de todas las épocas de la historia de Egipto nos ofrecen los mayores detalles sobre todas las festividades que se desarrollaban en Dendera durante este lapso de tiempo. Una procesión de tres barcas divinas abren el tiempo reservado a la veneración de Ptah.

En el templo de Men-Nefer, por ejemplo, situado a casi ochocientos kilómetros de ahí, en el delta del Nilo, la escritura se inicia así:

La multitud nacida de Osiris hará fiesta a Ptah, desde la llegada de las barcas sagradas.

En Dendera, los dibujos tomados por Auguste Mariette, demuestran, si es necesario, que incluso el faraón que reinaba en el momento de esta gran fiesta venía a participar, tirando él mismo, con ayuda de una cadena de oro, la barca conteniendo las reliquias de Osiris. El texto que acompaña el grabado es el siguiente:

Está tirando en la gran fiesta de Osiris, el hijo de Path, por el rey en persona.

La aportación de su ofrenda al Padre de la Multitud, por su descendiente, el Maestro de las Dos-Tierras.

Este dibujo es extraído de la obra de A. Mariette de Dendera (vol. IV, p. 85) y muestra perfectamente al rey Thuthmes tomando la cadena para tirar él mismo de la barca divina llevando una de las reliquias del cuerpo de Horus que se ve, bajo su simbólico gavilán, en el trono frente la nueva salida. Lo sorprendente es que, con pocos meses de intervalo, otro egiptólogo de tanta fama como Mariette, pero alemán, H. Brugsch, tomaba otros datos en el templo de Abidos, que se sitúa al norte de Dendera, donde una reproducción en un muro le llamó la atención y en la barca, semejante a la del dibujo de Mariette había un instrumento de música, simbolizando también el mismo acontecimiento de partida para toda una multitud que huía de un cataclismo que creía universal.

Para no iniciar una polémica, que sería estéril en este libro sobre astronomía, dejo la oportunidad al lector de examinar bien esta reproducción que data del tercer milenio antes de nuestra era, ¿qué puede recordar?

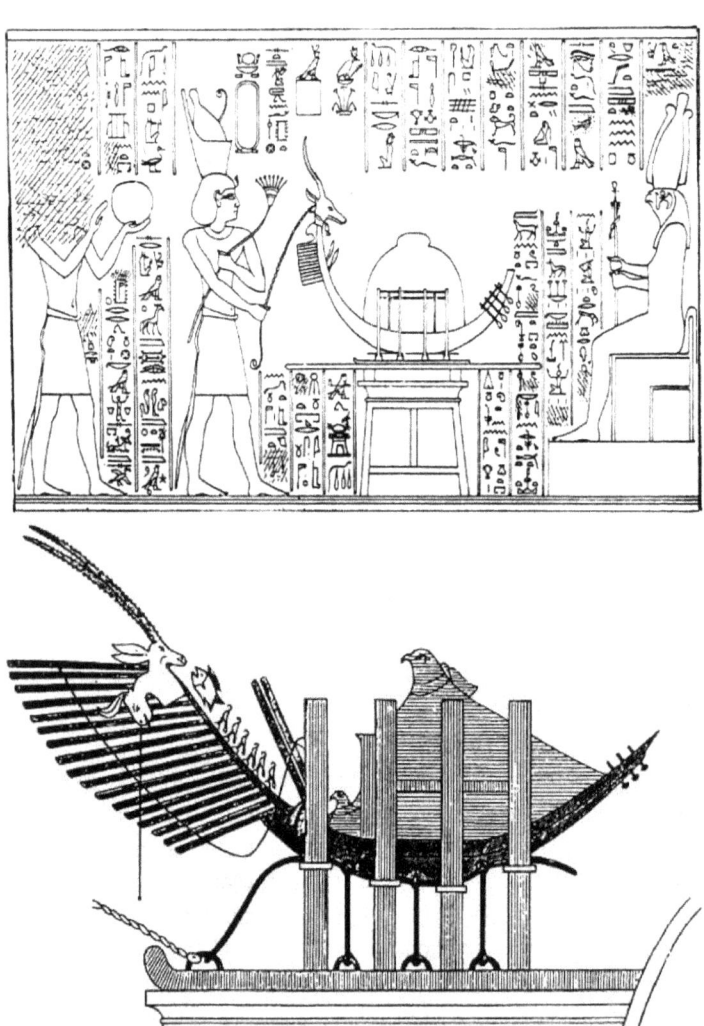

¿Qué diría nuestro buen amigo Noé? Ya que los antiguos egipcios eran supuestamente bárbaros sin conocimiento alguno.

Y esta significativa frase grabada en la puerta del templo de Edfú que sólo se abría para dejar salir la barca sagrada de Horus, en la que cada uno puede leer y casi comprender sólo mirando:

𓂧𓂋𓃀 𓏏 𓉐𓂋𓈖 𓂓 𓄿 𓊨

Esta puerta del templo no puede abrirse más que para dejar paso a la Mandjit, la barca divina, y únicamente al alba del gran día.

Estamos muy lejos de los cuentos divulgados con una nauseabunda exquisitez por los que eran los primeros en deber asumir la responsabilidad de instruir a los pueblos hace dos siglos. Las elucubraciones que siguieron al encaprichamiento por Egipto, gracias a la promoción de Champollion, no hicieron nada por desmentir ese barbarismo venido de otro lugar, y cada egiptólogo del siglo XIX deseó quedar como sabio.

Pero, ¿por qué, hoy, los hombres eruditos no quieren reconocer que no hay nada real en todo lo que se ha aprendido? No más de lo que hay en los cuentos no para dormir. No hay daño alguno en admitir sus errores, al contrario, sólo los idiotas dicen no equivocarse nunca.

Otros hechos patentes, casi más importantes aún, reclaman una antigüedad aún más remota de las construcciones del lugar de Dendera. Existen incluso en la misma famosa sala de las ofrendas que, no lo olvidemos, forma parte del edificio reconstruido por sexta vez bajo los tolomeos, en el segundo siglo antes de nuestra era.

Estos jeroglíficos demuestran los innumerables ingresos atribuidos a lo largo de la fiesta anterior, es decir casi mil quinientos años antes, por el mismo Tutmosis III, a su madre Hator en An-del-Sur, que era el nombre religioso de Dendera. *Hator* se llamaba en esta ocasión: *Ojo de Râ, Dama del Cielo, Hija de Ptah, tres veces grande.*

Y este texto, además de hacer mención detallada de la devota generosidad del faraón, introduce categóricamente y de forma natural, nociones referentes a la famosa antigüedad del lugar de Dendera que parecen dar vértigo y que ha hecho encogerse de hombros a tantos egiptólogos que olvidan deliberadamente, a propósito, el contenido de los dos documentos a continuación que atestiguan indudablemente un origen más lejano de los textos que están grabados, y que eran preciosamente conservados por los faraones de todos los tiempos.

Este es el primero:

Buscando los planos de las construcciones antiguas, las Combinaciones-Matemáticas-divinas en An-del-Sur, trazadas por los Escribas Primogénitos,

escritos sobre pieles de gacelas... fechadas después de la destrucción, en tiempos de los Seguidores de Horus, los

planos buscados han sido encontrados dentro de un muro del recinto interior sur.

Este plano databa del rey Meri-Râ, Hijo directo de Geb, rey de las Dos-Tierras: el faraón Pepi.

La segunda línea ha sido martilleada, pero es fácil darse cuenta de que se trata del nombre de uno de los Primogénitos, esos reyes de la dinastía de los Descendientes-divinos que reinaron mucho antes de que Menes asegurara la unificación de los Seguidores de Horus y de los Adoradores del Sol. Lo que no impidió que este rey Meri-Râ: Amado-del-Sol, Pepi, tuviera el cetro de las Dos-Tierras en 2.988 a.C., y que a lo largo de su reinado, viniese a coronarse gran sacerdote del Templo de la Dama del Cielo, para poder penetrar mejor en el famoso Círculo de Oro subterráneo: el que contenía la construcción gigantesca del cinturón de las doce constelaciones y de todas sus Combinaciones-Matemáticas-divinas.

Pero la destrucción del nombre de los primogénitos deja pensar que aquel Pepi estaba más interesado por el colosal tesoro enterrado en los sótanos del Círculo de Oro, que por la astronomía. A partir de ahora, la seriedad de las informaciones grabadas desde la noche de los tiempos no puede ser puesta en duda o ser considerada con menosprecio.

Existe incluso una segunda citación grabada sobre el muro de otra sala que aún es más antigua, ya que forma parte del famoso rey Khufu (que es el Keops de los griegos, quien se adjudicó la gran pirámide como tumba personal) y que reinó 600 años antes, de 3.484 a 3.421 antes de nuestra era. Este largo reinado le permitió muchas fantasías despóticas, y los egiptólogos no pueden contar el número de edificaciones de todo tipo en los que hizo martillear los cartuchos reales para sencillamente poner el suyo en su lugar.

Sin embargo resulta que este rey Khufu, pues, el famoso Keops, hizo reconstruir en su tiempo, y por tercera vez, el templo de la Dama del Cielo de Dendera, que en jeroglífica recordémoslo, se denominaba "*An-del-Sur*", mientras que "*An-del-Norte*" era Heliópolis, en el delta del Nilo, cerca del Cairo, a unos ochocientos kilómetros.

Ahí también parece que el rey Khufu había dado la orden de destruir el viejo templo bajo el pretexto de reconstruirlo más hermoso. Lo que además hizo, pero su objetivo oculto era penetrar en los sótanos donde reposaba un tesoro incalculable. Sin embargo, no lo encontró para su mayor desesperación, ya que necesitaba urgentemente riqueza, oro.

He aquí el texto:

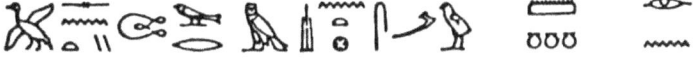

La renovación de las Combinaciones-Matemáticas-divinas, así como las nuevas construcciones al oeste de An-del-Sur, se han efectuado gracias al apoyo del Señor

de los Dos-Mundos: el faraón Râ-Men-Kheper, Hijo del Sol nuevo, rey

de las Dos-Tierras, el Hijo de Path Thoutmes-Horus que, buscando unos planos antiguos trazados por los Escribas Primogénitos,

ha encontrado los planos recopiados después de la destrucción por los del faraón Khufu.

Así, si añadimos el nombre del faraón Tutmosis a los dos anteriores, es fácil ver y comprender el interés de Dendera, por ello este prefacio estaba basado en este edificio llamado *Dama del Cielo*, en su Doble-Casa-de-Vida, y su Círculo de oro, el mismo que permitió milenios antes de nuestra era a los maestros de la Medida y del Número predeterminar con ayuda de los cálculos acerca de las configuraciones celestes llamadas Combinaciones-Matemáticas-divinas, el buen y mal devenir de su pueblo.

En cuanto a nosotros, ello nos permite presentar al lector de finales de este siglo, una era matemática divina que se ha convertido en la *Astronomía según los egipcios*, con todo lo que conlleva de simbolismo añadido.

CAPÍTULO I

LA ETERNIDAD DEL TIEMPO

Al inicio de los tiempos, cuando el hombre fue suficientemente inteligente para observar los movimientos de los puntos luminosos en el cielo, apuntó con atención lo que ocurría ahí arriba. La reflexión le llegó y meditó sobre varias influencias certeras, como la del Sol de día, y la Luna de noche que cambiaba regularmente de forma. Se convenció pronto que los otros puntos luminosos, aunque infinitamente más pequeños, eran casos similares. Ello tomó miles de años, por supuesto, lo que debemos admitir de entrada para mejor comprender el mecanismo.

Para los que vivimos en este siglo XX después del advenimiento cristiano, donde cada segundo que pasa lleva al mundo entero a una espiral cósmica que da vértigo, el tiempo no significa nada. Cada uno de nosotros desea llegar más rápidamente hacia una finalidad que lo supera manifiestamente, por la que se siente llevado como por una fuerza malvada contra la que ya no puede luchar, pero en la noche de los tiempos, no era igual.

Cada humano había admitido lo que su jefe le decía, obedeciendo una regla fundamental para vivir mejor. A continuación, se estableció una enseñanza para desarrollar el estudio de las configuraciones celestes, con las observaciones que derivan de ello. Para anotar y conservarlo y más tarde se convirtió en los *Anales*. Nacieron unos ideogramas que se transformaron en caracteres de escritura sagrada: la jeroglífica. Ello tomó unos cincuenta mil años, pero este conocimiento adquirido no trajo la paz ni la felicidad a los humanos, ya que sólo despertó en ellos una curiosidad insaciable, desarrollando celos, luego envidia, para acabar en el *Mal* y la lucha entre las criaturas que habían nacido para amarse y ayudarse.

El resto es conocido: y la cólera del Creador engendró el Gran Cataclismo y su sucesión de dramas hasta que los rescatados por medio de la empresa de los *Menores* se instalaron a orillas del Nilo, obtuvieron la remisión de los pecados pasados y el permiso para ir a su segunda patria: Ath-Kâ Ptah, el Ae-Guy-Ptos de los griegos, que fue Egipto. El significado de esta denominación es clara: Segundo-Corazón-de-Dios[2].

Sin embargo, para los grandes sacerdotes de este país que vivían en el quinto milenio a.c., este estudio del cielo y de sus configuraciones era el de las Combinaciones-Matemáticas-divinas. Esta denominación ilustrada conseguía bien su objetivo, y en esa época no había ni astronomía ni astrología, sino un cálculo matemático de las configuraciones celestes. La Fija era el Sol, Las Errantes los Planetas. Más adelante veremos su nombre egipcio. Este cálculo permitía eliminar del entorno del pueblo, de su país, de su rey y de sus consejeros todas las ondas maléficas con el fin de permanecer en armonía con el cielo. Lo que está abajo debía ser como lo que está arriba para armonizar al Creador con sus criaturas y su creación.

Después de cuatro mil años de luchas fratricidas, Dios abandonó Egipto, y fue la destrucción casi total de los habitantes, de sus templos, y de su modo de vida. Cambises el Persa, en 525 a.C. lo destrozó todo. Los griegos vinieron después tranquilamente y se adueñaron de los restos científicos que pudieron adquirir antes de transformarlos para su mayor gloria en inventos helenos. Pero desde la invasión en Egipto de los hicsos, los reyes-pastores de origen semita, los caldeos y los babilónicos ya habían visto el partido que podían sacar de estas Combinaciones-Matemáticas, y a pesar de no comprender ni el cuarto, se las llevaron a su país, ¡capaces de predecir el futuro leyendo en los astros!

---

[2] Leer la trilogía publicada: *El Gran Cataclismo, Los Supervivientes de la Atlántida* y *Dios resucitó en Dendera*. Mismo autor, Omnia Veritas Ltd, www.omnia-veritas.com.

Los griegos adoptaron a su vez a Osiris y Ptah como Neptuno y Zeus.

Es en esta época cuando empieza la clara distinción entre las dos disciplinas que aún hoy son la astronomía y la astrología. Y curiosamente, el primer antagonismo evidente que animó a los astrónomos contra los charlatanes fue el desconocimiento de la realidad de las Combinaciones-Matemáticas-divinas. La reciprocidad fue verdadera, los astrólogos que habían perdido ellos mismos la realidad cósmica de las configuraciones celestes, dejándolas en manos de los que no eran para ellos más que ciegos iluminados. Y los dos parecieron inconciliables y acabaron enemigos, limitándose a intentar resolver sus problemas en sus respectivas capillas.

En la Edad-Media, florecieron brujos y astrólogos de todo tipo, que compusieron las cartas cuadradas del cielo. En nuestra época contemporánea, donde los astrólogos desean destacar con invenciones como las de una decimotercera constelación, dejan fácil la crítica a los sabios astrónomos.

Otros puntos fundamentales están en el origen de esta irreductible oposición, parece ser. El primero es del *heliocentrismo,* palabra bárbara, debido a que *helios* es el nombre griego para el Sol. Los astrónomos dicen con razón que el astro del día es el centro de nuestro sistema solar, y los planetas como la tierra giran a su alrededor, es en vano establecer una carta del cielo donde el globo esté al revés, ya que el ser humano sobre la tierra es el centro del mundo. Este amplio movimiento celeste heliocéntrico es el sentido real, el único válido para ellos, ya que un observador situado sobre el Sol vería la progresión real terráquea y planetaria.

Los astrólogos bastantes incómodos, hay que decirlo, han replicado de forma evasiva: su ciencia no se ocupaba de ese movimiento de traslación, sino del que hacía rotar la tierra sobre ella misma, y que era geocéntrico. El sol y los planetas servían entonces para sus cálculos en una geometría inversa que les hacía decir que este sentido aparente, en relación a un movimiento de la eclíptica zodiacal, es efectivamente la realidad del futuro en progreso.

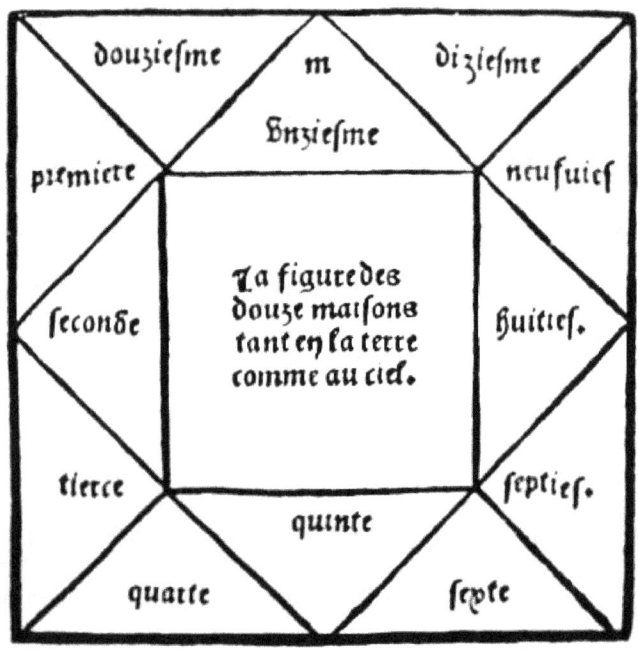

Sin extendernos en esta controversia entre las dos disciplinas que deberían ser hermanas, pero donde la astronomía sólo incluye sabios y la astrología muchos charlatanes y pocos investigadores convencidos, conviene pues hacer un acercamiento unitario que volverá a poner en valor la astrología en relación a la astronomía volviendo al punto de partida más antiguo: el Zodíaco de Dendera[3].

Sé que esta realidad molesta mucho a algunos espíritus dolidos cuyas profundas convicciones ancladas en cuanto a su supremacía no admiten de modo alguno que unos habitantes tachados de bárbaros en aquel tiempo tuvieran nociones astronómicas y reglas de vida al menos tan desarrolladas como las nuestras. Muchas quejas de desprecio o de cólera sonarán a lo largo de la lectura de estas líneas, pero estos defensores de un monoteísmo sólo posible desde el inicio de la cristiandad, seguramente jamás pusieron un pie en suelo egipcio, de

---

[3] Leer a este propósito el *Zodíaco de Dendera*, mismo autor, Omnia Veritas Ltd, www.omnia-veritas.com

otro modo hubieran tenido la oportunidad de estudiar las civilizaciones predinásticas y faraónicas, aunque sólo fuera de forma superficial como los turistas siempre en éxtasis.

Ello hubiera bastado para mostrarles la estrechez de sus miras. En cuanto a lo que implican los documentos auténticos expuestos sin fanfarronería en los museos internacionales como en Egipto, escritos en jeroglíficos narrando tranquilamente el perfecto conocimiento de los movimientos del universo y de sus papeles primordiales sobre la vida terrestre, es una pena que no se pueda levantar este tema que les es inaccesible.

Que apasionante estudio, aunque aún enigmático para la mayoría de los lectores de este libro que el de las Combinaciones-Matemáticas-divinas de las que la astronomía moderna saca los fundamentos más sólidos para la iniciación de la geometría y de la aritmética, incluso actualmente. Ellas establecen las pruebas irrefutables de la realidad de las enseñanzas legadas por la más antigua de las civilizaciones que un Dios-Único haya engendrado.

Algunos momentos de reflexión bastarían ya para hacer comprender las primicias combinatorias, nada más que en la contemplación absorta de los diferentes papiros astronómicos o matemáticos de aquel tiempo tan lejano para nosotros que nos parece irreal.

Cicerón ya confirmaba que los grandes sacerdotes de Egipto guardaban en sus archivos sacerdotales todos los accidentes que aparecían en el cielo, convencidos de que eran la reaparición de los mismos fenómenos después de un cierto espacio de tiempo más o menos largo. No se trataba, pues, de teorías celestes, sino efectivamente de muchas meditaciones efectuadas sobre un número incalculable de observaciones, gracias a las anotaciones ya tomadas en relación a las configuraciones celestes.

Cuando Séneca, después de muchos otros, nos dice que Eudoxo trajo de Egipto a Grecia el conocimiento del movimiento de los planetas, al igual que el año de 365 días más un cuarto, que le permitieron componer su tratado sobre las velocidades de las esferas homocéntricas, y que Conon, el hábil geómetra amigo de Arquímedes, había reunido las fechas de los eclipses solares conservadas por los egipcios (*ab Aegyptiis servatas*), es por lo que sería negar en contra de toda lógica que este pueblo haya sido el primero en transmitir el conocimiento y la sabiduría a todos los demás. Sin remontar hasta un tiempo anterior al Gran Cataclismo, ni al éxodo que siguió para llevar a los supervivientes hasta Dendera, la lectura de escritos como los *Textos de las Pirámides* permite situar astronómicamente, pues, con gran precisión las principales fechas. Y es seguramente este principio riguroso el que ha permitido la conservación de los anales. Los puntos de localización establecidos gracias a las Combinaciones-Matemáticas de Sirio, por ejemplo, justifican los reinados de los antepasados en una cronología exacta y ello desde Osiris, el Primogénito de Dios.

Esta Fija, como veremos más adelante, benefició a los antiguos egipcios con importancia capital en la vida cotidiana de cada ser a orillas del Nilo. Ella anunciaba, entre otras cosas, la llegada de las grandes crecidas que permitía a los ribereños preparar la evacuación, y lo hacían voluntariamente sabiendo que a su regreso un limo benefactor se habría depositado permitiendo la obtención de una cosecha abundante y rica.

Este punto principal es además pertinentemente relevado por el gran Heródoto en su *Historia*, (libro 2, tomo 1, pág. 182 de la traducción de M. Larcher) que dedujo astutamente que la geometría nació ahí, a través de esta oportunidad:

> "Los sacerdotes me dijeron también que ese mismo rey Sesostris hizo la división de las tierras, asignando a cada egipcio una porción de terreno igual y cuadrado, que se adjudicaría al azar, a cambio del pago anual de una cierta tasa.
> Si el río quitaba a alguien una parte de su porción, iba a buscar el escriba real y le explicaba lo ocurrido. Este príncipe enviaba al lugar los agrimensores para calcular cuánto había disminuido o aumentado la herencia, con el fin de establecer el pago proporcionalmente a la nueva superficie. He aquí, el origen de la geometría que pasó de este país a Grecia, pienso yo."

Diodoro de Sicilia, Diógenes Laercio, Apolodoro y muchos escritores, elogiaban de modo semejante el saber y el conocimiento matemático de los egipcios, sin darse cuenta que el origen era único: la observación, luego el estudio, y al fin el cálculo de las Combinaciones-Matemáticas-divinas que, como se verá más adelante en un capítulo completo, contiene un conocimiento perfecto de la geometría para las dimensiones angulares benéficas o maléficas entre otras. Por ello, el redescubrimiento de Galileo en los años 1.625, del movimiento real de la rotación de la tierra, permitió restablecer los datos astronómicos en relación a las antiguas definiciones egipcias que ya tenían cuenta de ello en sus copias sobre papiro.

En efecto, los movimientos complejos de nuestro globo en relación al resto del universo exigían dos dibujos circulares del cielo opuestos y contrarios, al menos en apariencia.

Hoy sabemos que ello representa el fenómeno de la precesión de los equinoccios, cuyo lento movimiento, muy lento, hizo bascular la tierra como una peonza, sobre su eje inclinado, y haciéndola retroceder sobre ella misma unos 25.920 años, antes de que el mismo punto terrestre vuelva a situarse en el mismo emplazamiento angular en el espacio. Es este período que los egipcios llamaban el Gran Año, término retomado más tarde por Platón. Igualmente el tiempo de la revolución de Sirio, que es de 1.461 años solares, se llamaba el Año de Dios. Es todo este concepto original del conocimiento de las Combinaciones-Matemáticas-divinas, convertido mucho más tarde con Tolomeo y Manilio en astrología, lo que constituye el contenido de los capítulos siguientes.

La influencia astral, que cae rudamente sobre nuestros cráneos desde que nacimos, no depende más que en débil parte de este movimiento planetario que preocupa tanto nuestros astrólogos, en primer lugar procede de una fuente emisora muy real, denominada el cinturón por la jeroglífica ilustrada en los textos egipcios. Este término representa las doce constelaciones zodiacales que aprisionan literalmente nuestro sistema solar a una distancia media de 80 a 120 años luz, tal y como lo haría un amplio cinturón alrededor de nuestro cuerpo.

Este cinturón, estando tan alejado de la tierra y de nuestras preocupaciones cotidianas, ha sido perdido de vista en cuanto a realidad palpable, si me puedo permitir esta expresión. Ya que la conjunción de las doce constelaciones que la forman tiene una influencia preponderante sobre las almas humanas terrestres, de la que pocas personas tienen consciencia, y de la que los sabios actualmente empiezan sólo a percibir su importancia. Cada uno de estos doce sistemas astrales es semejante al nuestro, pero en una escala superior, gigantesca incluso, contienen también su propio sol alrededor del que gira y gravita. Pero en estas Doce del cinturón zodiacal, los globos solares son de una inmensidad tal que una imagen es difícilmente perceptible a nuestra comprensión.

Por ejemplo, para la constelación del león, su sol, la estrella Regulus tiene un diámetro 34.000 veces superior al nuestro. Lo que viene a decir que si Regulus estuviese en lugar y situación de nuestro sol, no habría planetas en nuestro sistema solar: Mercurio, Venus, Marte y la Tierra serían reducidos a impalpables cenizas, en cuanto a Júpiter y Saturno no serían más que cenizas volando en una atmósfera de varios miles de grados. Esto permite profundizar en relación a los rayos desprendidos por estos doce soles del cinturón. La luz que se desprende irradia una fuente emisora de rayos específicos que tienen el mismo punto de llegada después de un recorrido de 80 a 120 años luz: nuestro sistema solar, es decir, nuestro Sol y sus satélites: nuestros planetas que interfieren y reenvían estos influjos sobre la tierra.

Un laboratorio soviético cerca de Moscú, especializado en el estudio de los rayos cósmicos, ha podido demostrar que algunos de ellos provenientes justamente de la constelación de Escorpión, tardaban 1/240 de segundo para penetrar la corteza terrestre por su parte más gruesa, es decir donde el diámetro mide 12.742 kilómetros.

¡Su potencia es pues enorme! Si pensamos en los infrarrojos y los ultravioletas, sin olvidar los rayos X, y gamma que son totalmente invisibles y que sin embargo tienen una fuerza de impacto verificada a pesar de ser inimaginable, debemos admitir que los egipcios percibían sin reserva la influencia de las doce del cinturón celeste actuando sobre los cuerpos humanos, o envolturas carnales, como generadores engendrando los espíritus humanos de las parcelas divinas. En los textos antiguos, en el *Evangelio según los Egipcios*[4] las Doce representaban el *Corazón de Dios insuflando el alma a sus criaturas*.

Las *doce* llegan a la tierra a la velocidad de 300.000 kilómetros por segundo, impregnando todas las envolturas carnales que nacen con una trama indeleble, diferente para cada ser, ya que depende del ángulo de incidencia en el momento del alcance. El pequeño ser que nace se rebela contra esta trama que predeterminará su vida humana, gritando y llorando en cuanto su cordón umbilical será cortado. Ello es primordial para la determinación de la hora del nacimiento y será estudiado más adelante, ya que cuando el pequeño bebé está unido a su madre, aún no está dotado de alma y por consiguiente aún no es un humano.

El momento preciso de este nacimiento es pues vital. Después, sólo entonces, intervienen la posición relativa de los planetas en relación a la tierra.

Sea la tierra la que gire o que, aparentemente por su percepción humana, sea el Sol, teniendo en cuenta que este amplio movimiento interplanetario se efectúa en el mismo espacio y en el mismo tiempo, la posición y las relaciones respectivas de las Errantes y de las Fijas se mantendrán estrictamente iguales en geometría como en aritmética:

¡La triangulación y el número de grados serán estrictamente idénticos, ya sea el Sol o la Tierra el ombligo del mundo!

---

[4] Este evangelio original apareció en las Ediciones René Baudoin, bajo el título: "*Le Livre de l'Au-delà de la Vie*", mismo autor. (El libro del Más Allá de la Vida).

Como ello es comprensible sin más explicaciones, es fácil dictar un primer axioma, el mismo que los antiguos egipcios habían formulado aplicándolo a su manera, ya que la astrología y la astronomía no existían más que bajo el mismo vocablo de *Combinaciones-Matemáticas-divinas*.

Este axioma es:

"Que sea utilizado el sentido aparente del movimiento cósmico en astrología, o el sentido real de los astrónomos, las relaciones matemáticas existentes entre nuestro cielo y nuestra tierra permanecerán estrictamente idénticas."

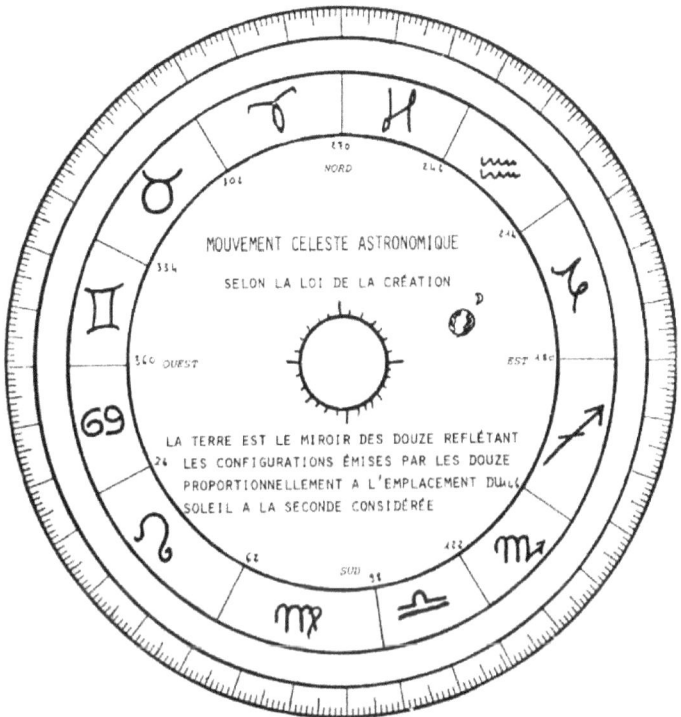

La única diferencia principal de esta inversión se ve además corregida en todas las buenas cartas del cielo por la oposición de los puntos cardinales: el norte está indicado en el sur, el oeste en el amanecer como en el dibujo siguiente:

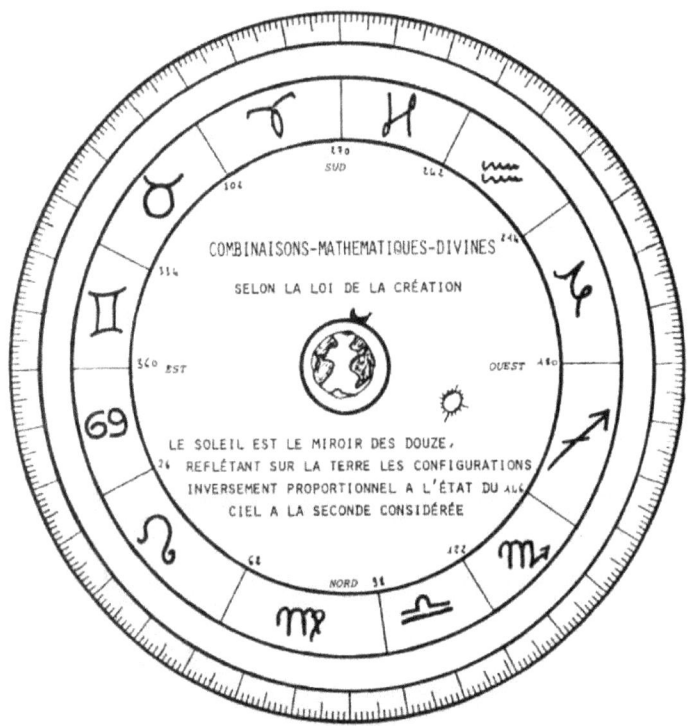

Pero excepto por esta facilidad tomada a través de la observación grabada en los muros, tal como hacían los egipcios, o sobre papel con la ayuda del dibujo de una carta de "nacimiento", como lo practican aún nuestros modernos astrólogos, quedan muchos puntos de cálculo que se han dejado deliberadamente aparte, cuando, sin embargo, eran escrupulosamente observados en esta remota antigüedad que nos parece tan lejana y cuyas enseñanzas no han tenido el mérito de ser aplicadas de nuevo.

- El primer punto que será estudiado evidentemente es la carta del cielo que servirá de base al estudio astral en un nacimiento. Este dibujo se calcula de modo muy diferente, ya que las Doce tienen cada una, diferentes influencias y diferentes longitudes en el cielo, y tendrán pues *una mayor o menor longitud en grados en el círculo zodiacal que servirá de base al dibujo.*

Varios autores griegos que estuvieron en Egipto, especialmente en Alejandría, donde las bibliotecas conservaban los preciados documentos del saber, informaron en sus estudios sobre esta "anomalía", pero para despreciarla. Hepsides, el más conocido de ellos, incluso nombra estas longitudes:

Aries y Piscis: 21° 2/3

Tauro y Acuario: 25°

Géminis y Capricornio: 28° 1/3

Cáncer y Sagitario: 31° 2/3

Leo y Escorpio: 35°

Virgo y Libra: 38° 1/3

Quizás éste heleno inventó sencillamente y crudamente este progreso ilógico en matemática celeste, o quizás los sacerdotes que le enseñaron estos números estaban dotados del mismo humor que el que les había motivado a dar a Eudoxo una esfera compuesta de dos mitades del cielo diferentes.

Lo cierto es que la realidad es totalmente otra. Está descrita en el *Zodíaco de Dendera*, ya publicado, por ello aquí sólo recordaremos estos datos:

Cáncer y Géminis: 26°

Leo y Virgo: 36°

Libra y Escorpio: 24°

Sagitario y Capricornio: 34°

Acuario y Piscis: 28°

Aries y Tauro: 32°

Son estas dimensiones que acabo de citar, las que fragmentan los dos dibujos de las cartas ya expuestas en este texto, y serán las utilizadas a lo largo de esta obra para explicar el estudio de las Combinaciones-Matemáticas-divinas que han servido de base a la astrología caldea y babilónica antes de servir, aún más deformada, a nuestros astrólogos.

- El segundo punto, y no el menor, ya que introduce la noción del fenómeno celeste llamado precesión de los equinoccios es el de la inclinación de la tierra sobre su eje, de 23° 21'. No debemos olvidar que los ancestros de los egipcios vivieron en un continente que fue borrado del mapa del mundo por un Gran Cataclismo y que el estudio del cielo venía de una época aún más remota.

A consecuencia de este acontecimiento geológico, los sabios observaron no sólo que el sol navegaba en el cielo hacia atrás, sino que la posición de la bóveda celesta se había inclinado con un cierto ángulo en relación a la anterior.

De este modo, se instauró un nuevo período cíclico donde la duración de las horas del día y de la noche varía, tanto como el invierno y el verano, dependiendo de los lugares. Desde hace doce milenios aproximadamente el eje de inclinación de la tierra es de 23° 27', y hace retroceder de tanto el punto de partida cero de lo que constituirá el tema astral, he aquí el espécimen tipo:

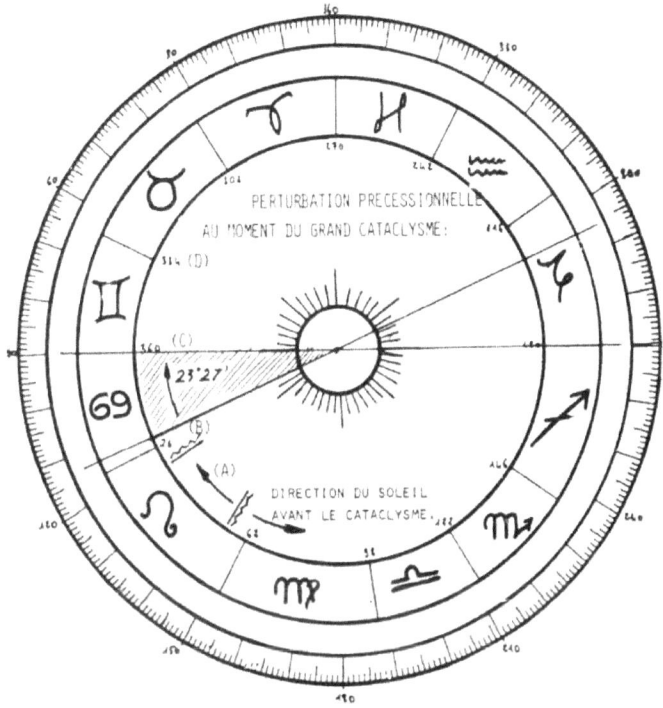

"El Sol, que avanzaba en el cielo, retrocedió de 23° 27' en el momento del Gran Cataclismo: en A. Cáncer, en B., último signo zodiacal fue el primero: el del Renacimiento. Los rescatados salieron un búsqueda de una segunda patria, y el estudio de las Combinaciones-Divinas, sólo se retomarán con la entrada solar en el último grado de Géminis, es decir en C., lo que iniciará el largo período de antagonismo de dos clanes fraticidas dirigiéndose simultáneamente hacia un Segundo-Corazón-de-Dios: Egipto. La unión no se realizó más que con la entrada solar en Tauro, en D., que era el nombre celeste de Osiris, que extendió su protección a sus descendientes, los Pêr-Ahâ que los griegos llamaron Faraones, o Hijos de Dios".

- El tercer punto es el de la precesión de los equinoccios cuyas leyes físicas hacen retroceder la tierra sobre ella misma en el espacio unos 50" 4/10 cada año, es decir un grado cada 72 años, y 360° (grados) en 25.920 años. Es por lo que el punto de referencia matemático constituido por la estrella Polar, en la constelación de la Osa Mayor, que debería ser una Fija, fluctúa en el tiempo.

Bien, dejemos un momento estos fenómenos astronómicos para estudiar la incidencia astral de los efectos precipitados en las Combinaciones-Matemáticas-divinas, que se derivan:

1. El cinturón de las doce de desiguales longitudes, configurando el gran círculo denominado astrológico, representa efectivamente la figuración zodiacal del ecuador celeste, o Eclíptica.

2. El sol navega, aparentemente para nuestros ojos, frente a las doce constelaciones de este cinturón. Será el camino efectuado por el astro solar en su revolución aparente anual al ritmo de 1/12º al mes.

3. De modo que los meses zodiacales serán también desiguales en longitud como lo son las doce del cinturón.

4. Sin embargo, y también es un dato esencial que será desarrollado: las doce Casas llamadas astrológicas que permiten calcular en el tiempo el porvenir de todos los aspectos de una vida, *serán todas las doce de igual amplitud, es decir de "treinta grados"*, cuyo cálculo inicial será establecido por el Ascendente. Y ello es, aún más lógico y normal, ya que las llamadas "Casas" no tienen nada que ver con los signos que delimitan el tiempo, y las doce constelaciones que rodean nuestro espacio.

Sin embargo, este Ascendente fija el grado que sirve para el cálculo de la Casa 1 es el más importante del tema y se convierte en una realidad evidente ya que apoyará el inicio de toda interpretación del tema dibujado. Este Ascendente, o Casa 1, a pesar de estar situado a izquierdas, será el ángulo oriental: el punto cardinal Este. Llevará la abreviación ASC. para evitar cualquier confusión.

El punto cardinal Oeste que delimita el horizonte occidental, estará pues situado a la derecha, y lindará con la Casa 7, cuya abreviatura será DSC. para Occidente, Poniente, o Descendente.

Al igual, el punto cardinal Norte figurará abajo del tema, y del Sur arriba, como lo vemos en esta representación:

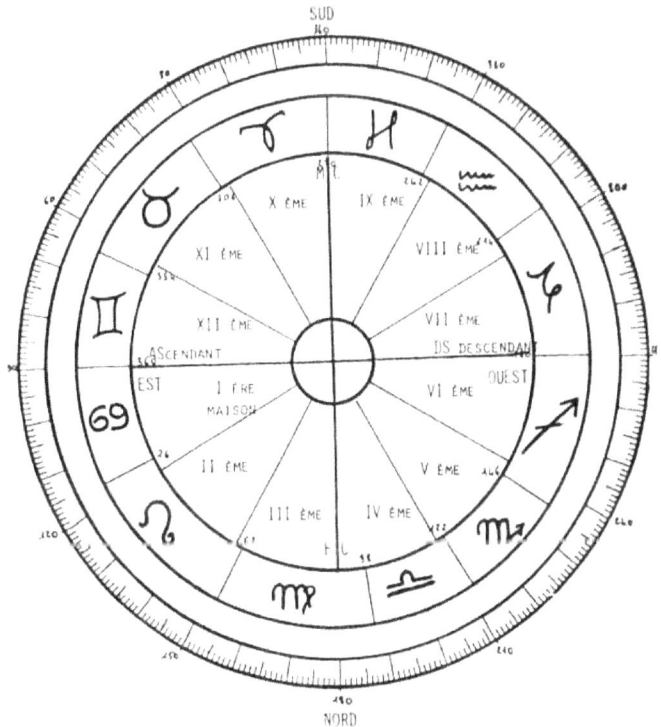

Como es fácil observar, en los intervalos de los cuatro cardinales han sido dibujadas las ocho Casas intermedias, de forma que el círculo zodiacal completo tiene las doce Casas divididas simétricamente a partir del Ascendente, correspondiente en *valor Tiempo a los doce signos y en el Espacio a las doce constelaciones.*

Siglos y siglos de observación de las configuraciones geométricas particulares a las Doce del cinturón, por los maestros de la Medida y del Número de Egipto, permitieron en el marco de las doce Casas ya divididas de forma igual, zanjar estos "animadores del destino" en dos subgrupos, igualmente fijos:

A- La división del gran círculo por una línea ficticia central, dando una parte oriental y una occidental. La primera, incluirá el Ascendente o AS, y las Casas 10,11,12 y 1,2,3. La segunda incluirá el punto Descendiente o DS, las Casas 4,5,6 y 7,8,9. La primera parte será el Meridiano del poniente, y la segunda el de levante.

De aquí en adelante, lo interesante de observar es que la posición de los planetas que figurarán permitirán determinar con un vistazo, instantáneamente, algunos trazos primordiales, y más adelante serán desarrollados, a la hora del cálculo de todos los datos astrales. Ocurre lo mismo para el segundo subgrupo:

B- La división del gran círculo por una *línea de horizonte* existiendo ya que figura en AS/DS. La parte superior contiene las casas 12,11,10,9,8 y 7, encuadra el MC simétricamente de parte a parte. En ella figurará el contenido diurno de los planetas. La parte inferior contiene las Casas 6,5,4,3,2etl, enmarcando el FC simétricamente de parte a parte. Contendrá la figuración nocturna de los planetas.

Ahí también, con un simple vistazo, el maestro acostumbrado a esta lectura visual hará la diferencia primordial del comportamiento del psíquico, determinado por los planetas que figuran.

Digamos simplemente por el momento, que es infinitamente más ventajoso poseer en su tema de nacimiento, el mayor número de Errantes posibles, planetas, en las Casas por encima del Horizonte, alumbradas por el astro del día: el sol.

En esta configuración especulativa, los planetas se ven favorecidos en primer lugar por una evolución en el seno de las Combinaciones-Matemáticas que se benefician sin trabas de los rayos solares, influencian pues más libremente a los nativos con mayor fluidez para aumentar su suerte, su beneficio, su situación, etc.

Cuando por el contrario las Errantes se sitúan bajo el Horizonte, las casas nocturnas, no se benefician de las radiaciones más que a través de una gruesa y pesada capa, impura y a menudo enviciada, que igualmente transformará el significado, evidentemente.

Sin embargo, no debemos exagerar nada, y si la experiencia demuestra que un tema está afligido por la presencia de la mayoría de los planetas bajo la tierra, poco ventajoso para el sujeto, debemos a pesar de ello considerar las cosas en sus detalles, ya que siempre será preferible, por ejemplo, tener el Sol en el campo de la primera Casa, es decir en ascendente, bajo el horizonte, lo más cerca de éste, que tenerlo en el horizonte en la Casa 12, que como veremos más adelante, es una Casa maléfica, es decir, consagrada a los significados desgraciados de la existencia.

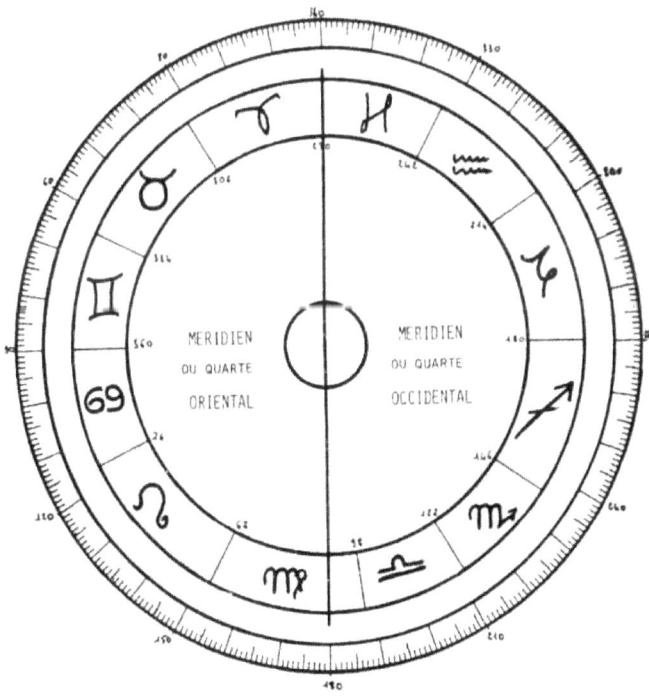

De igual forma, los planetas benéficos en la segunda Casa, bajo la línea del horizonte, con la parte de fortuna, siempre será más ventajosa que unos planetas cualesquiera o incluso benéficos en XI' encima de la línea.

Cada Casa será de 30°, ya que sus participaciones en las Combinaciones-Matemáticas-divinas no dependen ni de las influencias astrales ni tampoco del movimiento de las Errantes ni de la tierra. En consecuencia, la primera Casa saldrá del primer grado de AS. irá hasta el 30°, la Casa II del 31° al 60°; etc. y ello sin preocuparse del lugar, "*del espacio*" donde se inicie el primer grado de AS. en las constelaciones. El valor de estas doce Casas de 30° será esencial para la determinación real de la influencia astral de los doce soles del Cinturón. Ellos emiten en el espacio, a través del tiempo, y es necesario que los receptores humanos reciban esta comunicación imperativa como condensadores apropiados. Será el papel de las Casas astrológicas en relación a las formas de las Combinaciones-Matemáticas-divinas (triangular, cuadrado, etc). Su partida como su llegada en los diferentes aspectos geométricos dibujados precisarán los efectos futuros que se dejarán sentir sobre la salud, la familia, la sociedad, la fortuna, etc.

La predeterminación, benéfica o maléfica, de un tema astral se basará en las propiedades características de cada una de las doce Casas, en relación con la primera cuya posición en la constelación fijará la continuación de las Errantes en sus posiciones respectivas. Así, cada uno de los instrumentos del destino deseado por Dios habrá elegido domicilio en su momento preciso, calculado para la hora del nacimiento deseado. Y por este hecho, la astronomía alcanza la astrología sin animosidad, para el bien de todos.

LA ASTRONOMÍA SEGÚN LOS EGIPCIOS

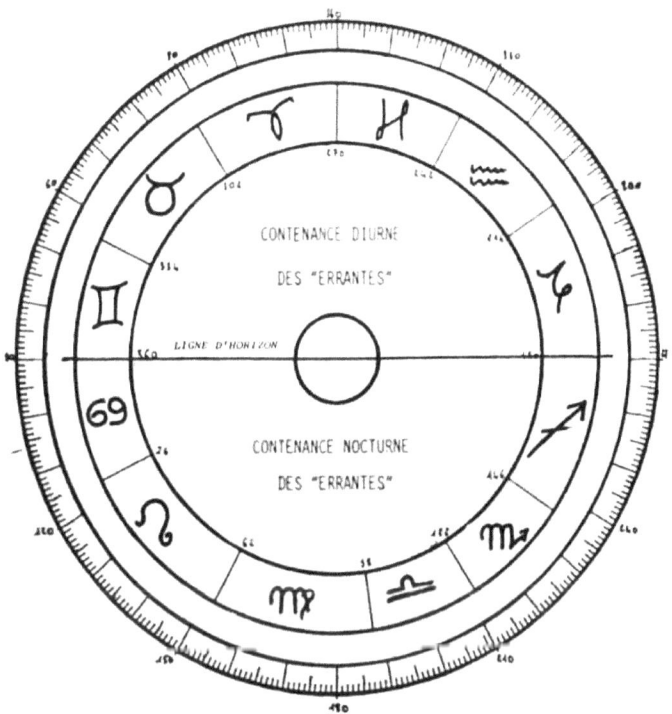

CAPÍTULO II

Las Errantes del Sistema Solar

Según los antiguos egipcios, las Errantes eran siete, el sol estaba incluido entre ellas, por su navegación celeste diaria, que da al astro del día el mismo título que la Luna lo era para la noche. Las demás Errantes eran: Mercurio, Venus, Marte, Júpiter y Saturno. Ahí se detenía el número de determinantes del destino.

En estas condiciones: ¿Dónde está la Fija, maestra del destino que permitía organizar los cálculos del tema de cada nacimiento? Mucho más allá de nuestro sistema solar y fuera de la influencia de las Doce, a pesar de ser bien visible y estar dotada de cualidades excepcionales ya que se trata de Sirio, la deslumbrante Sep'ti o Sothis en griego, de la que hablaremos en el siguiente capítulo.

Para su uso corriente moderno, las siete Errantes han sido catalogadas según el grado de rapidez de sus desplazamientos en el cielo diario, tal como se ve en el cuadro a continuación:

Estas dos Errantes, que son las "Luminarias", realizan su revolución celeste, o navegación circular que separa en una cierta duración su regreso al mismo emplazamiento en el espacio, en 27 días y ½ aproximadamente para la Luna y 365 para el Sol. El tiempo exacto será estudiado más adelante.

En cuanto a las cinco Errantes, su revolución o movimiento es de:

Mercurio: 87 días.

Venus: 234 días.

Marte: 686 días.

Júpiter: 12 años.

Saturno: 29 años.

Dicho de otro modo, cada planeta da una vuelta completa al Zodíaco en los plazos indicados anteriormente. Estos plazos han servido para fijar el *orden de velocidad de los planetas* utilizado para el cálculo de las Combinaciones-Matemáticas-divinas. Es el movimiento medio, o no medio, el que definirá para cada Combinación-Matemática, y para cada una de las siete, el aspecto en relación a las otras seis.

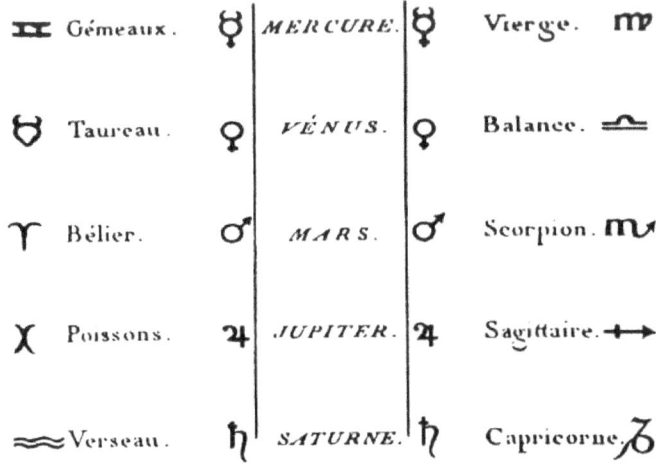

Sabiendo por el momento que la Luna se desplaza aparentemente, más rápidamente en el cielo (de 12° a 15° cada 24 horas) y que Saturno es el más lento (sólo del orden de unos minutos) los dominantes de los aspectos benéficos y maléficos serán siempre, y en el orden siguiente:

La Luna, en relación a los otros seis;

Mercurio, en relación a Venus, al Sol, a Marte, a Júpiter y Saturno;

Venus, en relación al Sol, a Marte, a Júpiter y Saturno;

Marte, en relación a Júpiter y Saturno;

Júpiter en relación a Saturno.

Desgraciadamente es preciso a lo largo de esta obra, conservar la terminología griega de enunciación de los nombres de los planetas así como los diferentes términos llamados astrológicos, bajo pena de hacer totalmente incomprensible al lector o erudito cualquier concepto celeste de los antiguos egipcios. Pero los nombres jeroglíficos de cada una de las Errantes y de las Fijas existían por supuesto, y tienen significados bien precisos, adoptados a menudo por los helenos.

Veamos brevemente los nombres de las Siete Errantes, el de Sirio, la Fija, ya ha sido nombrado: Sep'ti, o Sothis en griego.

La **Luna** que es Iset, se escribe:

El **Sol** que es Râ, se escribe:

Mercurio que es Hor-Set'Ahâ Ptah II, es:

En este lejano período en el que las Combinaciones-Matemáticas-divinas fueron revisadas después del Gran Cataclismo, este nombre fue dado a la vez para conmemorar la victoria de Horus sobre su tío Set que había asesinado su padre Osiris que resucitó gracias a Ptah, y para confirmar los aspectos benéficos de este planeta que aseguró la victoria de Horus y permitió el renacer de las letras en Ath-Kâ-Ptah. De ahí la denominación griega de Mercurio, Thot era la pronunciación de Ateta, el hijo del primer rey de la primera dinastía faraónica, que restableció el calendario y la jeroglífica en su país.

después, **Venus**, o Hor-Hen-Nout:

Esta Errante representa el Amor en el grado supremo de devoción hacia la familia y su prójimo. Esta Reina-Virgen, que dio a luz a Osiris el Hijo de Dios, se consagró hasta la muerte por su Primogénito: Horus. Es por ello que los griegos, mucho más tarde identificaron a Venus, Isis, como diosa del Amor, y no a su madre Nut, mientras que Isis es la personificación de la Luna en la constelación del Escarabajo más tarde convertida en Cáncer, como lo explicaremos más adelante.

A continuación viene el planeta rojo, que ya tenía esa denominación característica bajo los primeros egipcios. Se trata evidentemente de Marte, o Hor-Tesch, el Horus dolorido: ★ ┼ ⌐ ⁼⁼

Esta Errante representa todo el ardor guerrero de Horus en lucha contra su tío, el asesino de su padre, y que para vencerlo sufrió un ojo reventado, el hombro derecho machacado por un golpe de maza y la rodilla igualmente rota. ¿Qué imagen habría más bella que este planeta rojo reflejando el hombre ensangrentado y saliendo vencedor de esta lucha sin piedad?

la penúltima **Júpiter**, o Hor-Chêta, es: ★ ⌐ ⌐ ⌐

Personifica el Renacimiento de los supervivientes habiendo escapado al Gran Cataclismo, permitiéndoles empezar de nuevo a lo largo de dos períodos anuales bien precisos, que los observadores anotaron siempre en los Anales como siendo el signo divino del bien hacer de Ptah.

Saturno, es Hor-Sar-Kher, o: ⌐ ⌐ ★ ⌐

Es la más alejada y está apuntada como teniendo influjos inversos a Hor-Chêta, es decir, Júpiter, tal como lo veremos.

De todas las observaciones efectuadas hace más de diez mil años ha surgido una especie de *Gran Libro* que ha incluido el estudio del conocimiento de todas las Combinaciones-Matemáticas-divinas, que desencadenaron los grandes acontecimientos de este pueblo elegido y bendecido de Ptah. Y a lo largo de los milenios que siguieron hasta la reintroducción de la escritura sagrada, cada aspecto celeste encontró su lugar y sus configuraciones geométricas en su tablero terrestre, al igual que las fichas en el muy sofisticado juego de damas de esta misma época lejana.

Por ejemplo, los textos grabados en Dendera indican, para un mismo nacimiento, Venus y Marte en aspecto triangular, o en aspecto de cuadrado, pues, con muy mala influencia; no se deberá tomar en consideración para calcular el valor futuro de esta Combinación-Matemática más que la Errante que tiene el movimiento diario más rápido en el cielo, al igual que si una y otra está en movimiento retrógrado, ello será estudiado más adelante, siempre será la del movimiento aparente de retroceso más rápido la que será tomada en consideración. Mientras que para los egipcios esta evaluación no era más que visual, actualmente todos las efemérides le dan el cálculo aritmético con un segundo de precisión.

Añadiremos para acabar con este problema, que si en el ejemplo anterior con Venus y Marte, la primera está en retroceso y la otra no, será pues Marte la que dominará la Casa donde está; y si es al contrario, habrá retraso en la realización de las previsiones avanzadas en el terreno correspondiente a dicha Casa. Ello es de una lógica evidente ya que el retroceso no es más que aparente, sin embargo, conlleva un retraso en la llegada de las radiaciones de las Doce.

Cuando los aspectos presentan los grados estacionarios, ello significa una expectativa para no hacer evolucionar por propia elección un acontecimiento en un sentido o en el otro en relación con el significado de la Combinación-Matemática.

No debemos olvidar que la luna y el sol jamás están en retrogradación, pero dependiendo de la época son más rápidos o más lentos en su navegación celeste, de ahí un influjo reforzado o disminuido dependiendo del caso. El sol tiene una navegación más rápida desde finales de octubre hasta principios de marzo, de días cortos lo que los antiguos egipcios habían observado perfectamente para este período.

Es bueno saber que a finales de diciembre el astro de nuestros días efectúa, en algunas horas únicamente, una distancia angular celeste de: 1° 1' 11", mientras que lo largo de los días más largos, a finales de junio, sólo progresa en el cielo de: 0° 57' 16".

La Luna, en cuanto a ella, a lo largo de su navegación mensual de 28 días, recorre hasta 15° algunos días, y disminuye hasta 11° 51' otros días. Ahí también, hoy, las tablas de los planetas, en las efemérides, ofrecen todos los datos exactos sin cálculo personal a realizar.

Toda esta aritmética aparentemente muy complicada en la circulación de las Errantes en el cielo, concurren en potenciar los influjos recibidos en la tierra desde las palpitaciones de las doce del cinturón, permitiendo comprender mejor la matemática celeste que la anima. Esta complejidad es totalmente lógica, si admitimos que el Creador se sirve de ello para animar los cuerpos de sus criaturas predilectas dotándolas de un alma diferente. Como hay varios miles de envolturas carnales humanas, las interrelaciones que las personalizan deben ser extremadamente precisas en sus recopilaciones.

La naturaleza astral de las doce del cinturón, transmitida por medio de las Combinaciones-Matemáticas-divinas a las Errantes en un movimiento perpetuo, diferente para cada una, llega a la tierra bajo una forma impalpable, invisible, como lo hacen los rayos X, los infrarrojos y los ultravioletas, para golpear con violencia, a toda velocidad, con unos 300.000 kilómetros por segundo, la muy joven envoltura humana que acaba de ser desprendida del cuerpo de su madre. Desde ese momento un alma etérea, llamada parcela divina por los antiguos egipcios, ha tomado posesión del cuerpo para convertirse en un ser humano completo. Cada una de ellas está dotada de una concepción diferente, tanto por el ángulo de incidencia sobre el córtex cervical que será particular para nada nativo, como por el lugar donde se produce el nacimiento.

En cuanto una envoltura carnal nace del vientre de una mujer, es decir desde el mismo instante preciso en que es cortado el cordón umbilical que lo une bajo la tutela de otra alma, su madre, la cabeza encima del cuerpo, convertida en autónoma, se ve fuertemente afectada del poder de las radiaciones etéreas de las doce, según las

Combinaciones-Matemáticas fácilmente calculables le son propias a continuación.

Serán, pues, esencialmente estas Combinaciones de nacimiento, con sus posiciones en tal o cual signo zodiacal en relación a su emplazamiento en una de las doce del cinturón y en relación a las dignidades planetarias de las Errantes, donde el Poder-divino predeterminará la trama de base que dirigirá su vida en el cerebro humano en un cierto contexto de pensamientos personales. Es ello que permitirá igualmente establecer una carta de nacimiento, luego interpretarla sin cometer errores. No se debe nunca olvidar el tremendo poder de radiación creadora proveniente de las doce, que formaba una entidad muy real hace diez mil años y que representaba el Poder-Supremo de Ptah: el Dios-Uno, Creador de todas las cosas sobre la tierra como en el cielo.

Se ha hablado hace unos renglones de las dignidades planetarias de las Errantes. Son los emplazamientos que les fueron asignados por los antiguos egipcios mediante observaciones siglo tras siglo y cálculos que hoy llamaríamos estadísticas. Estas dignidades se llaman también "*exaltaciones*". El cuadro anterior enseñaba la doble dignidad de los cinco planetas y el trono específico de cada una de las dos luminarias, tal como concebía este principio la imaginación de los astrólogos de la Edad Media.

Pero era muy diferente para los antiguos egipcios, ya que según los Maestros de la Medida y del Número, que consignaban todos los datos, la domiciliación de las Errantes seguía la evolución del cielo ecuatorial. Lo que pide evidentemente varias explicaciones ya que ello da dos círculos dirigidos en sentidos opuestos. Los dos grupos de triangulación representan la domiciliación de las Errantes, la primera en relación al antiguo Zodíaco según los egipcios, mientras que el que estaba en el exterior es la representación llamada clásica de los astrólogos profesionales.

Una observación concierne el punto de partida de los dos círculos zodiacales opuestos. Tienen el mismo origen en Cáncer, lo que permite comprender los errores cometidos por los antiguos autores especializados, como Manilio que fue una autoridad en la materia.

La siguiente observación se refiere a las figuras geométricas que se derivan de los triángulos benéficos primordiales. Cada uno de estos trígonos incluye un trapecio que incluye el signo zodiacal antiguo incorporado a su domicilio planetario. Además en la parte opuesta, está el triángulo contiguo que muestra la domiciliación a tener en cuenta.

Puede a primera vista parecer complejo, pero para los que desean profundizar en el estudio de esta *Astronomía según los egipcios*, el conocimiento de esta tabla adjunta bastará, si admitimos la modificación del zodíaco en el momento de la entrada del sol en Tauro, después de Géminis y de Cáncer primordial.

De esta aparente complejidad aparecerán las almas etéreas, que se afinarán conforme hagan su progresión en el tiempo de vida terrestre. Desde el nacimiento en tiempo real de estas parcelas divinas se derivarán las influencias predeterminantes de las Combinaciones-Matemáticas destinadas a poner en movimiento las acciones del espíritu y sus manifestaciones físicas en la tierra.

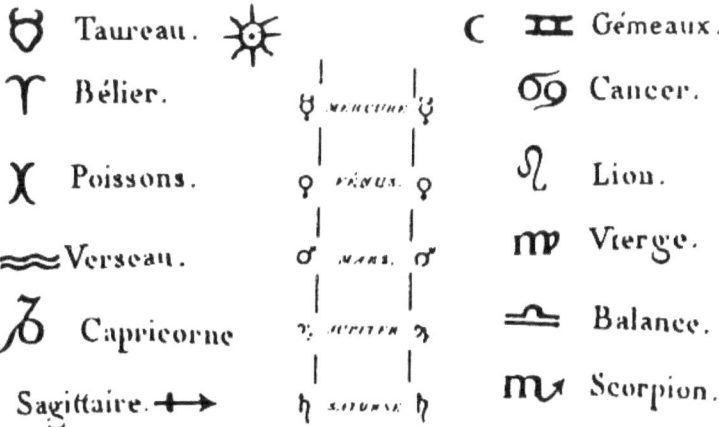

Esta trama impregnada en el nacimiento permitirá algunos cálculos aritméticos que vendrán a completar las figuras geométricas antes de empezar cualquier interpretación. No es para nada necesario ser un politécnico para poder operar con ellas. Un simple cálculo mental, tal como lo practicaban los antiguos maestros de la Medida y del Número, basta. Cada aspecto, afortunado o desafortunado es anotado. Para el valor de los planetas de las Casas, y sus relaciones entre ellas, he aquí dos claves que permiten obtener un rápido vistazo y de alguna forma visualizarlo mentalmente, para conseguir una primera información válida para el conjunto del tema a estudiar, y "ver" si en conjunto es benéfico o maléfico. Las doce Casas serán puntuadas de 1 punto a 12 puntos, pero en el orden siguiente:

$$
\begin{array}{lrl}
\text{Maison} & I = & 12 \text{ points,} \\
\text{Maison} & II = & 6 \text{ points,} \\
\text{Maison} & III = & 3 \text{ points,} \\
\text{Maison} & IV = & 9 \text{ points,} \\
\text{Maison} & V = & 7 \text{ points,} \\
\text{Maison} & VI = & 1 \text{ point,} \\
\text{Maison} & VII = & 10 \text{ points,} \\
\text{Maison} & VIII = & 4 \text{ points,} \\
\text{Maison} & IX = & 5 \text{ points,} \\
\text{Maison} & X = & 11 \text{ points,} \\
\text{Maison} & XI = & 8 \text{ points,} \\
\text{Maison} & XII = & 2 \text{ points.}
\end{array}
$$

Este es el primer cálculo fácil de hacer, lo que precisará por la suma al número de una Casa cualquiera con el de la Errante cuya nomenclatura cifrada es:

- Si el planeta es Saturno, el Valor cifrado de la Casa tal como se indica aquí arriba será multiplicado por 5.
- Si el planeta es Júpiter, el valor de la Casa será multiplicado por 4.
- Si el planeta es Marte, el valor de la Casa será multiplicado por 3.
- Si el planeta es Venus, el valor de la Casa será multiplicado por 2.
- Si el planeta es Mercurio, el valor de la Casa será multiplicado por 1.

Por otra parte, y esto es muy importante:

- Si es la Luna, se deberá multiplicar por 6 y añadir 12.
- Si es el Sol, se deberá multiplicar por 7 y sumar 12.

El número máximo que se podrá alcanzar será de 360 puntos. El valor de media será de 180, por debajo será debilitador, por encima será vigorizante.

De una u otra forma, la propia esencia del tema se verá viciada, es decir que la actividad del nativo se verá muy probablemente detenida por impedimentos, manifestaciones más o menos negativas de los Planetas que son los causantes. Ello necesitará una mayor fuerza de voluntad para superarlo y llegar al éxito, eligiendo las fechas más favorables, ya que conviene para cerrar este preeliminarlo válido para todos los seres humanos, recordar este antiguo refrán: "*Los Astros inclinan, pero no obligan*". Como consecuencia se le permite a todos, no sólo desear una mejor vida terrestre sino, además, actuar para que se realice plenamente. En *exaltación*, o en trono, es decir con un valor superior a 180, toda interpretación del tema será vivificado. Los movimientos de los Planetas serán prácticamente todos positivos, y el éxito será evidentemente a condición de mantenerse en la línea determinada.

Algunos ejemplos característicos ilustrarán mejor los cálculos, son de tres personajes ilustres, por supuesto conocidos por todos. La cuota de 250 significa en primer lugar, líder de hombres, gran jefe o dictador. Ya que no debemos olvidar que el máximo es el total de 360, que sólo es posible para los grandes Sabios, poseedores del conocimiento. Pero los grandes hombres no pueden ser llevados más que por la ambición.

Bueno, se trata de Julio César, Napoleón Bonaparte y Charles de Gaulle, que respectivamente totalizan 253, 273, y 241 puntos. Prueba significativa en caso de necesidad: la sabiduría o el conocimiento dejó paso al soldado en los tres casos, y para Bonaparte con sus 273 puntos, terminó mal. He aquí los tres temas sin más comentarios, esta obra profundiza en la astrología según los egipcios. Una única anotación: las constelaciones tienen su tamaño real para estos ejemplos y el ascendente y las Casas son justas en relación a la posición de los planetas.

El último cálculo planetario importante en un tema, es el de la domiciliación de las Errantes. Era lógico preveer una naturaleza diferente para cada planeta, y por consiguiente una mejor relación de atracción de las radiaciones provenientes de las doce, y de su reverberación hacia la tierra. En suma, este domicilio titular de una Errante para una constelación zodiacal, es la "*Dignidad*", ya que se encuentra como en su casa, y extiende con facilidad los elementos benéficos.

Estas *dignidades* ya han sido nombradas anteriormente, así que no volveremos a ello más que para justificar sus dos domicilios, uno diurno en exaltación, y el otro nocturno, como en exilio. Ello es válido para los cinco planetas, el sol y la luna son respectivamente maestro del día y de la noche.

Julio César, nacido el 12 de julio 101 a.C. en Roma a las 14 horas.

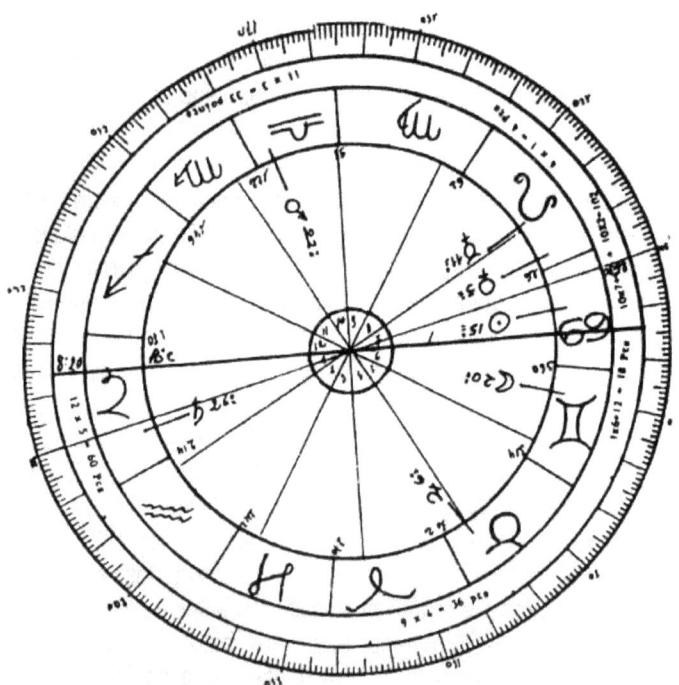

250 puntos - *Ascendente 8° 25 en Capricornio.*

Napoleón Bonaparte, nacido el 15 de agosto 1.769 en Ajaccio las 11 horas.

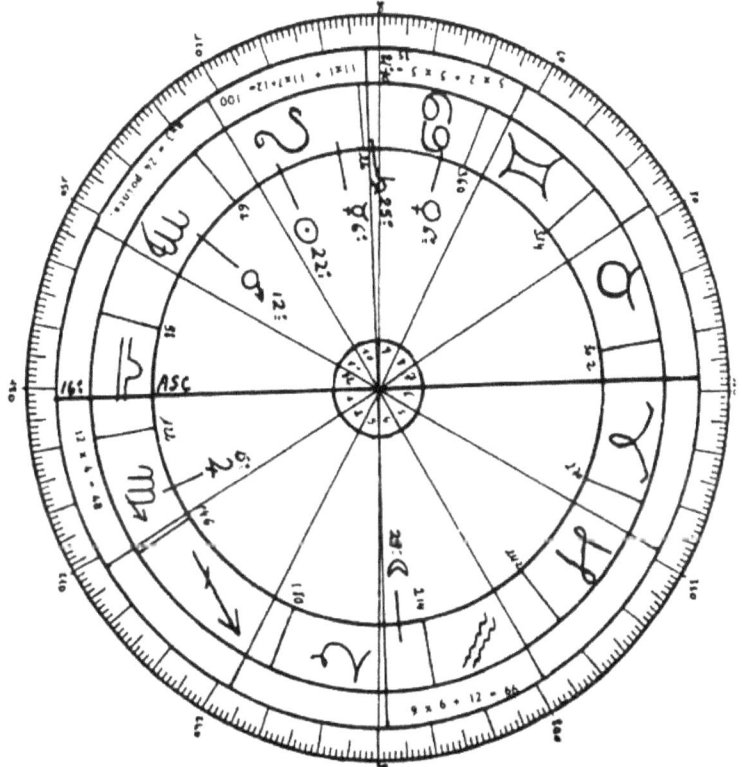

273 puntos - Ascendente 16° en Libra.

Charles de Gaulle, nacido el 22 de noviembre 1890 en Lille las 4 horas.

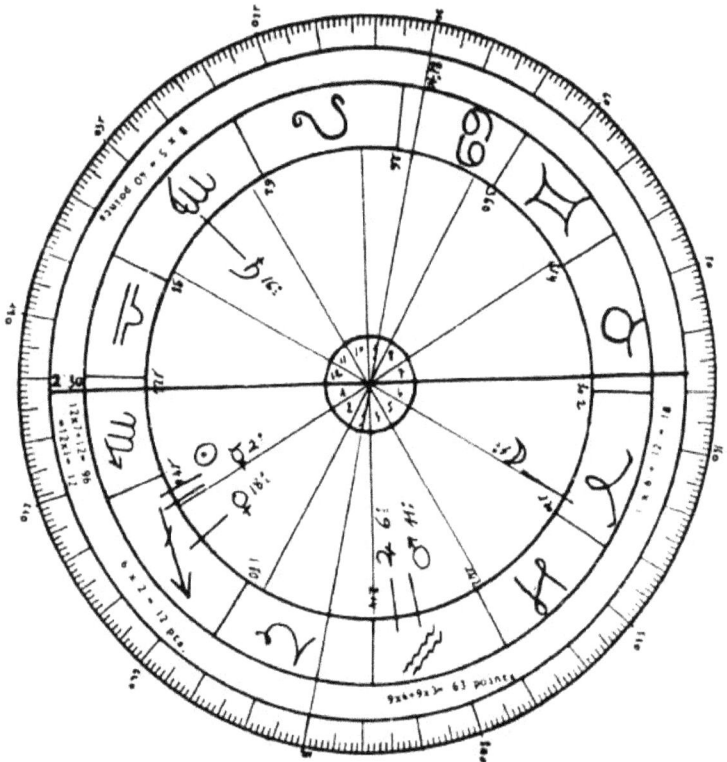

241 puntos - Ascendente 2° 50 en Escorpión.

Todo un simbolismo ampliamente desarrollado en libros ya publicados permitió comprender mejor lo que la mitología griega deformó odiosamente encerrándolo en un hermetismo absurdo e indigno del conocimiento. Añadiremos sencillamente que en su signo diurno y par, los planetas llamados masculinos impregnan los córtex cervicales con una preconsciencia más fuerte que hará sus decisiones menos subjetivas a las influencias de un tercero; mientras que en su domicilio nocturno e impar, las Errantes harán las acciones más indecisas.

Estas aserciones confirmadas por los hechos a lo largo de miles de años han sido objeto de profundas observaciones. Es innegable que los planetas en algunas Combinaciones-Matemáticas y en algunos signos, demuestran un dinamismo muy particular que modifica los influjos que envían. Cada uno lo hace de forma diferente según su movimiento ordinario, proveyendo según sus configuraciones crónicas un crecimiento de fuerza vital, llevando de esta forma al más alto nivel el comportamiento mental de un ser a lo largo de un período determinado. Pero lo contrario es también válido cuando hay oposición en las radiaciones. En este caso, el humano que se ve referido se sentirá mal y deberá evitar a toda costa tomar decisiones importantes a lo largo del mismo período. Cada signo se ve pues gobernado de una forma bastante compleja aparentemente, por varias Errantes alternativamente y a lo largo de duraciones desiguales en un espacio más o menos largo. Lo arbitrario, sin embargo, no tiene lugar y se ve admirablemente determinado.

Las anotaciones precisas se refieren a esta nomenclatura exacta encontrada en Dendera, en el Alto-Egipto, y tienen en cuenta, por una parte la diferente longitud de las doce del cinturón y por otra parte, del inicio del gran año equinoccial en Cáncer, lo que descontrolará quizá a los especialistas que aún no sepan estos hechos. El lector apasionado, sencillamente por el estudio del cielo, sin embargo, él no tendrá dificultad alguna en comprender los contenidos y los objetivos de esta matemática celeste que está al alcance del que busca mejorar su existencia. He aquí el texto original evidentemente escrito en lenguaje moderno:

> Este cuadro es uno de los puntos más importantes para llegar a la perfecta comprensión de las Combinaciones-Matemáticas-divinas y su interpretación según los antiguos maestros egipcios, entre los aspectos de las siete Errantes y el sol que aquí no es un Fija, ya que la verdadera será la que llamamos Sirio.

SIGNES	DEGRÉS	PLANÈTES
CANCER	de 21 à 25°59'	Vénus
LION	de 0 à 5°59' de 6 à 11°59' de 12 à 17°59' de 18 à 23°59' de 24 à 29°59' de 30 à 35°59'	Saturne Mercure Mars Jupiter Vénus Saturne
VIERGE	de 0 à 5°59' de 6 à 11°59' de 12 à 17°59' de 18 à 23°59' de 24 à 29°59' de 30 à 35°59'	Jupiter Mars Mercure Vénus Saturne Jupiter
BALANCE	de 0 à 4°59' de 5 à 9°59' de 10 à 14°59' de 15 à 19°59' de 20 à 23°59'	Mercure Mars Jupiter Saturne Vénus
SCORPION	de 0 à 4°59' de 5 à 9°59' de 10 à 14°59' de 15 à 19°59' de 20 à 23°59'	Mercure Mars Jupiter Vénus Saturne

LA ASTRONOMÍA SEGÚN LOS EGIPCIOS

SIGNES	DEGRÉS	PLANÈTES
SAGITTAIRE	de 0 à 5°59' de 6 à 11°59' de 12 à 16°59' de 17 à 22°59' de 23 à 28°59' de 29 à 33°59'	Jupiter Mars Mercure Saturne Vénus Mars
CAPRICORNE	de 0 à 5°59' de 6 à 11°59' de 12 à 16°59' de 17 à 22°59' de 23 à 28°59' de 29 à 33°59'	Saturne Mercure Jupiter Vénus Mars Mercure
VERSEAU	de 0 à 5°59' de 6 à 11°59' de 12 à 16°59' de 17 à 22°59' de 23 à 27°59'	Saturne Jupiter Mercure Mars Vénus
POISSONS	de 0 à 5°59' de 6 à 11°59' de 12 à 16°59' de 17 à 22°59' de 23 à 27°59'	Saturne Jupiter Mars Vénus Mercure
BÉLIER	de 0 à 5°59' de 6 à 13°59' de 14 à 20°59' de 21 à 26°59' de 27 à 31°59'	Jupiter Saturne Vénus Mars Mercure
TAUREAU	de 0 à 5°59' de 6 à 13°59' de 14 à 20°59' de 21 à 26°59' de 27 à 31°59'	Saturne Jupiter Mars Mercure Vénus
GÉMEAUX	de 0 à 5°59' de 6 à 10°59' de 11 à 14°59' de 15 à 20°59' de 21 à 25°59'	Saturne Mars Mercure Vénus Jupiter
CANCER	de 0 à 5°59' de 6 à 10°59' de 11 à 14°59' de 15 à 20°59'	Saturne Mercure Mars Jupiter

CAPÍTULO III

LA "FIJA": SIRIO

El hecho primordial en esta concepción, la más antigua de las influencias astrales según los egipcios, reside en la primicia de la estrella de primera magnitud Sirio, que era la Sothis de los griegos y en jeroglífica: ▲⁎ ⌡ (dibujo p.61) de ahí la clásica fonetización egiptológica de Sep'ti.

Esta Fija determinaba los ciclos rítmicos terrestres, y marcaba con su huella el paso del tiempo, trazando de forma indeleble las Combinaciones-Matemáticas-divinas, calculables de antemano y que permiten en consecuencia no perturbar la armonía que debe reinar entre el Cielo y la Tierra. El Sol, por este motivo mayor, no era considerado más que como una de las Errantes, formando parte del las Siete.

Para que el lector asimile bien este nuevo dato, esencial para la perfecta comprensión de esta parte del conocimiento llegado hasta nosotros por medio de los grabado de los templos egipcios efectuados por los iniciados en la noche de los tiempos, conviene penetrar más profundamente en el terreno contemporáneo de la física astronómica, estudiando el principal descubrimiento de estos primeros maestros de la Medida y del Número, que fue la Luz zodiacal, más tarde llamada "*aparición luminosa celeste y mágica*" y que es científicamente estudiada hoy como radiación de las estrellas lejanas.

Como se ha visto en varias obras anteriores, todo nuestro sistema solar está totalmente rodeado, a una distancia media de cien años luz, por un verdadero cinturón de constelaciones, situado en el ecuador de nuestro cielo visible. Los doce grupos de estrellas, con formas típicas, han sido dotadas más o menos de nombres mitológicos por los egipcios, antes de ser adoptados más tarde por los babilónicos, los persas, los caldeos y luego por los griegos cuyo simbolismo ha permanecido.

Estas doce constelaciones han sido llamadas en jeroglífica: las doce y forman un cinturón que no sólo envía una mezcla de radiaciones que determinan la parcela divina, o el alma, además, permite el estudio de las Combinaciones-Matemáticas, igualmente es la que provoca esta *Luz* zodiacal de la que vamos a hablar aquí.

Debido a la inclinación del eje terrestre, esta *Luz* no es visible en Europa, o sólo muy al sur en Sicilia o Cerdeña. Por el contrario, es constante en las regiones que lindan con el trópico de Cáncer, el mismo que siguieron los supervivientes del Gran Cataclismo hasta llegar a orillas del Nilo. Diariamente estas radiaciones luminosas aparecen, casi cada día al amanecer en Oriente, y cada noche en Occidente poco después de la puesta del astro resplandeciente.

No se trata de una visión o efecto óptico cualquiera, ya que esta *luz* zodiacal se presenta bajo la forma de una gigantesca pirámide, cuya cima sale de un punto muy elevado de la bóveda celeste y no del lugar desde donde amanecerá el sol. Y de este minúsculo cénit baja un resplandor claro, perfectamente visible, como irradiando en el alba o el crepúsculo, acaba extendiéndose en el suelo terrestre en base geométrica formando un magnífico triángulo.

Esta visión luminosa de origen extraterrestre dura algo más de media hora en el Alto Egipto, y más precisamente desde el observatorio del templo de Dendera. La mejor visibilidad de este fenómeno tiene lugar en los meses de invierno de diciembre y enero. En el crepúsculo, especialmente, cuando la noche extiende su manto con rapidez, es cuando la luminosidad aparece en su rigurosa geometría piramidal, cayendo desde un punto preciso de la Vía Láctea; el poder divino muestra su verdadero esplendor al que desea contemplarlo. Luego el efecto desaparece de forma sutil y la noche oscura lo hace parpadear antes de que brillen miles de estrellas en un cielo translúcido.

Casi en cada viaje he tenido la oportunidad de observar estos hechos, y cada vez, esta *luz* piramidal, casi mágica, parece suspendida en el cielo y me sorprende por lo que tiene de tangible y de vivo a pesar de una apariencia sobrenatural[5].

Ya sabemos con la minuciosidad que eran estudiados los movimientos celestes, y con qué paciencia el menor fenómeno era observado y apuntado escrupulosamente desde los tiempos más remotos en tierra egipcia, es impensable que esta *luz* zodiacal no haya sido objeto de disertaciones profundas entre los grandes-sacerdotes y los maestros de la Medida y del Número.

Por ello debemos admitir incondicionalmente el conocimiento de esta luminosidad de apariencia extraordinaria y celeste, con forma piramidal perfecta, mucho antes de la construcción de las famosas pirámides[6]. También debemos reconocer que sus propiedades físicas y sus influencias psíquicas eran apuntadas para el mayor bienestar de los hombres. De hecho: *esta "Luminosidad zodiacal era el signo divino del poder creador del Creador sobre sus criaturas terrestres".*

Es por lo que desde el origen de la transcripción en lengua sagrada de la jeroglífica, de los textos santos, luego de todos los anales y los archivos, la radiación creadora estaba simbolizada por un triángulo con la punta hacia arriba recordando a todos, instantáneamente, a primera vista que este signo era el del Amor creador específico a nuestra humanidad.

Todas las descripciones astronómicas presentan esta estrella, Fija como la más importante de todas. Ella delimita precisamente un largo año de 1.461 revoluciones solares que se califica como Año de Dios.

---

[5] Este sorprendente problema ya ha sido objeto de numerosos estudios por el eminente egiptólogo alemán H. Brugsch, y su compatriota H. Gruson, su libro *Im Reiche des litchter*, habla de ello abundantemente.

[6] La palabra "pirámide" en si, no tiene significado alguno. Su jeroglífica significaría hoy: "el Amado hacia quien baja la Luz" tal y como se explicó en el Gran Cataclismo, (p. 64 y siguientes). Por ello el símbolo triangular servía en el cálculo, como en el papiro de Rhind, para encontrar el volumen de troncos piramidales.

Ella da ritmo a la marcha del tiempo, no teniendo un amanecer regular en el horizonte.

En Dendera, esta estrella aparece cada año con algo más de seis horas de retraso, lo que provoca que cada cuatro años vuelve con un día de retraso y conviene entonces descontar un día suplementario. Es de alguna forma el año bisiesto, pero con mayor precisión que con el Sol ya que al cabo de 1.461 revoluciones solares Sirio, que ha aparecido 1.460 veces está en conjunción exactamente con nuestro astro del día. En revancha, con nuestros años bisiestos, es necesario que cada dos siglos se añada algunas horas y ¡el descuento del tiempo sigue siendo sin embargo inexacto!

Sirio o Sothis, o Sep'ti, se escribe: ▲ ⃰ ⅃ (dibujo p. 61). Este jeroglífico era comprensible hace seis milenios, incluso por los niños que aún no sabían leer, ya que el dibujo es de lo más significativo: *era la luz radiante que inunda la tierra de las Parcelas divinas antes del amanecer del día gracias a Sirio.*

Se ha visto con todo detalle que la bóveda celeste ▬▬▬, no había tenido esta reproducción jeroglífica más que después del Gran Cataclismo. Anteriormente, y con acierto, se dibujaba de esta forma, ▬▬▬, ya que la tierra basculó sobre ella misma, y todo había sido puesto del revés, desde entonces el Sol retrocedía en lugar de avanzar en el cielo. Es el fenómeno que astronómicamente llamamos la precesión de los equinoccios.

Es por ello, que habiéndose producido este cataclismo en el momento de su paso equinoccial del Sol en la constelación de Leo, hace doce milenios, las Doce retrogradaron y el Sol que parecía avanzar en Leo se puso a retroceder. De ahí, esas representaciones, muy numerosas, de dos leones espalda contra espalda para recordar eternamente este acontecimiento cataclísmico debido a la cólera divina e inspirar un temor saludable a cada instante.

En la reproducción que sigue, es fácil reconocer el simbolismo, con el antiguo cielo llevando la Tierra entre los dos leones, y el nuevo cielo sobre el conjunto.

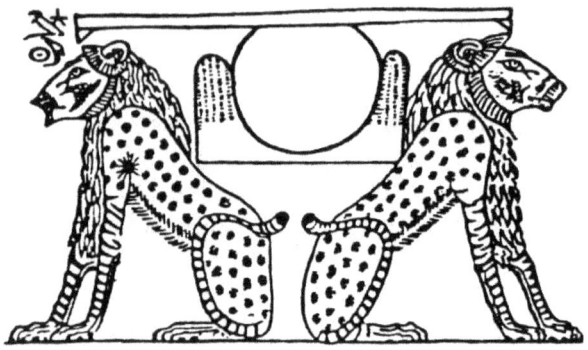

O bien aún, en el dibujo adjunto, donde empieza a aparecer, bajo el nuevo cielo y la nueva tierra que emerge del abismo y del caos, la famosa radiación piramidal que toma forma: es la Vida renaciendo bajo el segundo cielo.

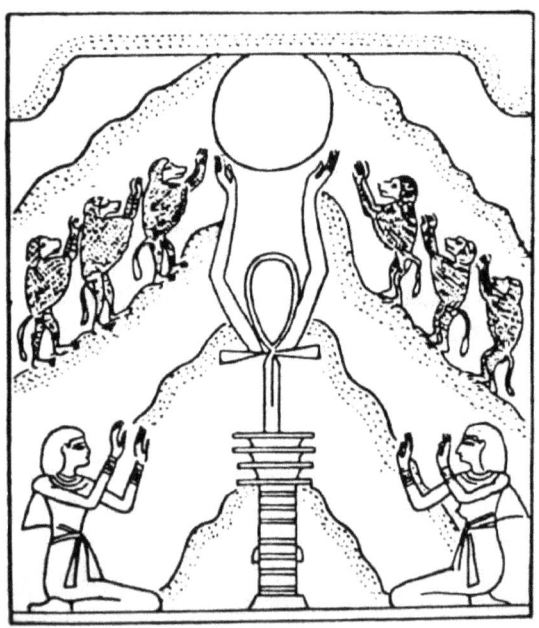

El egiptólogo italiano, tan conocido en su tiempo, Ernesto Schiaparelli, publicaba en Roma en 1.884 un importante trabajo:

"*Il significato simbolico delle Pyramidi Egiziane*". Y desde la página 7, pone en duda el significado de las famosas pequeñas pirámides llamadas por sus colegas "benben". Sin embargo, este eminente buscador observa que el sentido es totalmente otro, refiriéndose más bien al amanecer o al atardecer de un astro hacia el que el difunto le gustaría dirigirse. Schiaparelli sigue su exposición con estas frases:

> "Finalmente, nella faccia orientale di une piccola piramide del museo di Torino, vedesi rappresentata nell'alto una piramide che sorge fra due monte (figura A), e sotto ad essa il defunto Consu, che la sta adoran do insieme ad altro persone della sua famiglia, rappresentazione parallela a quella del sole nascente ▬▬, che vedesi ripetuta su lia maggior parte degli altri "benben".
>
> "Finalmente, en la cara oriental de una pequeña pirámide del museo de Turín, una pirámide que se eleva entre dos montañas (figura A) se muestra arriba y debajo del difunto Consu, que lo está adorando junto con otras personas de su familia, representación paralela a la del sol naciente ▬▬ que se ve repetida en la mayoría de los demás "benben".

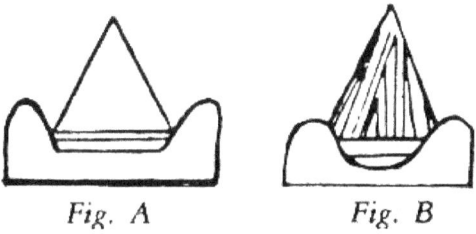

Fig. A   *Fig. B*

La figura B, en cuanto a ella, se ha extraído del *Dictionnaire mythologique* de Lanzone, a propósito de rayos luminosos extraterrestres. Se ha copiado de uno de los papiros de la biblioteca Vaticana.

En fin, la presento aquí para su meditación esta otra reproducción aún más significativa, efectuada por Rossellini, de una de las tumbas del valle de los nobles en Tebas. La radiación piramidal es efectivamente la conexión de las almas vivas y supervivientes.

En cualquier caso esta forma triangular se basa en el cielo, antiguo o nuevo, los textos se refieren sin faltar a la radiación que proviene de las doce por intermedio de Sirio. Los egipcios de los tiempos más remotos la veneraban como instrumento de Ptah, es decir del Dios-Uno. No fue más que después del Gran Cataclismo que hubo un tipo de transmutación de la materia, efectuada por los Rebeldes de Set, que se convirtieron en los adoradores del sol, manteniendo el simbolismo jeroglífico del cielo invertido, pero haciendo de la bola en equilibrio el sol y no el nuevo globo terrestre.

Un nuevo giro será tomado en el momento de la llegada de los hermanos de José a Egipto, cuando el faraón se compromete a darles las mejores tierras a orillas del Nilo para que pudieran comer lo mejor del país sin echar de menos la región que habían abandonado[7].

Y Jacob, al igual que José y los 70 miembros de la familia, se instalaron en esta tierra providencial de Gosen, el territorio del Gessen bíblico, cuya base cuadrilátera era exactamente la que resultaba de la radiación proveniente cada mañana del cielo, al igual que cada noche, en la región del delta del Nilo, tal y como lo explica la nota anexa al primer capítulo (p.62).

Un espléndido santuario fue además erigido en este lugar y su nombre no necesita comentarios: ᐃ ᔐ. La ciudad misma en las listas geográficas se escribe: ᓴ ᐃ ᔐ ◦ (dibujo). Ocurre igual en la estela de

---

[7] Esta nota importante está a finales de este capítulo, p. 62.

El-Arish, con aún más detalles sobre esta consagración, llamándola: "*ciudad del crepúsculo*".

En cuanto a Brugsch, que apuntó este importante problema sobre el efecto de la radiación, escribió también en su *Thésauraus*, en la página 51, que "*la fiesta del triángulo tenía lugar en el día 22 lunar*" tal y como lo copió de los muros del templo de Dendera. Sin embargo, este edificio esencialmente dedicado a Isis y a Nut, Damas patrocinadoras del Cielo trata de los influjos lunares transmitidos conjuntamente con la radiación proveniente de las doce desde el retorno cíclico en León, es decir:

El triángulo es pues muy significativo de la radiación, el texto anterior descubierto en la tumba de Mêrenrê, acompañado del dibujo adjunto, que significa indudablemente la adoración del Hijo de Dios (Pêr-Ahâ, o faraón en griego) bajo la radiación que hace de su alma una entidad eterna bajo el nuevo cielo, gracias al segundo pacto de alianza firmado por sus Padres.

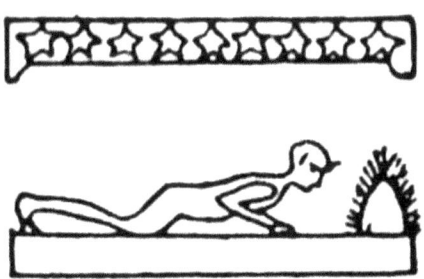

Una vez bien comprendido, veamos el camino que permitió poner a Sirio como cronometrador de nuestro tiempo al sol, centro de nuestro sistema.

Así, demostrado en varias ocasiones en los escritos anteriores, Sirio o Sothis determinaba desde siempre el año verdadero de 365 días y un cuarto por el hecho de que aparece cada año con un retraso de seis horas sobre su llegada anterior. Pierde, pues, un día exactamente cada cuatro años. Nosotros sabemos por los múltiples escritos y decretos, y ello hasta la época cristiana, sin discusión posible, que el día del amanecer de Sothis llegaba en momentos precisos, con los retrasos de calendario en 226 días, 270 días e incluso 309 días en el año ordinario de 365 días.

Era preciso, pues, que sea ese año mismo que haya sido avanzado en el año verdadero hasta el momento en que ocurrieron esos desplazamientos, de otro modo cualquier otra arbitrariedad hubiera desfasado el calendario anual en relación al año natural deseado por Dios, teniendo como único resultado adelantar el día del amanecer de Sothis, lo que era impensable que ya constituía el punto de partida del Reloj divino para otro nuevo año.

El funcionamiento del calendario del año llamado "vago", al que hay que añadir cinco días epagómenos, demuestra admirablemente el Conocimiento de los Antiguos sobre el perfecto desarrollo del tiempo. Hay que ser tan analfabetos como lo fueron los especialistas, que trataron a estos ancestros de bárbaros por utilizar un año de 360 días, ya que el hecho mismo de añadir cinco día epagómenos demuestra otra vez que tenían perfecta comprensión de la mecánica celeste que deseó los 365 días para que la humanidad viva con normalidad. Esta certeza adquirida permite considerar a los antiguos egipcios con un concepto de civilización más adelantada que la nuestra, ya que hace seis milenios, nosotros ¿qué hacíamos?, y ¿cómo vivíamos? ¡No lo recordaré!

El visitante que se detiene en las terrazas del templo de Dendera y que se sitúa en la sala de cielo abierto, contigua a la que tiene la copia del famoso Zodíaco, no puede más que admirar con respeto el trabajo que se realizó ahí, en las diferentes reconstrucciones sucesivas que precedieron la actual. En este lugar de observación, bajo un cielo de una limpieza excepcional, durante toda la noche se observaba la bóveda celeste.

Incluyendo la radiación piramidal proveniente de un punto fijo que emana de la Vía Láctea, nada escapaba a los maestros y a sus alumnos aún novicios. Todos los planetas tenían sus movimientos estrictamente calculados y catalogados. Además, ciertas casillas permitían delimitar rigurosamente el desplazamiento de Sep'ti, o Sirio, desde la desaparición del bloque luminoso piramidal. En efecto, era en este punto fijo bien preciso, que cambiaba a lo largo de los días del año, cuando aparecía entonces esta estrella tan brillante de primera magnitud.

Sirio se denomina la Canícula, o el Gran Perro, que viene del latín *Canis Mayoris*. La aparición de esta Fija en el cielo de Dendera en pleno verano, determinaba el tiempo del inicio de la inundación y de la fertilidad de las tierras dadas por Dios a los supervivientes del Primer-Corazón. Era el signo patente de la voluntad divina de acordar toda su benevolencia a su pueblo elegido, mientras éste obedeciera sus mandamientos. Sirio era de alguna forma, la clave de la bóveda de toda concepción de vida social en la tierra:

> Pofirio escribió sobre ello lo siguiente:
> "Para los egipcios, Acuario no está en el origen del año, como lo está para los romanos. Era Cáncer, ya que cerca de esta constelación se encuentra la estrella Sothis, que los griegos llaman el astro del Perro cuyo neomenismo[8] es, para los egipcios el amanecer de Sirio, este fenómeno presidió la creación del mundo".

Observamos fácilmente los errores e interpolaciones cometidas por este lejano autor, pero cuyo fondo de verdad sigue patente: Cáncer, o mejor dicho, el Cangrejo, anteriormente bajo el nombre de Escarabajo, esta constelación presidió el renacer del Segundo-Corazón, después de un largo éxodo a lo largo de la línea imaginaria llamada trópico de Cáncer, guiada por Sirio, que está en la prolongación de la Vía Láctea, a continuación de Cáncer, guiando cada mañana y cada noche por su irradiación a los descendientes de los supervivientes del Primer-Corazón.

---

[8] El neomenismo es el día de la luna nueva y el primer día del mes en ciertos calendarios. Fue una fiesta, celebrada en la antigüedad en Egipto, Grecia, Roma, pero también en Judea. El judaísmo ha mantenido viva esta tradición en el calendario hebreo que todavía se usa hoy en día para determinar los días de celebración litúrgica.

Lo que aún es más extraño, y no puede ser tachado de coincidencia, es el hecho de que el amanecer helíaco de Sirio permitió reiniciar la datación, se produjo en la conjunción de Sirio y el sol en Cáncer, en el año 1.600 de nuestra era exactamente en la constelación de Piscis. Aquí también toda una base matemática astral presidió el estudio del cielo.

Los maestros de la Medida y del Número observaban el movimiento de los astros durante milenios, estableciendo así cartas del cielo extremadamente precisas. El tiempo no tenía importancia alguna en este estudio del espacio donde una conjunción de nuestro Sol y de nuestro Sirio lejano no se producía más que una vez cada 1.461 años.

Ya que la base de cálculo más certera para el amanecer helíaco de Sirio fue anunciado por Censorino en el año 139 de nuestra era, es decir, con los 1.461 años solares añadidos para la revolución completa de esta estrella: el año 1.600 exactamente, lo que no puede ser otra coincidencia más.

Vettius Valens, autor griego del tercer siglo, habla en su capítulo 6 del *Tratado del cielo*, del año de Sirio en estos términos:

"Generalmente, los antiguos han tomado el dominador del año y de todos los movimientos del universo, a contar de la neomenia de Thot, ya que ellos hacían partir de ahí el origen del año sotíaco y más precisamente contando desde el amanecer helíaco del Perro [9]".

---

[9] El primer día del mes Thot equivale a pleno verano: 21 de julio, de ahí el sobrenombre de canícula para hablar de un calor tórrido.

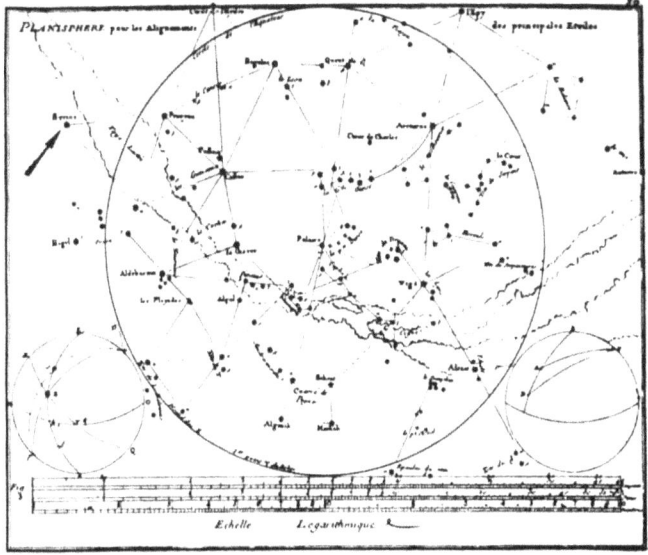

En fin, para acabar este apartado literario antiguo referido a la astronomía vista por los griegos, relataré el famoso pasaje de la Historia de Egipto vista por Heródoto, cuando a lo largo de su viaje fue tan variadamente comentado y de forma horrible, por ello es bueno citar, sin añadir comentario alguno:

> "A propósito de lo referido, decíanme los egipcios a una con sus sacerdotes, y lo comprueban con sus monumentos, que contando desde el primer rey hasta el sacerdote de Vulcano, el ultimo que allí reinó, habían pasado en aquel período 341 generaciones de hombres, en cuyo transcurso se habían sucedido en Egipto otros tantos sumos sacerdotes, e igual número de reyes. Contando, pues, 100 años por cada 3 generaciones, las 300 referidas dan la suma de 10.000, y las 41 restan además, componen 11.340.
> En el espacio de estos 11.340 años decían que ningún Dios hubo en forma humana, añadiendo que ni antes ni después, cuantos reyes había tenido en Egipto, se vio cosa semejante. Contaban, empero, que en el tiempo mencionado, el sol había invertido por cuatro veces su carrera natural, saliendo dos veces desde el punto donde regularmente se pone, y ocultándose otras

dos en el lugar de donde nace por lo común, sin que por este desorden del cielo se hubiese alterado cosa alguna en Egipto, así de las que nacen de la tierra, como de las que proceden del río, ni en las enfermedades, ni en las muertes de los habitantes".

Es bastante fácil imaginar el método empleado por los maestros, ansiosos por restablecer un equilibrio armónico para la vida humana según el desarrollo de las Combinaciones-Matemáticas-divinas, para que el acuerdo precario de la nueva alianza tomase efectivamente cuerpo. En cuanto llegaron al lugar designado por Ptah, que era este rizo del Nilo donde se elevaría más tarde el templo de Dendera, los grandes sacerdotes observaron la bóveda celeste para definir las configuraciones de las doce y los movimientos de las Errantes en relación a la Fija Sep'ti (Sothis, o Sirio).

Estos astrónomos calcularon antes de la era con ayuda de sus observaciones a través de tablas que daban la altitud relativa del sol y de Sirio, es decir la altitud que tenía la Fija por encima del sol, es decir, la diferencia cotidiana de las alturas por encima del horizonte entre nuestro astro solar y Sirio, y ello en la latitud de Dendera por supuesto.

Eso fue posible desde el primer amanecer del día de Thot que anunciaba la inundación, gracias a la aparición de Sirio brillando por encima del horizonte antes del amanecer del sol, y después de la presencia terrestre de la Luz zodiacal piramidal. Fue la primera visibilidad del astro llamado el Perro, ya que era de alguna forma el fiel guardián de los movimientos celestes, desde el primer día de Thot, que determinó con exactitud en relación a la posición del sol, el amanecer helíaco de Sirio para restablecer el calendario. Es este "ángulo de la aparición sotíaca", geométricamente calculable, el que sirve en los movimientos de las configuraciones celestes para dosificar los influjos que llegan a los humanos.

Ello permite comprender mejor hasta qué punto cualquier acontecimiento era escrito en varios ejemplares por los escribas administrativos y de los archivos. El típico ejemplo es el del documento titulado "*Papiro de Kahoun*" en este libreto está trazado la fecha sotíaca del año 7 del reinado de Senusrit III. El escriba consigna la copia de una carta dirigida por un pontífice del colegio de los Grandes Sacerdotes a un superior en el templo, así concebida:

> "Necesitas saber desde ahora que la gloriosa llegada del amanecer de nuestra fiel Sep'ti se producirá este año en el cuarto mes de Perit, y en el día 15. Haz conocer esta fecha a tu entorno, y fíjala a la entrada de tu templo para que tus fieles sean felices ese día y hagan las ofrendas previstas."

Esta misiva del escriba de Kahoun lleva a finales del texto la fecha del mes 3 de Perit, día 8. Ello es demostrado y reconocido por todos los especialistas en egiptología. Lo que viene a decir que esta circular administrativa, de algún modo fue escrita para que nadie ignorase el contenido 37 días antes de que el acontecimiento se produjera, y que los cálculos efectivamente se hacían de antemano con mucho tiempo.

La notificación de la fecha del amanecer de Sirio, además de la responsabilidad de las ceremonias religiosas inherentes a ese venerado día, respondía a unas necesidades prácticas, muy importantes en el calendario del año móvil como Fija que sirve de localización en el tiempo.

Esta rigurosa observación del cielo puede parecer sorprendente e incluso imposible para el que no conoce los rudimentos del nuestra astronomía. Sobre este propósito uno de los más eminentes astrónomos de principios del siglo XIX escribía en 1.817 en su *Historia de la antigua astronomía:*

> "La observación de Arturo, Orión y Sirio, representativa de las épocas del año natural, es muy fácil y no necesita más que un poco de atención, buenos ojos y un horizonte libre".

La situación tan sencillamente descrita por el viejo astrónomo Delambre a menudo es desconocida, aún hoy, por los egiptólogos refractarios a la astronomía y pues a lo que nombran con cierto desprecio la "Teoría sotíaca", tentados que están de objetar que en una época tan lejana como de la que se trata, es muy improbable que los egipcios hayan podido efectuar medidas referentes al amanecer de

Sirio. Sin embargo, el brillo de este astro demuestra que es fácil observarlo a simple vista y seguir cada uno de sus movimientos.

Además, el célebre *Decreto de Canope*, traducido con toda inconsciencia por estos mismos egiptólogos, especifica bien la astronomía casi de forma científica que rodea las evoluciones del astro del Perro. Se precisa que el amanecer de Siro se efectuará este año (en el que hablan), el noveno reinado de Tolomeo Evergetes, el primer mes de Perit, en el día 17. Este decreto fue por supuesto firmado cuatro meses y medio antes, el primer día del segundo mes de Shemnu.

En los más grandes templos, como en las más pequeñas capillas, los muros están llenos de textos religiosos que preveen para las fechas fijas ciertas festividades. En Dendera, estaba prevista 1.460 años de antemano en lo que se refiere a Sirio:

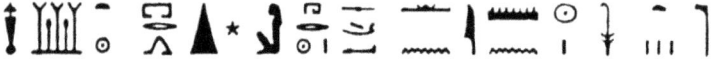

El primer día del mes de Thot, a la aparición de Sirio, después de la salida de la Luz, Gran Fiesta de renovación del Sol portador de los influjos divinos.

También tenemos los textos que permiten volver a trazar los cursos de astronomía impartidos por los maestros a sus alumnos. Es, pues, fácil restituir en su versión antigua una de las enseñanzas. Los alumnos están sentados en los bancos de piedra en una de las numerosas salas de la Casa de Vida. Ellos escuchan respetuosamente al que les habla, apuntando metódicamente todo lo que no serían capaces de recordar:

"... Sep'ti, la más brillante de todas las Fijas, sigue siendo la más resplandeciente de toda la creación divina. En la mecánica celeste que incluye millones de engranajes aparentemente complicados, las Combinaciones-Matemáticas-divinas tienen un movimiento de relojería muy sencillo ya que no dependen del Cinturón de los Doce, en el interior del cual se mueven las Siete y alrededor de ellas intervienen en última estancia el influjo de la estrella dedicada a nuestra Buena Madre Isis".

LA ASTRONOMÍA SEGÚN LOS EGIPCIOS

Vamos a entrar en más detalles en este cinturón de las Ddoce que hoy se llama prosaicamente Zodíaco, y cuyo centro estaba ocupado por la "Gran Perra":

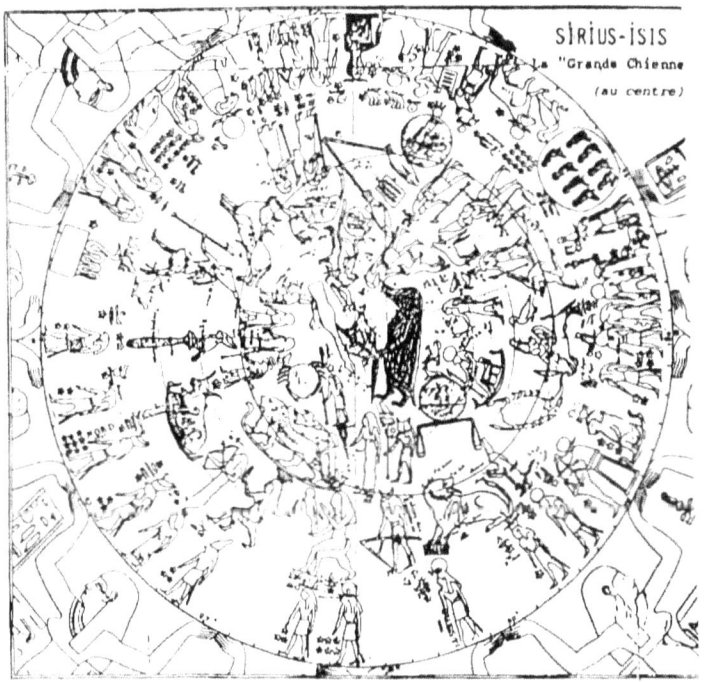

A. NOTA IMPORTANTE SOBRE LAS RADIACIONES DE LA FIJA SIRIO

Esta nota, tal y como el lector juzgará, es la más importante que expongo públicamente desde que he decidido contar este largo fresco histórico-religioso que constituirá en pocos años los fundamentos de la verdadera "*Historia del Monoteísmo*".

Se refiere a la Luz zodiacal, esta radiación que alcanza la tierra en la aurora y en el crepúsculo bajo una forma piramidal gigantesca, tal y como ha sido descrita a lo largo de este capítulo. Ella irradia, sin duda alguna, desde la región celeste donde se sitúa la brillante Sirio, y nos alcanza iridiscente y con todo su poder con su forma radiante a través del cinturón de las doce constelaciones que encarcelan literalmente todo nuestro sistema solar. Pero no es perfectamente visible, por motivos que la física astronómica ya ha desarrollado ampliamente, más que alrededor del trópico de Cáncer, esta línea imaginaria bien conocida, y únicamente a la aurora, durante unos treinta minutos antes del crepúsculo, es decir, antes del amanecer del sol, y después de su puesta.

Es su forma geométrica específica que ha hecho el signo celeste guía de los humanos y el lugar de su procedencia, el original año de Dios, para los rescatados supervivientes de la Atlántida que partieron para un largo éxodo de varios milenios, en busca de la tierra prometida por Ptah, el Dios-UNO, esta forma piramidal ere incontestablemente el signo puesto por Dios delante de ellos para enseñarles la ruta que debían seguir a lo largo de la travesía del desierto del Sahara hasta el Segundo-Corazón, Ath-Kâ-Ptah, Aéguyptos, o Egipto.

Esta radiación a la vez visible y celeste, siempre se situaba frente a ellos, por la mañana y por la noche, demostrando a la vez el total-poder-divino y el cuidado de éste que desde arriba perdonaba su impiedad y su desobediencia guiándolos hacia la segunda tierra.

Ello se admite, pero es muy sorprendente que una vez más, el antiguo testamente bíblico se ha apoderado de este hecho auténtico, pero mucho más antiguo, para trasponerlo al tiempo de Moisés. Si es bien evidente que este legislador del pueblo judío fue educado en el total conocimiento egipcio, no es menos patente que su Éxodo en compañía de su pueblo hacia una tierra prometida tiene un acento y reminiscencia segura con los tiempos más remotos: los que vivieron los ancestros de los faraones a orillas del Nilo.

Además esta Luz zodiacal, esta reverberación celeste, aparece en la Biblia en el libro del Éxodo. En efecto, en el capítulo 13 y en los versículos 21 y 22 está escrito:

"Yahvé los precedía, de día bajo la forma de una columna de nube, y la noche en forma de una columna de fuego para alumbrarlos; ellos podían de esta forma seguir la marcha día y noche. La columna de la nube no dejaba nunca de preceder al pueblo durante el día, ni la columna de fuego en la noche".

Se trata aquí de la descripción bíblica del éxodo de Moisés y de su pueblo, pero es fácil describir la misma larga caminata de los descendientes de Geb y Nut hacia la nueva tierra que les fue prometida por Ptah, con la misma descripción de la reverberación bajo forma de una columna de nube por la mañana y de fuego en el crepúsculo, el sol poniente irradiaba literalmente el color naranja y morado de esta radiación translúcida.

El eslabón que faltaba, el que une los tiempos anteriores a los constructores de las pirámides al Éxodo de Moisés, justamente a propósito de este simbolismo piramidal que es la Luz zodiacal, y que efectivamente existe. Si no apareció a primera vista, fue por causa del modo de describirlo parabólicamente en el Antiguo Testamento, ya que la conexión tiene como nombre: José, que de alguna forma fue el superintendente hebreo del faraón Apofis I, y con el exacto título de vi-rey.

Todo el mundo conoce la historia bíblica de este hijo primogénito de Jacob y de Raquel, vendido como esclavo por sus celosos hermanos, a unos mercaderes madianitas que iban a Egipto en caravana para vender sus productos. Llegados a la corte del faraón, vendieron a José a Putifar, el eunuco jefe de la guardia personal del rey.

Rápidamente con altos y bajos, se convirtió en el intendente de su casa. Dos años más tarde, antes que el faraón tuviese un sueño particular, del que se informó de su significado a través de sus maestros de los secretos del cielo. Pero ninguna respuesta le satisfizo. Fue José quien, habiendo acompañado a Putifar a una audiencia, resolvió el enigma de los siete años de abundancia y los siete de hambruna. Después de eso, frente a un hombre clarividente y hábil, se le confió la administración del reino. No hay duda alguna de que a partir de ese momento José pudo instruirse de toda la sabiduría egipcia, conoció pues rápidamente todos los secretos estelares, sus poderes y sus efectos maléficos como benéficos.

Así, el conocimiento de esta luz zodiacal en forma piramidal emanando de Sirio lo dejó soñador. En efecto, en el norte de Egipto, cada mañana y cada noche, ella envolvía una pequeña región particularmente bendecida por todas las culturas, con el desierto extendiéndose hasta más allá de la vista a todo alrededor de esta inmensa parcela.

La hambruna que había sido prevista gracias al sueño del faraón y evitada por el importante almacenamiento de grano en los silos para dicho efecto, lo elevó a vi-rey, ya que había sido la bendición de Egipto. Esta inmensa hambruna había alcanzado todas las regiones colindantes, incluyendo al país de Canaán, habitado por Jacob y sus otros hijos. Así los hermanos de José llegaron a orillas del Nilo para comprar alimentos. Después de varias aventuras perdonó a sus hermanos y les pidió volver a Egipto con su padre y toda su familia.

Con la autorización del faraón, José asignó a las 72 personas que constituían su familia, la tierra de Gesen, la misma que esta situada bajo la bendición de la radiación de la Luz.

Ya que no debemos olvidar que fue de esta tierra de Gesen comprendida entre la rama la más oriental del delta del Nilo, llamada la rama pelusíaca[10], y el inmenso desierto, tal como está identificada en la carta adjunta, desde donde se inició el famoso Éxodo de Moisés, él también conocía a la perfección la influencia de esta luz que volvía a ver cada mañana y cada noche como signo divino que le mostraba que iba en buena dirección. De ahí la columna de nube y la de fuego que lo guiaban. Ello hizo además decir a Aarón el primer Gran-Sacerdote de esta nueva nación judía:

"Por el Urim y et Tummin, nos vemos asegurados de la ayuda de Dios."

Sin embargo Urim, palabra hebrea, significa: luz, radiación y Tummin: realización de la verdad.

---

[10] Rama pelusíaca es la más oriental del delta del Nilo que pasa cerca de la ciudad de Pelusio.

B. NOTA ACERCA DE LA PALABRA "PIRÁMIDE" Y SU ORIGEN

Sylvestre de Sacy, que fue un eminente sabio, de alguna forma profesor y benefactor de Champollion, también era un distinguido lingüista que, entre otros idiomas, hablaba árabe con fluidez. Nos ha dejado una interesante disertación sobre el origen de la palabra pirámide que no tiene otro significado preciso en ningún otro idioma de los nuestros.

Pero precisamente en árabe, esta palabra se escribe *Haram,* que significa muy antiguo. También sabemos que la palabra esfinge se escribe: *Abou'l Hol,* que significa: "*padre del espanto*", tenemos un pensamiento más sano sobre el origen de los monumentos más antiguos. Conviene recordar, por ejemplo, que esta palabra de monumento, viene del latín: *nomumentum* que significa: *advertencia.*

Podemos decir pues, que la pirámide es una advertencia muy antigua, y que sería partiendo de este Haram que los griegos añadieron PI, obteniendo la palabra *Pirámide.* La única dificultad lógica es evidentemente de que los helenos conocieron Egipto mucho antes de que los árabes penetrasen. Veamos pues, antes de llegar al verdadero significado jeroglífico, las diferentes etimologías propuestas por los sabios filólogos que se han ocupado de este problema:

El número de sabios del XIX siglo que han estudiado sin éxito el origen de la palabra es tal que un libro no bastaría para nombrarlos a todos con sus teorías. Sin embargo, la simple lógica desea que esta palabra "*pyramis*" venga de un país vecino: Caldea o Asiria, país limítrofe de Egipto, que siempre ha estado en constante comunicación con los habitantes de este país. Al igual que, bajo el reinado de Sesostris, por ejemplo, estas regiones formaban parte integrante del reinado de los faraones.

Es, pues, cierto que en lengua caldea ya existía una palabra para denominar esta gigantesca construcción que todos los viajeros de la época conocían y ello, antes de que ningún griego penetrase en el país y diera un nombre derivado del que ya existía en la lengua popular.

Bien, esta palabra existe tanto en caldeo como en hebreo para designar este monumento. Es "*amud*", que tiene el sentido de pilar o de columna. Lo que nos devuelve a la columna de nube o de fuego bíblico que guió a Moisés. El verdadero significado de Luz radiante se encuentra sin duda alguna posible en este significado, que podría ser calificado de esotérico, ciertamente, pero que era retomado en la lengua popular con el fin de que nadie olvidase la ayuda aportada por el cielo en la resurrección del pueblo elegido de Dios. Es por lo que esta palabra, en copto, y con la ayuda de "*pi*", se ha convertido en *"pi-amud"*, pronunciado *pyramis y pirámide*.

Falta su significado en jeroglífico, que los lectores del Gran Cataclismo ya conocen, y que aquí encuentra su clara confirmación:

$$\text{MER} = \text{L'Aimé.}$$
(El Amado)

Estamos muy lejos de los significados ambiguos que tienden a decir que esas pirámides son silos de grano, como a menudo fue adjudicado a José, olvidando que los monumentos ya existían varios milenios antes de la llegada a Egipto de este hebreo que acabó siendo vice-rey.

"**Mer**" es la contracción popular de un conjunto jeroglífico, es decir únicamente utilizado en lengua sagrada, que es:

SEQT-BEN-SHU-MER

que significa: El Amado hacia quién baja la Luz.

Esta construcción de la frase no permite duda alguna, ya que los cuatro jeroglíficos que permiten de encontrar su sentido exacto están en los papiros matemáticos:

SEQT = SEMIDIAGONAL

BEN = LA PERPENDICULAR A LA ALTURA,

SHOU = LA ARISTA DEL ÁNGULO QUE DA EL COSENO,

MER = RELACIÓN ENTRE LAS LÍNEAS DE LAS ARISTAS.

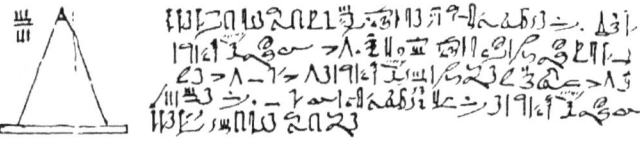

Problema del papiro de Rhind: encuentra la altura de una pirámide de la que conocemos la base y la pendiente.

MER califica pues en concreto la *Luz zodiacal*, esa extraordinaria radiación de Sirio, en forma piramidal y no cónica, lo que permite todas las utilizaciones posibles en materia de cálculo de las Combinaciones-Matemáticas-divinas y en general para la multitud de las criaturas engendradas gracias al Creador. Pero todo acaba siendo sólo apariencia de las realidades tangibles, cuando una nueva civilización destruyó después de Cambises lo que quedaba del conocimiento, los griegos no se preocuparon para nada de la realidad faraónica, ni de su monoteísmo.

Se limitaron a explicar algunos enigmas según su propia óptica, más joven por miles de años, dejando deliberadamente aparte la rigurosa lógica que debería haber guiado sus pasos. Y no satisfechos de deformar todas las cosas, inventaron nuevos dioses para que ese pueblo desaparecido pareciese bárbaro.

Para acabar esta nota y como recordatorio, nombremos el simbolismo del ojo de Iset, dicho de otro modo de Sirio, cuyas lágrimas grabadas, al tocar el suelo, aseguran una resurrección y una nueva creación. Ahí aún, la radiación de esta Luz zodiacal que deberíamos estudiar aparece de forma clara en los grabados de Dendera y en su templo de la Dama del Cielo, donde el final de esta bella frase podría salir perfectamente de un evangelio:

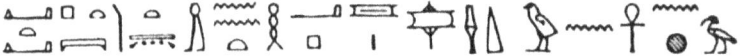

Lo que el cielo ha dado a la tierra para elevarla a su altura, la humanidad lo debe a Hapy (el Nilo). Gloria a la radiación celeste que, sola, le ha trasmitido la Vida.

A partir de este concepto, aparece también la resurrección de Osiris en el seno del cielo, y más precisamente en la Vía Láctea que también se llama Hapy, en jeroglífico. En efecto Hapy significa Gran Río, y si el Nilo es el gran río terrestre, la Vía Láctea es el gran río celeste así unido a la Tierra. En el grabado anterior, vemos a Osiris en la Vía Láctea (la serpiente) con Sirio a su lado, los cinco planetas y la cruz de la vida encima, y un poco aparte dos luminarias.

C. NOTA ACERCA DEL ZODÍACO DE DENDERA

Debemos ver el original del famoso Zodíaco de Dendera, que está en un lugar de honor en las salas de egiptología del museo del Louvre en París, ello permitiría comprender mejor la amplitud del trabajo ejecutado bajo la orden de los maestros de la Medida y del Número, por unos obreros que calificaríamos actualmente de especializados.

La complejidad de los trazados de los grabados no tiene igual, ni la precisión de los cálculos realizados en una época tan remota que da vértigo a quién de verdad quiera pensarlo. Bastaría contemplar esta espiral formando el cinturón de las doce constelaciones del cielo para poder ya imaginarse el valor astronómico y científico de los que están en el origen de la astrología: los antiguos egipcios. He aquí las doce constelaciones del cinturón, sombreadas en negro en el Zodíaco de Dendera:

CAPÍTULO IV

EL ZODÍACO SEGÚN LOS EGIPCIOS

A pesar de todas las polémicas que se han planteado entre los años 1.820 a 1.830 acerca de la antigüedad del Zodíaco de Dendera, sigue siendo el monumento más auténtico de la ciencia astronómica y astrológica egipcia. La simple lógica indica que todos los muros del templo donde estaba este planisferio no eran más que copias de los grabados de textos que remontan a la noche de los tiempos, lo mismo ocurre para el techo de la habitación donde estaba este zodíaco.

En efecto, unos papiros autentificados y reconocidos por todos los egiptólogos hablan de seis reconstrucciones sucesivas siguiendo los mismos mapas remontando a los Seguidores de Horus, es decir a los reyes anteriores a Menes, el fundador dinástico que reinó hace más de seis milenios. Ello da vértigo, pero es necesario ver que estamos lejos de ser inteligencias superiores; el arte de hacer la guerra, las hecatombes y los holocaustos, no eran para nada prueba de una civilización avanzada.

Es para evitar justamente lo que nos ocurre, por lo que los sabios de Egipto preconizaron la obediencia a los mandamientos de la ley de la creación, única susceptible de preservar la armonía entre el cielo y la tierra. Para ello se crearon las Casas de Vida, especializadas en el estudio de las Combinaciones Matemáticas, que regulaban esta legislación. De esta forma nacieron los profetas; eran los que sabían leer en las configuraciones celestes futuras, tanto referentes a los movimientos combinatorios de nuestro globo terrestre en el seno del sistema solar y del cosmos entero, como en los influjos que, habiendo predeterminado las acciones humanas, las hacían actuar de forma diferente a lo previsto según los períodos.

Y todos estos maestros, todos estos Patriarcas, no actuaban más que en función de los textos sagrados imperativos que preveían para cualquier falta a esta disciplina, creada al mismo tiempo que la Creación misma, un castigo de implacable rigor, aún más horrible que el Gran Cataclismo que borró de la superficie de la tierra el Corazón-Primogénito, Ahâ-Men-Ptah, pronunciado Amenta, o el Reino de los Dormidos, de los Muertos, a la hora de la renovación de la escritura en Ath-Kâ-Ptah.

Esta jeroglífica, incontestablemente el primer evangelio monoteísta, es muy anterior a los relatos bíblicos del Antiguo Testamento, tal y como hemos visto en la nota anexa al anterior capítulo. Ello puede parecer perturbador para el lector no avisado, pero la extremada semejanza entre los textos sagrados egipcios y los de la Biblia, sus menores de al menos quince siglos, es lógica cuando sabemos que Moisés había sido educado como príncipe de Egipto, y como tal, Gran Sacerdote de este país. Al inicio del Génesis, que todo el mundo conoce más o menos, vemos un ejemplo típico:

> "Al inicio, Dios creó los cielos y la tierra. La tierra era informe y estaba vacía; había tinieblas en la superficie del abismo, y el espíritu de Dios se movía por encima de las aguas. Dios dijo: Que la luz sea, y la luz fue".

Dos textos antiguos a orillas del Nilo han permitido reconstituir en un contenido idéntico el Evangelio según los egipcios. Uno de origen solar e idólatra, el otro teológico y entregado al culto del Dios-Uno: Ptah. Es pues fácil retrazar una imagen exacta de la figuración de la Creación del mundo para los tiempos anteriores en más de cuatro milenios a la edad bíblica:

> "Al inicio, no había aún cielo y tampoco tierra; los hombres no existían ya que el Hijo de Ptah no había nacido, ninguna alma había sido engendrada. No había tampoco muertos, ya que no había vivos, ni ningún lugar para acogerlos vivos o muertos. Únicamente los gérmenes de todas las cosas vivas o inertes

esperaban confundidos en el seno del Abismo (el Noun) estos gérmenes llevaban en ellos la totalidad de las existencias futuras, pero flotaban en el caos informe, la nada (el Toum) en estado inconsistente e inestable, no encontraban ningún lugar donde ubicarse."

"Y llegó el momento esperado donde Ptah creó su única Creación de Creador: engendró en su Corazón todo lo que existe en su totalidad. Para ello, se ubicó fuera de Noun (del abismo) de todo lo que lo componía, para montar fuera de Toum (la nada) y surgir del agua primordial. Desde entonces, Ptah tomo su Nombre de Atoum afín de que la Luz brille y Râ tomase su lugar en el cielo para que la Luz fuera."

Ocurre lo mismo para la cosmogonía mosaica que tomó el conjunto más antiguo de los egipcios cuya Creación en siete ciclos ha sido ampliamente detallada en el Gran Cataclismo. La oración la más antigua conservada sobre los textos grabados de Dendera acaba de esa forma:

"Porque es únicamente Ptah quien hizo el Cielo y la Tierra para nuestra felicidad.
Porque sólo Él ha rechazado las tinieblas para hacer de nosotros sus Hijos de Luz.
Porque sólo es Él quien animó nuestra alma con su Influjo.
Así el alma insuflada por el Creador ayudado de sus Doce del cielo, tomó lugar en el cuerpo carnal.
Así la Vida del Hombre fue introducida en los cuerpos carnales con esta Parcela divina que es el Alma.
He aquí por qué el Hombre es la criatura de Ptah;
He aquí por qué el Creador hizo las plantas, los animales, los pájaros y todas las cosas que viven y respiran en el agua, el aire, y sobre la tierra, a fin de atender las necesidades de las criaturas del Creador.
Que el hombre no deshonre nunca al Modelador que lo ha hecho a su imagen.
Que el Hombre coma y beba según su apetito.
Que el Hombre trabaje para ser verdaderamente un hombre y no una bestia;

Que el Hombre ore y agradezca a su Creador ser Hombre. Que el Hombre tema la cólera de Ptah por su desobediencia. Y la gloria eterna de Ptah seguirá enviando su bendición a sus imágenes por medio de las Doce."

Este final de oración apenas transcrito para nuestro siglo XX pasaría en todas las iglesias cristianas sin molestar los espíritus los más puritanos. Pero el objetivo de este libro no es explicar la continuidad del monoteísmo a través de Egipto y Moisés hasta Jesús, sino de explicar la astrología según los egipcios, por ello debemos volver al tema de las doce constelaciones desiguales tal y como lo vimos en el capítulo anterior.

La observación de este cinturón ecuatorial de la eclíptica celeste no es suficiente para calcular muy exactamente las combinaciones que se derivan, en, un "Círculo de Oro" construido una primera Ahâ-Men-Ptah, después una segunda vez en el lugar de Dendera, o más precisamente, debajo, lugar ideal situado ahí donde el templo conserva aún muchos vestigios astronómicos de los que el planisferio es el símbolo, convertido en Zodíaco de Dendera a su llegada a París.

Es muy difícil imaginar el gigantismo de esta construcción que fue el Círculo de Oro, hasta tanto que sea puesta al día, lo que no se hará hasta 1.982, ya que los trabajos de limpieza de los vestigios que los cubren no puedan realizarse más que lentamente. Sin embargo, los datos que poseemos dejan entrever su grandeza. Herodoto, que califica este "*Círculo de Oro*" de "*Laberinto*", lo describe bastante bien con tres mil habitaciones en dos plantas.

Hay una descripción más exacta y más detallada, está en el último tomo de la *Trilogía de los Orígenes*, así que aquí sólo tomaremos la descripción de las Doce que forman el contorno exterior del Círculo de Oro: el Zodíaco. Las Doce representaciones celestes lo son en figuraciones simbólicas de longitudes desiguales. Ellas forman verdaderamente el Ancestro de lo que se ha convertido en el Zodíaco de los griegos varios milenios más tarde. Al origen, las doce tenían unos ideogramas diferentes para su mayoría, como es perfectamente visible en el Zodíaco adjunto.

El primero de los doce signos astrológicos, el que empezaba el Zodíaco según los antiguos egipcios, no era el Aries que lo inaugura para todos los astrólogos actuales. Y ello, por unos motivos tanto astronómicos, debidos a la famosa precesión de los equinoccios, como por hechos históricos-religiosos, por culpa del Gran Cataclismo que trastocó la rotación de la tierra mientras que el Sol estaba en la constelación de Leo, que no volvió a recuperar su propia naturaleza más que con la penetración del astro solar en la constelación llamada desde la antigüedad caldea únicamente Cáncer.

Este primer signo es pues el del renacer de la tierra y el del renacimiento de su humanidad elegida por Ptah, en ruta hacia su segunda patria que se llamará Ath-Kâ-Ptah o Segundo-Corazón-de-Dios: Egipto. Su simbolismo jeroglífico es un Escarabajo, cuya pronunciación era Kheprer. Es por lo que por un desarrollo lógico filosófico helénico, luego latino, esta constelación de Escarabajo se convirtió primero en el Cangrejo, antes de llamarse definitivamente: Cáncer, nombre espantoso que siempre da escalofríos. Es por lo que conviene impregnarse de estos mitos grecorromanos, pero con desconfianza, sólo extrayendo la parcela de verdad que aún contienen.

Es por lo que, precisamente, el redescubrimiento por Galileo en 1.625 del movimiento real de rotación de la tierra en relación con las antiguas definiciones astronómicas egipcias, no cambia absolutamente nada en el concepto original del Zodíaco y de las Combinaciones-Matemáticas-divinas que se derivan directamente a través del gran emisor que irradia, Sirio. Sólo fue casi cuatro milenios más tarde cuando Tolomeo volvió a hacer una composición matemática del cielo, y Manilio elaboró lo que se convirtió en astrología.

La influencia astral no depende más del movimiento del sol y de los planetas que de la tierra. En primer lugar deriva de la fuente emisora propia a Sirio, únicamente después interviene la posición relativa de las doce constelaciones en relación a los planetas de nuestro sistema solar en un momento dado (hora del nacimiento, botadura de un barco, salir de viaje,) y para un lugar específicamente determinado (lugar de nacimiento, o de lanzamiento, etc.) y ello en concordancia con los receptores luna y sol, teniendo en cuenta que siempre en el mismo espacio, a lo largo del mismo tiempo, y a igual distancia, *la posición en grados se mantendrá siempre igual.*

Ello se comprende sin dificultad, y por consiguiente, el sentido aparentemente utilizado por la astrología es efectivamente el sentido real en relación a nuestro cielo y a la tierra que habitamos, sin tener que invertir lo que Dios, en su cólera, ya hizo retroceder una centena de siglos antes de nuestra era. Suficientes ejemplos en el Egipto faraónico permiten ampliamente reconstruir el porqué de la atribución del Escarabajo al signo que se convertirá mucho más tarde en el de Cáncer.

En un principio, el significado jeroglífico del dibujo de este coleóptero que tanto aparece en la Lengua Sagrada, pero que sigue siendo algo abstracto por la confusión aportada por los egiptólogos al interpretar sólo un significado en lugar de los dos bien reales. Claramente, una síntesis explicaría que el escarabajo simboliza "*el* nacimiento a la existencia según la únicas directrices del Verbo Creador". Más sencillamente aún, y en el mismo contexto: "*haber sido, ser, y devenir por si mismo*".

La idea maestra era de salvaguardar las generaciones siguientes del Gran Cataclismo, y surgidas del Hijo de Dios, con su renovación humana unificadora. De ahí las nociones opuestas de los dos clanes enemigos (los descendientes de Osiris y de Set) acerca de la existencia y de la creación, el ser y el no-ser, han engendrado un desconocimiento del Bien en beneficio de un conocimiento del Mal.

Es por lo que la figuración del escarabajo como símbolo fue utilizado desde la llegada en Ath-Kâ-Ptah, con dos fines diferentes en los primeros templos erigidos a orillas del Nilo.

En An-del-Norte, que era la Heliópolis griega, este coleóptero representó "*la manifestación eterna y viva del Sol renaciendo cotidianamente de su propia combustión*". El astro solar, bajo su forma de escarabajo, era admitido como el único demiurgo posible por los impíos, estos hijos rebeldes de Set, el medio-hermano terrestre de Osiris, que se había convertido en ateo, sin fe ni ley, después de la ascensión al trono del Primogénito. Los escribas de los templos de Ptah los calificaban sencillamente con el término de inmundos.

Los Seguidores de Horus, el hijo de Osiris veneraban a Ptah, el Padre Todo-Poderoso de la Creación de todas las criaturas terrestres. No posaban el rostro contra el suelo cada mañana al amanecer, para agradecer al sol su aparición iluminando un nuevo alba. Ellos daban gracias de rodillas, con las manos juntas hacia el cielo, hacia el Creador que les permitía vivir bajo el Sol. Para ellos, el astro del día no era más que un instrumento de Dios destinado a alumbrar eternamente el camino de sus vidas terrestres. Y así, el escarabajo, a pesar de ser un símbolo de eternidad, tenía otro significado en los templos de Ptah.

Este coleóptero está grabado sobre los muros como saliendo de una nada fangosa o bien de una media copa terrestre que representa la superficie, marcha atrás llevando un globo solar entre sus patas, o bien como saliendo de un capullo o de la barca que lo salvó del cataclismo para seguir adelante.

El escarabajo era, de alguna forma, el hilo conductor entre las almas terrestres visibles y las Parcelas divinas celestes invisibles. Este coleóptero representaba a Ptah, único capaz de permitir la accesión al más allá de la vida humana, para seguir en la Eternidad. Los diversos papiros que han sido compilados para conseguir lo que se llama injustamente "*Libro de los Muertos*" están llenos de dibujos de este tipo. Este signo estaba situado bajo la protección de la Luna, simbolizada por Isis-Hator.

Hator no era más que uno de los miles de nombres muy santos de ésta buena madre de origen divino que fue Isis, que entre otros personificaba la incansable devoción para su progenitura y el amor materno. Ello no es una simple tesis o una estimación del espíritu moderno, sino una realidad tangible, incluso para una mentalidad contemporánea algo escéptica. Basta con admitir que no hemos inventado nada nuevo bajo el cielo eterno, y que los hombres conservan los mismos pensamientos originales.

Hoy calificamos a la Virgen María con más de mil nombres, y ello sólo en Francia: Nuestra Dama de las Fuentes, N.D. de las Tempestades, N.D. de las Nieves, sin olvidar nombrar las Vírgenes negras, etc., y la Buena Madre de Marsella, en este puerto mediterráneo, María lleva el mismo pseudónimo cariñoso de Isis en Dendera, sobre nombres gloriosos para magnificar la influencia lunar, por esencia benéfica.

Por ello la joven muchacha era representada por el planeta Venus y la madre o el esposo por la Luna. Por ello también, en la carta del cielo de un nacimiento, que sólo tiene la Luna en este signo, es decir las radiaciones las más potentes que las que llegan a través del Sol, la parte afectuosa y materna será vivificada. No fue más que mucho más tarde, que los griegos lo transformaron en su concepción mitológica. Así Venus deificada sustituyó a Nut e Isis en una sola adoración idólatra, como en el tiempo del emperador Antonino, cuando las medallas acuñadas con su efigie llevaban en el reverso la bella Venus y la Luna, junto a Cáncer, signo del nacimiento del rey.

Pero esta equivalencia la deformó totalmente por unos comportamientos orgiásticos insensatos, los mismos que dieron lugar a los cuentos bárbaros y eróticos de los primeros egiptólogos. Debemos comprender que en esa época aún reciente, la Iglesia aún era todopoderosa en sus decisiones sin recurso. Egipto no podía tener una anterioridad al tercer milenio antes de Cristo, ya que se trataba de ancestros politeístas y salvajes que no podían tener nada en común, ni de cerca ni de lejos, con el monoteísmo cristiano.

Pero Isis tenía un medio hermano, Osiris, Hijo de Ptah, pues, de Dios, y de Nut, la Reina Virgen, engendrado bajo el Sicomoro sagrado; es por lo que en Dendera, Nut e Isis superpuestas la una a la otra indican el sentido exacto del punto de partida del cálculo de la fecha del cielo que ahí está grabado con las doce del cinturón zodiacal.

Ello fue hecho consciente y deliberadamente por los antiguos sabios, para el uso de las generaciones futuras, para obligarlos a la reflexión. Se trata sin duda de nuestra generación o de las siguientes, ya que todo recuerda, por nuestro comportamiento ateo e impío, la cólera divina que se desencadenó; llegamos a un giro con la entrada del Sol en Acuario, exactamente el 18 de febrero de 2.016.

En el sentido precesional, el que seguiremos para todos los cálculos de los antiguos egipcios, viene a continuación la constelación de los gemelos o mejor dicho Géminis. Esta denominación personificaba curiosamente a Osiris y Set que eran medio-hermanos. Mientras toda la navegación solar retrógrada en Géminis, es decir a lo largo de los 1.872 años que el astro del día pasa en este grupo estelar, unas luchas sangrientas tuvieron lugar casi sin interrupción a todo lo largo de la marcha agotadora en busca del Segundo-Corazón. Generación tras generación, en un odio salvaje sabiamente mantenido, los combates sin piedad reducían las dos poblaciones a pesar de las numerosos nacimientos que ralentizaban la marcha.

Fue, pues, en el año 4.241 a.C., en el momento de la conjunción Sol-Sirio que abría un nuevo Año de Dios, cuando la paz y la unificación tuvo lugar; con el fin de que nadie olvidara nunca esta estéril lucha, los maestros de la Medida y del Número decidieron que esta constelación sería la de las Gemelas: Iset y Nekbet, la Isis y Nephtys de los griego que fueron las dos verdaderas hermanas que dieron sus nombre a este grupo de estrellas.

Así se reconciliaron los Adoradores de Set, y los Seguidores de Horus, todos los descendientes de sus dos ilustres progenitores se veían indisolublemente unidos por los lazos celestes indestructibles. Al menos así pensaban los que firmaron el pacto para salvar esta multitud que no tardaría en demostrar su ingratitud poco tiempo después, renovando sus ataques verbales.

Es por ello, que hay mucho que decir sobre las reminiscencias que emanan de la denominación helena de Castor Polux: los dos hermanos nacidos de Zeus y de Leda, pero no siendo el objetivo de esta obra, no nos extenderemos más sobre esta investigación de la antigüedad, ya que es patente que la primera piedra que serviría para la construcción de los primeros templos griegos, aún no se había extraído de la cantera que, además, aún no existía, mientras que los edificios religiosos más prestigiosos de Egipto se erigían en todo su esplendor sagrado.

Este período solar en Géminis delimita, pues, un período de revueltas y de luchas, tendiendo todas hacia una investigación esencial: la *Paz y la Felicidad* perdidas. Así, simbolizado por Osiris y Set, los Gemelos, los Grandes Maestros desearon mostrar y demostrar la influencia opuesta para este período entre el Bien y el Mal; lo consciente y lo inconsciente que tienden a la destrucción, luego a la reconstrucción inevitable para los que desean sobrevivir sencillamente en el espíritu y los mandamientos de la ley divina. Esta concepción notable de inteligencia de unos e ignorancia de los demás debería servir de ejemplo concreto; pero desgraciadamente la ceguera impía de lo que debería ser un orden naturalmente celeste de la naturaleza terrestre sirve hoy para convencer de una abstracción sin armonía del universo.

Todos los nacidos bajo el horóscopo de los famosos Géminis como tal, ofrecen la triste demostración durante el primer período de su vida. Alguno son susceptibles de encontrar un equilibrio perfecto: pero a qué precio. Y no es la lira de Apollon en las manos de Castor, ni la masa de Hércules en las de Póllux, que harán que estos nativos de las "luces intelectuales o espirituales creadoras de energía realizadoras de una inteligencia donde la Fuerza y el Espíritu se dan la mano". Ya que es lo que escribía un conocido astrólogo, repitiendo además lo que decía un antiguo autor latino 18 siglos antes que él.

En realidad, estas dos estrellas brillan con un color espectral bien diferente que muestra a simple vista la oposición, o la dualidad, existente entre los dos tipos de nativos. Unos poseerán una naturaleza física poderosa, apreciarán la parte material de la existencia con una tendencia natural a abrirse y hacer amigos, mientras que los otros, de naturaleza más aérea, vivirán aislados, retirados, primero en sus estudios, luego en sus investigaciones. Además son los nacidos bajo este concepto de espíritu los que se convierten en los mejores Grandes Sacerdotes del Egipto antiguo.

En el Zodíaco de Dendera, es fácil ver que los Gemelos son aquí Ousir e Iset, es decir Osiris e Isis, la famosa pareja que dio nacimiento a Horus, honrando así las orillas del Nilo de la famosa tríada divina. Sin embargo, Dendera, con su templo de la Dama del Cielo era el templo primordial de la nueva Humanidad.

Es en esta misma óptica de conciliación que debemos ver el emblema de los Gemelos incluidos por los dos clanes para la escritura de los primeros textos sagrados, cuya jeroglífica era dos plumas. Es la representación simbólica de dos almas semejantes por su origen: la de Osiris y la de Set, unidos por la misma madre, Nut, en una sola adoración. Estas almas, que se habían vuelto de nuevo puras, fueron decretadas idénticas con el fin de que nadie pudiese poner en duda una u otra. Y la Errante que llamamos Mercurio por la gracia de los griegos se convierte en la portadora de los influjos del Espíritu del *Bien y del Mal*.

El cuadro principal de la especie de planetarium del Ramesseum de Saqqara permite hacerse una justa imagen de la denominación de Mercurio en este tiempo de la III dinastía bajo el faraón Djeser, es decir, en el tiempo de los Adoradores del Sol, hace más de 5.000 años. En aquel tiempo, Mercurio se escribía aún con el jeroglífico: ⸺ 𓏤𓏤 ⸺ lo que se lee fácilmente como "Estrella de Dos-Almas del mundo terrestre".

Mercurio solo retomó bajo la XI dinastía su apelación anterior de "Hor-Sep-Ptah", 𓀀𓏤𓏤𓇯, es decir "Horus-Hijo-de-Dios por Sirio". No hay duda alguna de que la influencia astral de la radiación transmitida por este planeta es muy particular ya que actúa sobre las Parcelas divinas que son las almas, según sus aspectos combinatorios benéficos o maléficos en relación a cada metro de terreno terrestre, esta Errante viendo sus influjos cambiar radicalmente de rumbo cuatro veces al año. De ahí esta necesidad suprema de llegar a cualquier precio, incluso al de la masacre total de uno u otro clan, a la nueva tierra prometida, los primeros para asegurarse su único control antes de la llegada del sol en la constelación de Tauro, dedicada a Osiris. Es por lo que fueron los Seguidores de Horus los que vencieron, los Adoradores del Sol permitiendo el renacer de los hijos de Ptah.

La felonía de Set es ahora bien conocida. Atraerá a su medio hermano a una emboscada, celoso de la supremacía acordada a Osiris, hijo de Dios, por Geb su padre de él. Mató al que consideraba como usurpador de su trono terrestre con un cuchillazo después de que sus secuaces lo hubieran atravesado a golpes de lanza. Para que no pudiera renacer, y que su alma su pudriese en su cuerpo, Set lo encarceló de inmediato en una piel de toro que hizo tirar al mar esperando que los peces acabasen por comerselo. Pero esta piel atada herméticamente jugó un papel conservador. Osiris resucitó en Ta Mana, cuando los supervivientes del Gran Cataclismo llegaron a esta tierra providencial en un nuevo amanecer. De ahí la deificación simbólica de la piel de toro para otra constelación, luego para el animal en si, a la llegada en Ath-Kâ-Ptah, que sigue siendo aún hoy el emblema de este signo.

Los maestros de la Medida y del Número pudieron admirar respetuosamente la suma de las "coincidencias" que se encajaban las unas en las otras sin dejar un sólo intersticio, trazando no sólo el destino global de la humanidad, sino el de cada criatura terrestre.

Desde la más remota antigüedad, en tiempos de Ahâ-Men-Ptah, que fue de alguna forma un Edén terrestre antes de que la cólera divina se manifestara, la profecía que acordaba dar nacimiento celeste al último rey de este país aún era esperada como señal. Geb, tal era su nombre de monarca en los últimos días, aceptó ese edicto del Creador, haciendo de él hasta su heredero real, desfavoreciendo su verdadero primer hijo que nacerá después de Osiris y de su esposa Nut, que será madre de dos niñas más.

Por ello la jeroglífica de Geb, fue introducida antes de dar lugar a la del Toro. Geb asumiendo la responsabilidad terrestre del hijo de Dios-Uno: Ptah, penetró por ese hecho en el panteón celeste. Se trata evidentemente de su forma terrestre, jeroglificada por un ganso, llamado popularmente con su nombre genérico de: la oca

Esta constelación dedicada a Geb fascinó, a lo largo de más de cuatro milenios, este pueblo dividido entre dos ideales: uno que era esencialmente religioso, y el otro furiosamente idólatra, pero ambos deseaban utilizar los mismos símbolos y una imaginería semejante.

El cuerpo macizo de la oca, con el cuello rígido y corto, sus tarsos más elevados y echados hacia adelante le permite de caminar muy bien sobre la tierra firme, para tener buenos cimientos. Además la oca posee un oído de una notable delicadeza, extremadamente vigilante, lo que le permite vivir mucho tiempo. Para todas estas cualidades, es innegable que la elección de los maestros era correcta para personificar a Geb, el último rey de Ahâ-Men-Ptah, convertido en Amenta, el reino de los Dormidos, o de los Recostados, o más prosaicamente, el reinado de los Muertos. Y para que nadie ignore esta iconografía, los antiguos grabados de los templos llevan aún la representación de Geb coronado por una oca.

Es por lo que esta configuración astral, conocida hoy como Tauro, cambió a menudo tanto de representación como de nombre.

A lo largo de las fluctuaciones que se produjeron durante las 32 dinastías y el advenimiento de cada uno de los 400 faraones que tomaron en sus manos el cetro de las Dos-Tierras: Ath-Kâ-Ptah y Ahâ-Men-Ptah, es decir por el gran poder ejercido sobre los vivos y los muertos, se produjeron cambios, cada vez más radicales, tanto en política como en la administración religiosa.

Cada nuevo inicio de reinado era así marcado por innumerables martilleos en todo Egipto, sobre los muros de todos los edificios a lo largo del Nilo en más de mil kilómetros, con el fin de borrar el nombre de los Impíos o de los Inmundos, según que el rey fuese de uno u otro clan, ferviente partisano de su primogénito.

Varios intentaron conciliar todas las opiniones acercando tanto como pudieron las dos prácticas religiosas. Así, Osiris, bajo su forma de Toro celeste, era venerado en el An-del-Norte (Heliopolis, ciudad del Sol de los descendientes de Set) con un Sol entre sus dos cuernos, como lo demuestra un bronce conservado en el museo del Louvre. Lo mismo se ve en el reinado de la famosa Hatschepsut de la que podemos ver en Deir-el-Bahari en la capilla de Hator en su templo funerario el culto al esposo de Isis sobre su barca sagrada.

Más astutamente aún, las aliteraciones se multiplicaron en la jeroglífica. Así, en las nomenclaturas de los templos, la escritura se modificó dependiendo de que el origen fuera Geb, el ganso, o Ptah como en Dendera:

Adorateur Suivants
du Soleil d'Horus

Únicamente el significado del Cinturón de las Doce en el seno de la Vía láctea guardó el mismo simbolismo incluyendo las almas y a Geb:

La misma constelación de Tauro contempló las vicisitudes de auges y decadencias. En la época grecoromana, eso aún empeoró por el hecho de que la introducción en Egipto de la mitología helénica y de la imaginería no tenía ya más que la parte delantera del toro, la cabeza con los cuernos, el pecho, y las dos patas delanteras, para dejar libre curso a la imaginación popular de ver un toro, o la vaca simbolizando a Isis, la Vaca celeste, la esposa bien-amada que se transformó en Venus, alcanzando la enseñanza de los Grandes Sacerdotes de Egipto que hacía de la Errante de mismo nombre griego, la dominante benéfica de la constelación.

Pero en el origen, su jeroglífica Hor-Hen-Nout, ⁿ] ★ ⌐ cuya principal característica principal era el inmenso amor de la abuela hacia su nieto Horus, amor que ha llegado hasta el mayor sacrificio contado en los anales egipcios. Estamos, pues, lejos de la Venus de terribles orgías introducida por los griegos en su época decadente.

Otros juegos de palabras jeroglíficas lo confirman, como el que significa Gran Río, que es Hapy, nombre del Nilo, pero también el de la Vía Láctea a la que se le parece. Así, a la llegada de Osiris al Reino de los Bienaventurados la posición que le fue asignada fue la de la constelación de Tauro, que tomó pues el mismo nombre de Hapy, que los griegos transformaron en Apis pronunciándolo lo mejor que pudieron. De ahí la triple denominación con una sola escritura para las tres.

Para los vivos de la época, incluso para los niños de poca edad, no tenían dificultad alguna en el contexto de una frase para comprender el significado exacto. Pero para los extranjeros que no tenían a mano un sacerdote para servirles de traductor, el enigma seguía completo.

Pero el ejemplo más impresionante de esta divinización del toro, como representación terrestre de Osiris, está en Saqqara, cerca del Cairo. Las primeras excavaciones realizadas por A. Marriette y su equipo, han permitido poner al día el Serapeum, o mejor dicho la necrópolis de los toros, 64 tumbas grandiosas han sido actualizadas contando la historia faraónica, no a lo largo de un período de algunas decenas o siglos, sino a lo largo de tres milenios.

En cada muerte de un toro, no sólo se organizaban grandes festividades para su funeral sino que además llegaban miles de jóvenes animales, de todos los lugares del país en grandes formaciones a Saqqara, como se explica en varios lugares funerarios.

Para colmo del humor de los antiguos, probablemente involuntario, un signo padeció la ira helénica: el de la *serpiente*, o *Hapy-Hapy*, el *Toro Doble* convertido en *Apofis*. De hecho, este reptil representaba la bóveda celeste con todas sus circunvoluciones: avances y retrocesos de los planetas, etc.

Dicho esto, los textos nos enseñan que el que nace durante el período afectado por el Sol y Venus será bueno sin ser generoso por el único placer de demostrar sus riquezas, y él apreciará mucho las satisfacciones morales y sensuales en su vida amorosa con su esposo/a, tendrá unas tendencias prácticas pulcras para realizar todo tipo de trabajo, incluso los más duros, lo que le permitirá conseguir con pleno éxito sus importantes realizaciones en todos los dominios.

Pero el Zodíaco circular del templo de Dendera no es el único en ofrecer los elementos astrológicos. Existe un segundo, tan importante pero dividido en dos bandas rectangulares de seis constelaciones, en la sala hipóstila, sobre los muros occidentales y orientales, el signo de Cáncer se inicia efectivamente en el Levante, y el León se acaba en el Poniente, designando de esta forma el Gran Cataclismo.

Sin embargo, estas dos bandas tienen un tipo de friso o cenefa interior, donde están representados los decanos, en número de 72, y las Fijas que, más allá del Cinturón de las Doce, tienen una influencia cierta sobre el comportamiento de la naturaleza terrestre y del espíritu humano.

En lo que se refiere a la constelación de Tauro, hay un grupo de estrellas que llamamos Orión, o el Gigante, que tiene ocho estrellas, y que está situado bajo la constelación de Tauro mirando hacia el sur. Dos son de primera importancia, cuatro de segunda magnitud, las otras dos son menos brillantes, casi imperceptibles a simple vista.

Lo que debemos saber es que Orión derivado de Horus, es el Gigante cuya jeroglífica es simplemente el gavilán, Hor, es decir Horus.

Veamos ahora la navegación bajo Aries, que fue un cataclismo de otro tipo, y que acabó llevando al acontecimiento de la cristiandad, 2.304 años más tarde.

CAPÍTULO V

SET: EL DIOS AMÓN DE LA ERA DEL CARNERO

Con la entrada del sol en Aries se inicia para Egipto, una era absolutamente nueva que durará 2.000 años. Los sacerdotes de Ptah, el Dios-Uno, sabían todos desde mucho tiempo atrás que la protección divina de la que se beneficiaban, al igual que su pueblo surgido de Osiris y de Horus, llegaba a su fin. El Toro celeste ya no estaba en su cénit y no cubría con sus influjos los del sol.

De nuevo, para evitar el increíble "imbroglio" erótico-burlesco en el que se dejaron llevar los egiptólogos, debemos volver a las fuentes para desarrollarlas en este capítulo, ya que forman la clave del conocimiento que se encadena al advenimiento del Mesías a finales de la era de Aries y la entrada del sol en la constelación de Piscis que, en jeroglífica, era la del nuevo cielo llegado gracias a Nut.

La ciudadela del Dios-Carnero Amón es conocida en el mundo entero con su nombre griego: Tebas, que los turistas descubren con los fastuosos nombres de Karnak, la ciudad religiosa; y Luxor, la ciudad habitable, y todo el Valle de los muertos al otro lado del Nilo. Este conjunto formaba aún en tiempo de Homero "*la ciudad de las cien puertas de oro*".

Pero los constructores de la primera ciudad, seguramente importante, le dieron el nombre de Ouasit, dicho de otro modo: Metrópolis de Sit. Eran los Rebeldes de Set, los descendientes de Ousit, el medio hermano menor de Ousir que al llegar la establecieron como su capital. Ahí adoraban al sol, en recuerdo de su ilustre precursor que los había guiado por jefes interpuestos fervientes al mismo culto, generación tras generación, hasta llegar al extremo de este bucle formado por el Nilo donde se situaba Dendera, pero al norte.

Probablemente, a la hora de la unificación conseguida por el faraón Menes, rápidamente Ousit dejó de ser el nombre del barrio habitado por los Rebeldes, mientras que el conjunto de la ciudad tomaba el nombre de la "Reina del Poniente: NUIT-AMEN"

Aquí Men quiere decir "*dormido*" y Amen: el "*Poniente*". En el célebre nombre del faraón llamado por los griegos Amenofis, están los jeroglíficos de Amen y Hotep, lo que significa la Paz del Poniente. Y el Poniente es esta tierra tragada para siempre por la cólera divina, y que por la oscilación del eje terrestre en el Gran Cataclismo, pasó del levante al sol poniente. Es por ello que el Reino Primogénito, el primero, Ahâ-Men-Ptah, se convirtió en el *Libro de los Muertos: Amenta* por su pronunciación, es el reino de los Dormidos, tumbados, los que durmieron bajo el mar.

Luego se denominó los Descendientes del Poniente es decir: Pêr-Amen, probablemente como bravuconada contra los Pêr-Ahâ o los Descendientes del Primogénito, que los griegos pronunciaron faraón. El Pêr-Ahâ es el descendiente de Osiris, "el Primogénito" de todo el pueblo de Dios. Sin embargo, el Pêr-Amen era el descendiente de Sit convertido en Set por los griegos, y el símbolo creador solar, Amen, también fue el nombre del "dios" Sol.

Ahí también, cuando los egiptólogos quisieron a toda costa interpretar los jeroglíficos aún intraducibles para ellos, no pudieron conservar esta denominación de Amen para indicar la invocación al Sol, mientras que este mismo Amen servía a la cristiandad en sus oraciones. Por ello Amen, fue hecho Amón.

Después de este necesario paréntesis, añadiremos que los nombres que fueron dados a Luxor y a Karnak son respectivamente:

Apet y Apet-Asou

Este esquema está desgraciadamente simplificado por el poco espacio que se le puede acordar a este tema en esta obra, veamos pues exactamente la influencia de Amen convertido en Amón por la gracia de los primeros egiptólogos, molestos por las similitudes y las reminiscencias en su entorno cristiano.

Los maestros de la Medida y del Número, todos devotos a Ptah, el Dios-Uno, el Todo-Poderoso, el Creador, el Gran Alfarero, el Gran Modelador de las criaturas y de todas las cosas animadas o inertes, eran lo que hoy llamaríamos Profetas. Ellos leían el porvenir en el movimiento de los astros según las configuraciones geométricas desarrolladas entre ellos. Se trataba de esas famosas Combinaciones-Matemáticas-divinas que tenían la ventaja de poder ser estudiadas en la tierra gracias a un Círculo de Oro que era el Zodíaco.

Esta búsqueda muy avanzada permitía a estos maestros preveer no sólo los momentos benéficos o maléficos de sus dirigentes, cuyo Pêr-Ahâ, Hijo de Dios, debía estar constantemente en armonía con el cielo, sino igualmente los momentos fatídicos de los grandes movimientos de la naturaleza susceptibles de intervenir para cambiar el curso de la vida si los humanos, impíos y ciegos, olvidaban Ptah y sus mandamientos.

Sin embargo, estos maestros, que también eran pontífices de Ptah, es decir jefes supremos religiosos del monoteísmo, sabían que la era favorable para su Dios se acababa en esta fecha que en nuestro calendario juliano estaba en mayo de 2.304 antes de esta era. Sabían además que la nueva era que se iniciaba en ese momento con la entrada del sol en Aries acabaría esta vez con la total destrucción de lo que había sido el pueblo elegido de Path.

Estos maestros, que por supuesto no eran inmortales, enseñaban los secretos del cielo a unos alumnos cuidadosamente seleccionados pero de los que algunos eran hijos de príncipes descendientes directos de Sit, convertido en Set. Pensaban que actuaban con gran sabiduría, pero introdujeron la gangrena en sus carnes. Cuando éstos fueron a su vez Profetas de Amón, se les dio bien hacer aparecer el acontecimiento de los "*Hijos del Sol*", de los de Set, a la entrada del Sol en Aries, y ello, sin temor a equivocarse.

De esta forma la filosofía antigua empezó a mezclar sol y Poniente con Carnero, Renovación (para los adoradores del astro del día). Desde entonces, en pocos siglos, Amen, el sol poniente, cedió el lugar a Amen, el Carnero, festejando de esta forma la entrada en la era victoriosa para los de Set. Era de alguna forma un desafío, una valentonada en contra de los de Ptah, este Dios misericordioso que permitió tal castigo ejemplar de sus pupilos en beneficio de los Impuros. Amen el Dios-Carnero había nacido para un largo período: ¡Gloria a Amen que devino en Amón!, únicamente para nuestro siglo XIX.

Lo que conocemos pues de este período solar de Aries es sobre todo de origen setiano que encontramos incluso en el nombre mismo de Ouaset ya que el símbolo de Set figura en él: las orejas del chacal de las que salen el alma (la pluma) del nuevo pueblo dirigente. El chacal es la representación iconográfica de Set, y no el perro negro que es atributo de Anepou, convertido en Anubis en griego.

De esta forma el chacal sentado sobre todo Egipto simbolizaba la figuración de la constelación de Aries en astronomía antigua para los antiguos maestros:

Y si Tebas antigua ya no es más que un fabuloso campo de ruinas para los visitantes como Estrabón, Platón y tantos más, sus fastos pasados permanecían con la desmesura que había tenido esta capital dedicada al Carnero a lo largo de dos milenios. Todos los faraones descendientes de Set fueron enterrados en su inmensa necrópolis, incluyendo al famoso Seti primero, el padre de todos los Ramsés.

Están en el Valle de los Reyes, en el de las Reinas, en el de los nobles, sin nombrar varios sitios funerarios diseminados en toda esta orilla occidental del Nilo, es decir a todo lo largo del inmenso acantilado del Poniente, ahí mismo donde el sol alumbra todas las "*Entradas de las moradas de los Dormidos*", de camino para el *Más Allá de la Vida*, hacia la Eternidad Bienaventurada.

Este simbolismo surgido de una realidad que estalla a los ojos. Es la larga búsqueda de una disposición del lugar semejante al que permitía unirse a los Primogénitos tragados desde milenios, ahí, en Ahâ-Men-Ptah.

En el momento en el que el sol dejaba a "*Tauro Celeste*" para penetrar en Aries, el pontífice del colegio de los grandes sacerdotes, fatalista frente a la voluntad celeste representada por las Combinaciones-Matemáticas-divinas, dejó a los *Impuros Adoradores del sol* implantarse sólidamente, sin llamar en su auxilio a las tropas del faraón. Además, éste estaba muy ocupado con las invasiones de los etíopes en el sur, que sentían el momento propicio para ampliar sus territorios; como por los famosos hicsos, estas tribus semíticas de origen setiano que, sabiendo que su hora había llegado al fin para tomar en mano el destino de Ath-Kâ-Ptah, Egipto, Segundo Corazón de Dios. Conmemoraron como se debía el advenimiento del sol durante la navegación a lo largo de la constelación justamente dedicada a Set por el Chacal, pero que, por bravuconada, volvía a ser la del Carnero, símbolo que iba a erigirse desde entonces por doquier y especialmente en esta Ouaset que tomaba una importancia crucial.

En efecto, esta Ouaset o Tebas se convirtió en decenios no sólo en la más grande metrópolis de Egipto, el sitio más importante dominio religioso de los adoradores del Sol-Carnero, sino también en la capital de los nuevos soberanos faraones de las dinastías XVIII y XIX donde los Ramsés fueron los más grandes. Únicamente, Amenofis IV, Akhenaton, deseando restablecer un culto único donde el Sol volvería a su lugar como instrumento de Dios, Atón, creó un momento de pánico en los de Amón, pero sólo durante un cortísimo período.

El sol, que se eleva cada mañana en la constelación de Aries favorecía una vuelta al tiempo pasado, haciendo de Ptah, un Atón resplandeciente, pero esta antigua, y nueva, religión volvió a caer en el olvido.

El complejo comprendido con el nombre de Tebas-Ouaset tenía una extensión de 45 por 18 kilómetros en el eje norte-sur. Era el dominio de Amón el Carnero, exterior al dominio religioso, Karnak, que de alguna forma estaba extra territorializado, como posesión personal de "el que estaba tumbado":

Un gobernador real regía el dominio de Amón, tenía un alcalde bajo sus órdenes y un administrador general, 168.000 personas trabajaban únicamente para hacer valer los bienes del dominio y parece por ello que el número de un millón de habitantes, generalmente dado como población global de Ouaset, sería inferior al real.

En el momento en el que Tauro estaba en su apogeo, Ouaset no era más que un pequeño pueblo desconocido. Las pocas tumbas puestas en valor son de la XI dinastía, y no nombran en muro alguno, y aún menos en la jeroglífica, el nombre de Amón. Por el contrario, el antiguo nombre de Dendera, de estos lugares de culto, así como los de Nut, Isis-Hator, se ven en todos los sitios identificados con veneración.

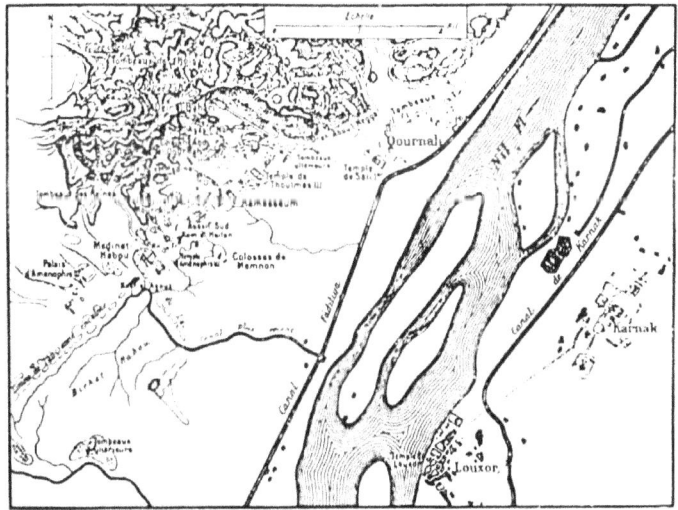

Plano del conjunto de Tebas.

No fue más que a partir de la dinastía XII que se implantó Amón, en previsión del "futuro por venir" ineludible unos cuantos siglos más tarde. El primer faraón calificado de usurpador fue el que tomó el nombre real de Amen-em-Hat, que no debemos confundir con el que aparecerá más tarde, justamente con el sol en Aries, y que fundó la dinastía de los Amen-Hotep de los que el cuarto intentó restablecer la religión divina. Muchos errores comunes, así como cronológicos e históricos, nos vienen del hecho de que los griegos los llamaron a todos Amenofis.

Fue sin duda alguna el primero de los Amen-em-Hat, que en previsión instituyó el culto al Carnero, Aries, localmente con el objetivo de no provocar a ninguno de los sacerdotes de Ptah aún en toda su gloria. Y Ouaset se convirtió en el lugar principal de esta provincia. Es por ello que ya en el Antiguo Testamento bíblico, se habla de On-Amón para este lugar preciso (Jeremías, XLVI, 25).

El tiempo pasó, acumulándose decenios, luego siglos. Y la era de Tauro terminó su ciclo rítmico, el desarrollo de la Ouaset original se amplificó muy rápidamente. La invasión de los hicsos por el Sinaí favoreció este impulso del clan setiano. No debemos olvidar que los descendientes rebeldes, instruidos de toda la sabiduría por los mismos que iban a suplantar e intentar destruir, jamás habían desesperado, ya que sabían que su dios sol no tardaría en dirigirlos hacia la victoria definitiva que tantas veces se les había escapado.

A lo largo de más de dos siglos mantuvieron el Cetro por los reyes pastores semitas llamados posteriormente los hicsos, lo que favoreció ampliamente el auge del culto solar dedicado a Amen, o Amón, en esta Ouaset en plena expansión. La ciudad estallaba por todas partes, y ocurrió lo mismo con la ciudad religiosa convertida en la ciudad del dios Carnero: Karnak. Y para conmemorar a Amón, todos los templos fueron unidos por avenidas franqueadas de carneros gigantescos, esculpidos en zócalos de granito o de arenisca dependiendo de la época.

Los judíos hicieron del carnero uno de sus cultos, mostrando para conseguir sin imitar a los egipcios, el famoso sacrificio de Abraham que acabó por degollar un carnero en lugar de su hijo. Y en la tierra de Gessen, los hebreos descendientes de Jacob y José, acogieron con gran satisfacción a estos hicsos desde su llegada.

Actualmente, serían tachados de haber sido colaboradores, pero su caso era totalmente diferente por el hecho que la esclavitud empezaba a ser duramente impuesta a los autóctonos que tenían otra creencia religiosa que la que se había convertido en *Estado*. Este acercamiento de todos los adoradores del Sol y del Carnero era pues, previsible.

Cuando Ahmes, después de múltiples atropellos y abusos, se convirtió en general jefe de los ejércitos egipcios, se apoderó del trono para fundar lo que los historiadores llamaron la XVIII dinastía, la religión no fue más que el pretexto del poder ejercido sobre el pueblo y sobre todo el país. Es por ello, que no creyendo nada, eligió la adoración al Sol, que lo dejaba libre de compromisos. Y echó a los hicsos para ser el único dueño en Egipto, se ganó los favores de los pontífices de Karnak, que en su tiempo se había convertido en una ciudad rodeada por muros altos.

Los Amen-Hotep, o Amenofis que siguieron hicieron de ella una verdadera joya que los Ramsés acabaron de erigir.

Thoutmes IV que se intercaló en este imbroglio de la XVIII dinastía, y del que aún podemos admirar hoy el espléndido edificio que hizo construir a la gloria de Amón, dice a este propósito en uno de los muros del templo:

"Te he dado fuerza y poder sobre todas las tierras extranjeras; he expandido tu espíritu y tu terror en todas las regiones; tu espanto a lo largo de los cuatro pilares del cielo; he multiplicado el horror que metes en los corazones; he hecho resonar el rugido de tu voz entre todos los jefes de las naciones enemigas del Segundo-Corazón; y todas las naciones están bajo tu yugo".

Podemos seguir este largo himno a Amón el Carnero, esta lejos de la teología primordial. Desde ahora, los faraones ya no tienen nada de hijo divino. Todos utilizarán la era solar en Aries como justificación se su sed de gloria. El protocolo real da fe del título del hijo de Amen-Râ que se convierte en dios legítimo.

Únicamente el cuarto de los Amenofis intentó restablecer el antiguo culto de Ptah, el Dios-Único bajo una forma susceptible de ser acogida por todos los sufragios: coronó a Atón. Para conseguirlo rompió con Ouaset y construyó una nueva capital: El-Amarna, pero el poder de los sacerdotes de Tebas era tal que esta rebelión contra Amón no duro más que pocos años. Y Amón volvió a recuperar su poder supremo con los *Ramsés*, nada podía oponerse al Carnero todopoderoso en el cielo como en la tierra. Y ello duró hasta la invasión de los persas llevada a cabo por Cambises en 525 a.C., es decir durante un milenio aún.

A partir de este momento fue el fin de Egipto, los de Ptah no tenían poder, ni fuerza. En cuanto a los de Amón, sabían que llegaban al final de su ciclo solar y no hicieron nada para resistir o incluso intentar ir en contra de la corriente. Este breve resumen de dos mil años de historia egipcia, permitirá comprender mejor el por qué y el cómo de los estudios astronómicos de los primeros maestros de la Medida y del Número, todos profetizaron todos estos acontecimientos sin temer equivocarse. Es por lo que esta astrología según los egipcios merece toda la atención de los que se interesan en el pro-venir de nuestro globo terráqueo, y en el suyo propio.

He aquí, pues, la predestinación de las doce dada a la hora del paso a la constelación de Aries, que era la del advenimiento de Set y de la victoria completa de sus descendientes.

Los nativos del período mensual de Aries estaban todos, sin excepción, marcados por ese signo llamado de fuego que favorece las vidas heréticas, rebeldes, contestatarias. Es lo que explica aquí su posición de cuarta constelación, y no como primera. En realidad, los primeros astrólogos babilónicos y caldeos, con el fin de hacerse pasar por magos, pretendían que Aries era el primero de todos, ya que el sol había empezado su circuito celeste en el primer grado de la constelación de Aries.

El Zodíaco de Dendera en su descripción de la carta del cielo de un día muy preciso, a pesar de estar alejado en más diez milenios, lo presenta categóricamente como el cuarto.

Por supuesto, cada Errante tiene una ubicación muy precisa en el mismo segundo en el que el cordón umbilical se corta limpiamente, y las Combinaciones-Matemáticas-divinas intervienen cada vez más profundamente en el esquema del nacimiento, el predominio del Bien o del Mal puede equilibrarse perfectamente. Únicamente el planeta que llamamos Marte por los griegos, es capaz de transformar todos los tipos de influjos según su propia ubicación celeste.

Marte, en jeroglífico, ★✝︎𝟏 ̃ se puede fonetizar por "Hor-Py-Tesch", es decir, Horus ensangrentado. Lo que se ha convertido para todos nosotros en el Planeta rojo, era hace diez mil años el planeta sangriento que había salvado a Horus de una muerte horrible habiendo perdido un ojo y resultando herido en el otro a lo largo de la memorable lucha que lo opuso a Set, su tío. Es del mismo valor y de la misma simbología titánica de esta epopeya de donde se saca la mitología de Marte, dios de la guerra y de la victoria.

Es por lo que, en el origen de los tiempos, el Carnero-Set, exaltado por Marte, tenía un significado preciso y por ello muy exacto. Muchos movimientos que parecían desordenados encuentran entonces una justificación. La cabeza que es la sede de la parcela divina, dicho de otro modo del alma, posee impulsos inconscientes, bajo la forma de intuiciones sensitivas, especialmente en favor de una justicia vengadora.

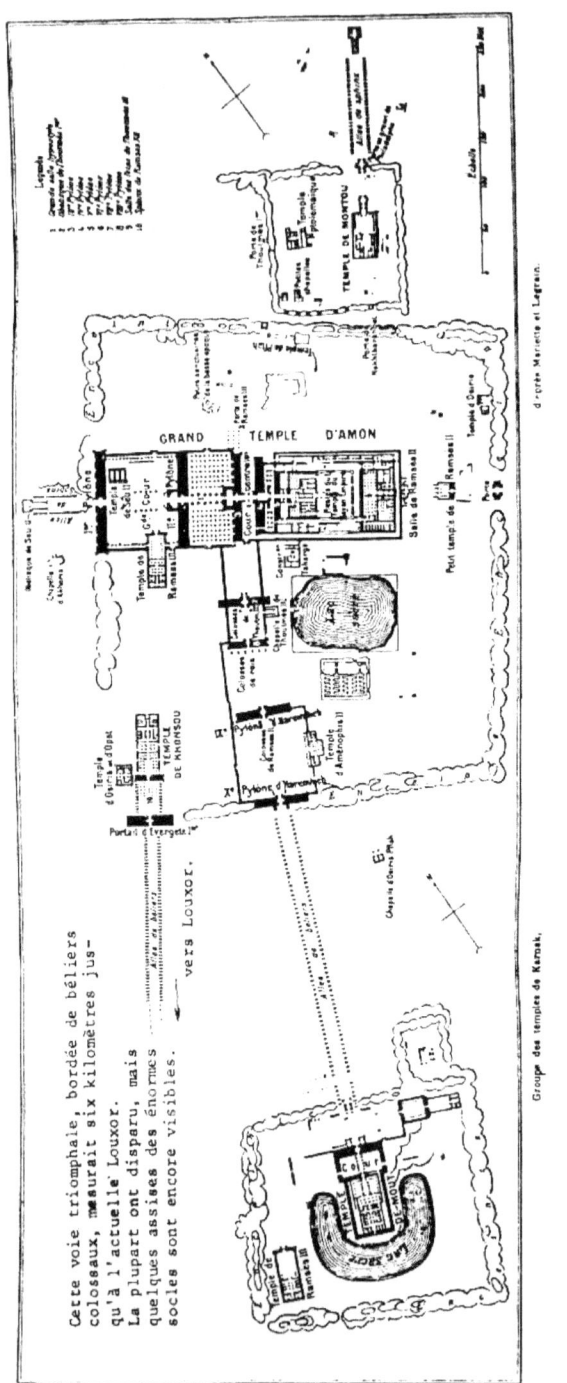

Ello viene a demostrar que un Aries puro será raramente un intelectual, ya que ninguna decisión dependerá de los pensamientos madurados, reflexionados. Las cosas del espíritu les son perfectamente extrañas, y no tendrá cabida alguna en sus movimientos, ni en sus actos. Si, además, la Errante Hor-Py-Tesch se encuentra en la primera Casa del nacido, la que llamamos hoy *Ascendente*, es evidente que radiaciones tan poderosas como benéficas intervendrán en altas dosis. Los resultados obtenidos por diversas configuraciones celestes dependiendo de este planeta serán cualidades excepcionales que influenciarán en el buen sentido todas las realizaciones.

En nuestra época contemporánea los ejemplos abundan, entre ellos del soviético Nikita Kruschev podría ser el prototipo. En el mismo estilo, tenemos a Lenin, nacido el 10 de abril que tiene Marte en Aries, y fue un revolucionario adulado por millones de personas y aún en nuestros días, una lista muy larga podría ser establecida. Extraeremos sencillamente algunos nombres entre los más conocidos: Alberto primero, Max Ernst, Santa Teresa de Ávila, Murât, Napoleón III y Charles Maurras, cuyo tema veremos con tres Errantes incluyendo a Marte en Aries.

Como es imposible conocer las fechas de nacimiento de personajes ilustres de la antigüedad egipcia, y los faraones, todos ellos nacidos en Leo, no hay medio alguno de establecer una lista válida signo por signo para aquel tiempo. Pero no hay ningún motivo para que los elementos de estudio de las Combinaciones-Matemáticas que poseemos no se puedan utilizar actualmente, más aún porque los trazos y los caracteres muy bien tipificados se vuelven a encontrar en los nativos concernidos.

Hemos visto en el cuadro a finales del segundo capítulo, la posición de las Errantes maestras de los signos, en sus cuotas específicas de grados zodiacales, partiendo del grado 21 de Cáncer.

Para Aries, veremos en detalle la influencia que tienen los cinco planetas sobre los temas de nacimiento de los descendientes de Set-Aries.

De 1° a 6° incluido: Júpiter. Todos los nacidos en estos seis primeros grados deberán tener cuidado a las influencias reforzadas de

Júpiter en Aries. La tendencia de los malos aspectos que se derivan será un orgullo altivo, despreciable para él mismo, que atraerá hacia la persona odios permanentes y celos feroces. Además, en el plan físico, no sólo tendrán numerosos dolores de cabeza, sino enfermedades que tienen la cabeza como origen, y en particular los ojos. Únicamente particularidades favorables en las combinaciones matemáticas entre Júpiter y Marte podrán borrar sus aspectos nocivos, como el triángulo por ejemplo, que es una distancia de 120° entre las dos Errantes, a uno o dos grados máximo aproximadamente. Entonces únicamente subsistirá la agresividad, permitiendo quizás al nativo superar los aspectos difíciles en los momentos decisivos para llegar al éxito.

De 7° a 13°: Saturno. Los nacidos bajo la ya nociva influencia de esta Errante tendrán recaídas a menudo catastróficas, tenemos a Van Gogh como prototipo, toda su vida estuvo obsesionado por alcanzar una meta sin poder conseguirlo jamás. Ningún capricho maléfico le fue ahorrado, a pesar de realizar la obra maestra que actualmente reconocemos. Los nacidos teniendo esta configuración en su cielo de nacimiento serán voluntariamente obreros manuales especializados, herreros o soldados, al menos en esta época lejana, aunque hoy existen muchas más profesiones nobles en las que las manos aseguran el éxito, y son a menudo la envidia de estas personas. Pero ahí aún, un buen triángulo de Saturno con Marte puede cambiar en mucho el curso de la fatalidad de los acontecimientos. En todo caso, la segunda parte de la vida, después de los treinta seis años, será claramente más ventajosa a nivel profesional y afectivo. En el punto de vista físico, las generalidades son idénticas a las que hemos visto para los nativos de los seis primeros grados de Aries.

De 14° a 20°: Venus. Este período corresponde al que va desde el 4 de abril al 10 de abril, y está tan influenciado por esta predominancia planetaria que los nativos se beneficiarán de otro estado de ánimo. Permanecerán atormentados, en distintos aspectos y siempre apasionados, con sus respectivos finales trágicos: la actriz americana Bette Davis, nacida el 5 abril 1.908; Alberto I de Bélgica, el 8 de abril 1.875; Charles Baudelaire, el 9 abril 1.821 pueden servir de ejemplo para explicar los influjos que impregnan las almas de estos nacidos.

Toda la gama de las sensibilidades pasará por estos cielos de nacimiento variando a lo largo de los días, de los meses y de los años entre lo maléfico y lo benéfico entrecortados con grandes sobresaltos. El amor jugará un gran papel, el afecto, la amistad, la bondad, la devoción intervendrán, además, para afectar a las generalidades mencionadas anteriormente. Un cierto gusto por las artes de todo tipo habita a estos nativos. Lo que no impedirá el despotismo latente y una gran vanidad de manifestarse en las obras creadas, sin hablar de un gusto desmesurado por la bebida y un libertinaje siempre dispuesto a manifestarse. Una verdadera intolerancia religiosa les impedirá sentirse cómodos "*vis à vis*" con los creyentes, provocando en ellos una soledad angustiosa.

De 21º a 26º: Marte. Aquí, a lo largo de estos seis días, estamos bajo el dominio del planeta sangriento de Horus el Vengador. Estos cielos de nacimiento predispondrán de forma innegable a hacer respetar la justicia, al menos ofrecen el deseo de ser equitativo. Serán de todos modos bastante equilibrados en si para conseguir controlar los abusos cometidos en su entorno. Serán disciplinados, pero no soportan la servidumbre. Su franqueza sin miramientos les atraerá muchas enemistades más que ventajas, pero no se preocuparán por ello más que cuando sea demasiado tarde. Esto es una especie de maldición divina hacia los descendientes de Set, que siendo también las criaturas de Dios, se alejaron deliberadamente negando su paternidad. El signo evidente que aleja cualquier coincidencia es el importante número de los nacidos en Aries, y con más particularidad los de estos seis grados que tienen problemas de vista o han perdido un ojo.

De 27º a 32º: Mercurio. Es bueno recordar que las constelaciones de Tauro y de Aries tienen una longitud celeste de 32º y no de 30º. Mercurio era Thot en Egipto, diminutivo del nombre del faraón Athotis (Atêtâ en jeroglífico), que fue el hijo del gran Menes, el primer rey de la primera dinastía. Vivió en 4.200 antes de nuestra era. Fue él quien redactó el famoso *Tratado de Anatomía* del que ya hemos hablado. Pero anteriormente, él reinstituyó la Escritura sagrada: la jeroglífica, así como la marcha del Tiempo con el calendario. Es por todos estos motivos por los que Athotis fue inmortalizado dando nombre al primer mes del año egipcio: Thot, que se ha convertido a lo largo de milenios y a través de leyendas y mitos en el dios Thot, que se convirtió en Mercurio.

Y aquí tampoco existe ninguna coincidencia en el deseo divino de mostrar su supremacía. Thot habiendo restablecido la escritura, fue el protector según los egipcios de todo el arte literario. Si en todas las Combinaciones-Matemáticas donde Mercurio domina el escritor es un rey, en la posición "Set-Carnero", lo literario es aquí hostigado en esta porción, al igual que el artista.

Los ejemplos abundan, como los de Chariot, Anatole France y Montherlant sólo para nombrar algunos. Charles Chaplin, nacido el 16 abril 1.889 estuvo toda su vida enfrentado a grandes problemas a pesar de su gran éxito. Incluso fue perseguido hasta en la muerte ya que su tumba fue profanada. Ocurrió lo mismo para Henry de Montherlant, el 21 de abril 1.896 que se suicidó para poner fin a lo absurdo y a su enfermedad, después de una vida ejemplar como escritor.

Así pues si Mercurio está bien representado por un triángulo con Marte, la inteligencia será más activa, dirigida hacia facetas prácticas de la vida. La memoria será mejor y no habrá contradicción alguna entre las posibilidades literarias abiertas y el trabajo artístico manual. El juicio permanecerá sano, elocuente en palabras persuasivas. Este nacido poseerá una facilidad de asimilación y de adaptación a los diferentes cambios susceptibles de ocurrir en su vida, de las más sorprendentes.

Pero pocos serán los elegidos. En revancha, las configuraciones maléficas con Marte producirán una inconsciencia total de la realidad, falseando los juicios de los nacidos que tienen un cuadrado o una oposición con el planeta sangriento de Horus en relación a Mercurio. Ellos temerán una destrucción total, tal como la que ocurrió a Egipto en 525 a.C., a la hora de la invasión de los persas con Cambises a su cabeza. El Sol llegaba a la 4/5 partes de su navegación en Aries, y ya nadie sentía el valor de intentar remontar el tiempo a contracorriente. Con los dos Peces, los tiempos venideros tendrían un nuevo Ahâ, Hijo de Dios que será protegido y salvado a orillas del Nilo, pero que reinará en otro "Corazón".

Y Egipto se hundió efectivamente como Segundo Corazón, y su pueblo como elegido de Dios. Y del esplendor mismo de los carneros, no quedó piedra alguna para conmemorar la gloria de Set. Únicamente subsistían aún algunas cabezas desperdigadas en la arena en el momento en los que los egiptólogos llegaron a Karnak, a principios del siglo XIX.

CAPÍTULO VI

Nut: REINA DEL FIRMAMENTO EN LA ERA DE PISCIS

E l Zodíaco de Dendera nos muestra la constelación de los Peces en el cenit de su trazado. Domina el cielo con una evidencia chillona y no debería necesitar muchas explicaciones. Además entre los dos vertebrados acuáticos se sitúa claramente inscrito en un cuadro rectangular, el jeroglífico de las grandes inundaciones, a saber, tres líneas quebradas, en zigzag.

Todos nuestros cálculos de base que han tenido en cuenta las diferencias de los calendarios ocurridas a lo largo de los reinados, el año cero de nuestra era corresponde exactamente con el día del nacimiento de Jesús-Cristo, el símbolo de los Peces, este período situado a finales del año 2.016. Acabará UN mundo y no EL mundo, tal como los antiguos nos lo han legado para esta fecha precisa en mismo tiempo que su saber. Lo vamos a desarrollar en este capítulo.

Los pequeños profetas de nuestro tiempo, malas copias, sobre todo por dinero, alimentan literalmente al público por sus escritos y sus conferencias sobre este fin. Una secta pseudo religiosa se prepara para intentar sobrevivir en cuevas excavadas en lugares secretos. Es por lo que para 1.982 dicen algunos, para 1.984 dicen otros, pero unos terceros aseguran que será para 1.999 tal y como lo predijo Nostradamus. Pues bien, no. La situación en este final de era de Piscis es diferente y dependerá de los mismos hombres.

En esta *Astronomía según los egipcios*, el estudio estricto de las Combinaciones-Matemáticas-divinas ha llevado a los antiguos maestros a preveer los ritmos y las Pulsaciones Armónicas Celestes, siguientes:

PULSACIONES ARMÓNICAS CELESTES:
1. Ciclos rítmicos de 36 años:

SATURNE	1 à 36	253 à 288	.../...	1765 à 1800
VÉNUS	37 à 72	289 à 324	.../...	1801 à 1836
JUPITER	73 à 108	325 à 360	.../...	1837 à 1872
MERCURE	109 à 144	361 à 396	.../...	1873 à 1908
MARS	145 à 180	397 à 432	.../...	1909 à 1945
LUNE	181 à 216	433 à 468	.../...	1946 à 1980
SOLEIL	217 à 252	469 à 504	.../...	1981 à 2016

2. Ciclos astrales de 5 años:

Año 1.980 neutro para el auge del libre albedrío humano.

SOLEIL	1981	1988	1995	2002	2009
VÉNUS	1982	1989	1996	2003	2010
MERCURE	1983	1990	1997	2004	2011
LUNE	1984	1991	1998	2005	2012
SATURNE	1985	1992	1999	2006	2013
JUPITER	1986	1993	2000	2007	2014
MARS	1987	1994	2001	2008	2015

Año 2.016 neutro para el auge del libre albedrío humano.

Tal y como es fácil observar a simple vista en el cuadro anterior, el enunciado, que es una abreviación, capta la totalidad de la era de Piscis. El primer cálculo, el que abarca los 36 años que definen los influjos de las pulsaciones rítmicas celestes, anima la tierra desde el año 1 de nuestra época cristiana, acabándose sólo en el año 2.016 incluido. Presenta sencillamente todos los elementos previstos de forma cíclica para cada una de las siete Errantes para los 36 años. Esta porción numerada no ha sido elegida por azar, fue objeto de investigaciones y de estudios avanzados donde la observación tuvo un papel primordial en esta antigüedad remota de Egipto.

Este Segundo Corazón de Dios, fundamentalmente en el que nada podía ser debido al azar, sabía que el cielo también vivía. El universo poseía un tipo de corazón con latidos gigantescos, semejantes a los de la humanidad, pero muy evidentemente a otra escala. Y ello dio una inspiración de 34 años, seguida y precedida de un tiempo neutro de un año, es decir un total de 1+34+1 = 36 años. Ello padecía además la influencia suplementaria de una de las siete Errantes a lo largo de un período de 36 revoluciones solares.

Nos da una franja completa cada 252 años (36X7). Así, la influencia saturniana sobre un período ha sido del año 1 al 36, antes de retomar desde el año 253 al 288; y ello hasta 1.765, donde Saturno entamó su última porción hasta el año 1800 para acabar su nocivo poder en nuestra era de los Piscis.

Como podemos leerlo en este cuadro, 1980 fue el último año, pues el neutro, en potencia de la Luna. Y 1981, es el primer año, por supuesto también neutro por consiguiente, bajo el dominio solar, que termiará en la era 2.016. ¿A qué corresponde esa neutralidad? Se trata de los tiempos muertos durante los que las inspiraciones y expiraciones del aire en el corazón se detienen un breve instante antes de retomar un ritmo invertido. Los Ancestros habían observado a una escala cósmica, estos "tiempos muertos" que eran de alguna forma idénticos, excepto que, en lugar de durar una décima de segundo antes de volver a tomar el movimiento respiratorio inverso; está permanecía en suspenso un año completo. A lo largo de estos 365 días, ninguna influencia específica dependía de las Fijas, ni por consiguiente de las Errantes. Era la Humanidad toda entera, que por su comportamiento global en ese año, predestinaría de algún modo los tipos de fluctuaciones combinatorias celestes de su propio por-venir para los 34 años futuros.

Cada uno de los hechos y de los notables gestos hacia bien o mal era cotejado en algún lugar del cielo, en un tipo de curva y de trama que trazaba de esa forma la ruta benéfica o maléfica, y por lo menos compleja en el seno de la que caminarían los influjos de las Doce, delimitando las Combinaciones-Matemática-divinas. De modo que para coger un ejemplo contemporáneo, el año 1.980 habiendo acabado el ciclo lunar, y el año 1.981 habiendo iniciado la pulsación solar. El lector interesado podrá examinar en detalles todos los aspectos físicos y políticos de estos dos fenómenos anuales, para preveer en grueso las fluctuaciones por llegar en los próximos 34 años.

Lo que nos lleva a la comprensión del segundo cuadro que secciona el primer período, de nuevo en siete franjas planetarias pero de cinco años cada una. La última está puesta bajo la tutela de Marte en 2016. Es pues perfectamente visible que 1.981 estaría bajo el dominio del Sol neutralizando los influjos solares, el astro del día inicia su periplo de 36 años, 1.982 será dominado por Venus, lo que contradice formalmente los que predicen terribles catástrofes para ese año por causa de las configuraciones astrológicas excepcionales que se producirán por encima de nuestras cabezas.

Sin embargo en todo tiempo, los cataclismos se han producido bajo la bóveda celeste serena y ejemplar de toda complicación combinatoria. Sin entrar en los sórdidos detalles de tales interpretaciones publicitarias, recordemos aquí que todas las almas planetarias, de siglo en siglo, han sido objeto de previsiones alarmantes. Todas han sido desmentidas por los hechos, mientras que los grandes acontecimientos nunca fueron previstos de antemano por nadie.

Los célebres ejemplos de tales prácticas no faltan, para no poner en mira a ningún astrólogo francés, sólo citaré un alemán célebre en el siglo XV, el astrólogo Johen Lichtenberger, que en su escrito *"Prognosticatio"* hizo temblar de terror a todo un pueblo anunciando terribles cataclismos en el momento de las "colosales" [sic] conjunciones de Saturno, Marte, Júpiter y consorcios, que se entremezclaban en la constelación de Tauro para traer las peores calamidades a la Tierra. Por supuesto, nada ocurrió y este vidente acabó mal.

Pero hoy, los profetas que se equivocan en las previsiones astrológicas no son ya unos analfabetos y realizan los anuncios de forma que sembrando el mismo temor y perturbación en muchos espíritus, consiguen salir indemnes dejando planear una frase dudosa que en un cierto momento pasa desapercibida pero que les permite después quedar indemnes.

Ocurrirá igual para 1.984 en el que ningún cataclismo se producirá. Si seguimos los textos antiguos de Egipto, sólo se decidirá en el año 2.016, es decir poco después del inicio de la era de Vierte-Agua (Acuario) que cesará la duda celeste entre el Bien y el Mal para la continuación de la vida humana: el Apocalipsis de Juan con la elección entre la edad de Oro y el Fin del mundo, será vista en el siguiente capítulo. Veremos que Acuario está representado en el Zodíaco de Dendera por Dios sujetando una jarra en cada mano con la posibilidad de derramar sobre nosotros dos aguas diferentes.

Pero por el momento, volvamos a la antigüedad del signo de Piscis, que era del de Nut: ▬▬▬ La explicación anterior de 4.000 años en la llegada del Sol a Piscis, demuestra por supuesto la inteligencia superior a la nuestra de un pueblo prácticamente eliminado hoy de la superficie de nuestro globo terrestre. Esta denominación remonta a la vida en este Edén que fue Ahâ-Men-Ptah, sobre todo destinada a mantener presente en todos los espíritus la impalpable realidad, de otro modo, del aporte divino del Creador para sus Criaturas directamente sobre la Tierra.

En efecto, en la historia de Ahâ-Men-Ptah (llamada Atlántida mucho más tarde por Solón, luego Platón) y de su pueblo elegido, el último rey fue Geb, debía esposar una joven princesa, Nut. Por ellos y gracias a ellos una multitud renació en esta segunda patria, un Segundo Corazón, Ath-Kâ-Ptah, Egipto. Lo que ocurrió según las profecías.

Pero la víspera de su boda con Geb, la princesa Nut violó deliberadamente una regla fundamental religiosa del país: la que indicaba que cierto lugar del jardín real, el Nahi, o recinto sagrado, sólo podía ser pisado por el rey, Servidor de Dios, o su esposa. Sin embargo, Nut aún no lo era ya que la boda debía tener lugar al día siguiente. Y fue en ese Nahi donde Nut fue embarazada por Dios cuando descansaba bajo el sicomoro sagrado, y ello a pesar de ser virgen. Así fue concebido Osiris, hijo de Ptah.

Con ese título, después del Gran Cataclismo y la muerte de Nut que había dado además a luz a Seth, luego a Isis y Nephtys, hermanas gemelas, la última reina se convirtió en Diosa del Cielo y Protectora de la multitud. Numerosos templos recuerdan por supuesto el simbolismo integral de esta escena aún más venerada que se volvió a producir en este mismo signo para Cristo. Es incontestablemente por este motivo que los maestros de la Medida y del Número han trasladado los mismos hechos a los mismos lugares.

Siendo el edifico religioso faraónico por esencia el lugar donde se han conservado todas estas tradiciones sagradas, lo mejor era tomar como punto de referencia el templo de Dendera, cuyo nombre jeroglífico es el de la Dama del Cielo. Está conjuntamente dedicado a Nut y a Isis, incluidas las dos en la denominación de Hator, que significa "Madre de Horus".

Una capilla elevada entre otras, llama particularmente la atención, ya que ella sola da todas las explicaciones necesarias para la comprensión de todos los elementos que permanecen tres veces santos, y que forman la historia sagrada de la tríada divina. Así, el grabado siguiente está representado en la pared oeste, del santuario, la parte superior toca el techo.

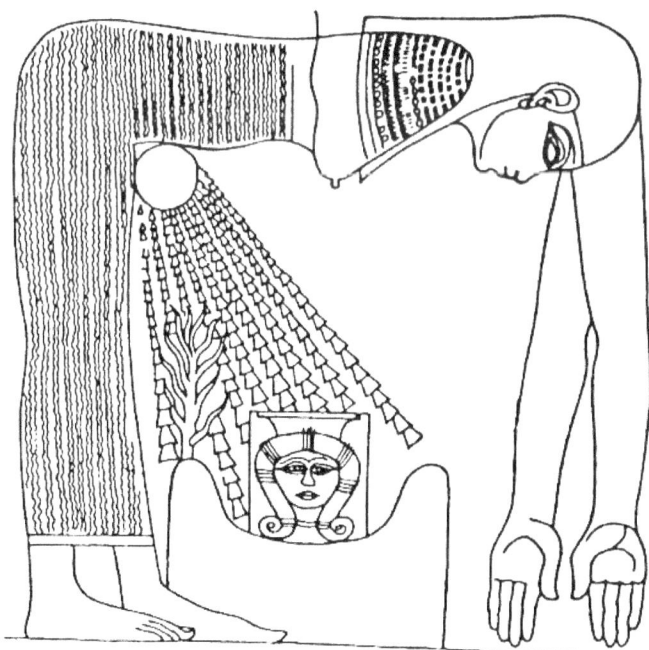

La forma femenina es sin duda la reina Nut, como protectora de la multitud y Dama del Cielo. De sus órganos reproductores salen rayos solares que personifican a la vez a Geb, su esposo terrestre, y los tres hijos que le dio, entre ellos Isis, que está representada en el medallón y que nació aún bajo el antiguo cielo, el que existía antes del hundimiento de Ahâ-Men-Ptah, y cuya jeroglífica era opuesta a la nueva:

Lo que es muy importante observar en este simbolismo, es el grabado del sicomoro en el margen superior izquierdo de este antiguo cielo. Demuestra que Osiris, casado con Isis, es por igual generador de la multitud como lo fue Set. Nut de tal forma representada, brazos y piernas extendidas, fue más tarde estilizada con el jeroglífico que significaba "cielo", y que fue conservado, pero invertido, después del Gran Cataclismo. De forma que el antiguo cielo: se convirtió en el nuevo cielo:

Ello no se debe a un simple cálculo de espíritu, sino que se vuelve a encontrar en otra sala igualmente importante en el mismo templo de Dendera, donde Nut lleva sobre su frágil cuerpo la *Mandjit*, o la barca sagrada, la que transportó los supervivientes del Gran Cataclismo hacia otra tierra. El grabado da por si sólo todas las explicaciones necesarias:

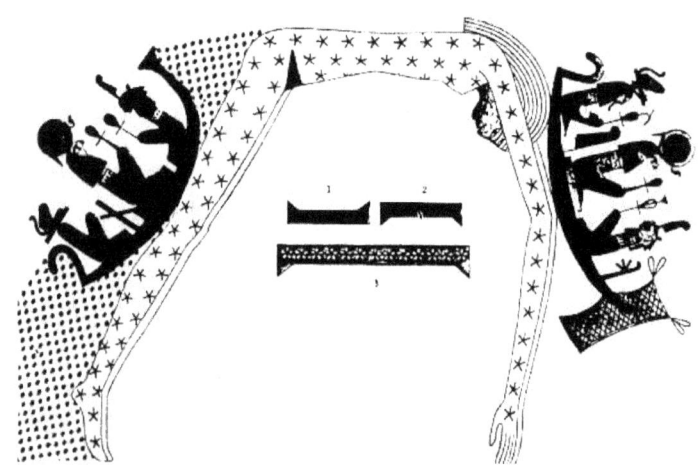

Este grabado se vuelve a encontrar en otros lugares, bajo una forma sensiblemente idéntica en muchos más templos que en el de Dendera. Lo que hace que este grafismo simbólico sea tan importante, es que está desprovisto de toda ornamentación accesoria, realizado para contar la *historia primordial* y crucial de un pueblo elegido, que fue reducido a la nada por su propia impiedad y su ceguera. Este dibujo permite a la vez volver a vivir y leer la epopeya de los supervivientes que erraron a la deriva antes de tocar tierra, gracias al empeño de Nut para todos sus hijos, hacia un nuevo sol.

En cabeza de los supervivientes extenuados se sitúan por un lado los tres que formarán más adelante la Tríada divina: Osiris, Isis y su hijo Horus; por el otro lado, estaba Set y sus partisanos supervivientes, que se convirtieron en los Inmundos. Así nacieron los que forjaron la historia de Ath-Kâ-Ptah y recordaron lo que habían perdido en Aha-Men-Ptah. Ellos solos formaron la multitud fundando los dos clanes fraticidas que se mataron entre si a lo largo de seis milenios bajo los nombres genéricos de Seguidores de Horus, y de Adoradores del Sol.

Nut, que era madre, de todos está aquí representada con un cuerpo constelado de estrellas, con el fin de mostrar el lazo que ella asegura entre todos los miembros de su posteridad. Ella es un puente de entendimiento entre todos, como es el puente entre el Occidente del cielo y el Oriente. Ella es la Dama, diosa del cielo, de alguna forma la Vía Láctea en el seno de la cual fue fomentada la cólera de Ptah, origen del hundimiento del primer corazón edénico.

Pero volvamos a la explicación del dibujo, que es esencial para una perfecta comprensión de esta astrología según los egipcios. Empezamos a izquierdas, es decir en el lugar que se convierte en el oeste el día del Gran Cataclismo, y que vivió, por consiguiente, no sólo el final de una civilización extraordinariamente avanzada, pero también y por repercusión la desaparición de todo un continente que la había acogido.

El mar roto desencadenó todo su poder, que son los puntos representados hasta la altura de la barca *Mandjit*, únicamente los recatados señalados por Dios navegan sin demasiados daños en la furia del ambiente, gracias a las barcas insumergibles. Sobre la cabeza de Isis se ve la pluma de avestruz que es el jeroglífico del alma y sobre la de Horus está el nuevo sol, en amarillo brillante sobresaliendo del grabado original. Apartado se ve representado un cuerpo anónimo coronado por un cuarto trasero de león, que significa por supuesto la pérdida de todos los ciegos impíos que durmieron para la eternidad en lo que permaneció como Amenta en la escritura sagrada, por contracción fonética de Ahâ-Men-Ptah, muy conocida por los especialistas como la "*Tierra de los Bienaventurados del Más Allá de la vida terrestre*", donde reina la paz de Ptah.

Volvamos a la *Mandjit* oriental, a finales de este periplo cataclísmico. El momento difícil ha sido superado gracias a la ayuda de la buena fortuna. Los personajes tienen la misma posición, excepto que las cruces de vida han tomado un tinte vivo, que el cuerpo en la parte posterior ha vuelto a encontrar la cabeza de Osiris, asegurado para resucitar después de llegar a la orilla, y en el lugar de los dos remos cruzados sobre el barco de izquierda dejando a Dios la decisión de la supervivencia, vemos en la derecha la pluma en primer plano, permitiendo a las almas de la multitud renacer también en la segunda tierra.

He aquí un breve resumen de esta historia ampliamente detallada en los libros anteriores, como ya hemos repetido, y que nos permite captar la importancia concedida a Nut por los primero maestros para representar este signo y esta constelación que se convertirá más adelante en la de Piscis.

En el templo de Dendera cada porción de muro y de techo está cubierto de jeroglíficos contando el porqué y el cómo de una ciencia ya varias veces milenaria, los textos surgen para indicar el gran poder de Nut en las decisiones combinatorias celestes. Sólo en la Sala A del gran templo podemos sumar hasta 76 representaciones de Nut en un contexto astronómico preciso. Y no citaré más que dos para no aburrir en esta obra ya compacta.

La primera situada en un largo discurso acerca de las peregrinaciones de los Dos-Hermanos, Osiris y Set, prueba cómo Horus, (representado por el gavilán) se convierte en el generador de la multitud en el segundo corazón. A leer de derechas a izquierda:

Horus-el-Vengador, el nieto de Nut, surgido del León para poblar una segunda tierra, que será el Segundo-Corazón-de-Dios.

La segunda citación proviene de la misma sala. Está extraída de una serie de anales antiguos grabados con el mayor cuidado. Aquí los cuatro hijos de Nut, que engendrarán las cuatro ramas de la multitud para formar más que una sola patria después del antiguo cielo, donde permanecerán eternamente los hijos de Geb, incluso el impuro asesino que fue Set.

Debemos observar aquí los tachados que vemos por el martilleo de una parte del texto original. Se trata probablemente de un creyente religioso más místico y fundamental que rechazaba esta unidad con los ateos. Leemos otra vez de derecha a izquierdas:

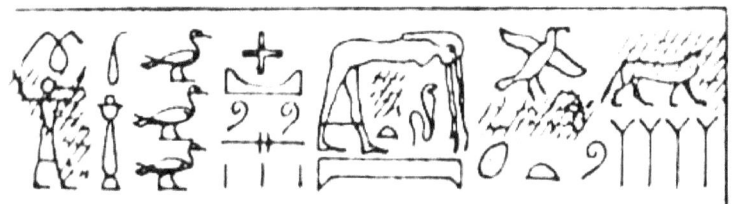

Los cuatro ramales, que han sobrevolado la cólera del León gracias a la Divina Nut que consiguió un nuevo cielo a pesar de la destrucción del antiguo, volverán a vivir ya que son todos hijos de Geb, incluso Set el asesino impuro.

Lo que debemos mantener siempre en la mente cuando deseamos comprender la historia de las dinastías faraónicas, es que pasaron más de cuatro mil años de reinado y varios centenares de reyes llegados de todos los puntos cardinales. Y, sin embargo, todos desearon conservar los orígenes tradicionales del monoteísmo, adaptándolos a sus propios conceptos de religión o de idolatría. Además, el paso del tiempo deformó la primicia de los dogmas, como se puede observar hoy en referencia al cristianismo donde el menor hecho está replanteado por los sacerdotes mismos, cuando deberían haberlo defendido contra el ateismo invasor.

Así, en Dendera, la diosa del Cielo Nut acabó confundiéndose con su hija Isis, madre de Horus, que la suplantó definitivamente a partir de la XI dinastía donde se convirtió en la Dama del Cielo. Era la última distinción antes del olvido de Nut a lo largo de la XVIII dinastía. Fue probablemente en la reconstrucción del templo bajo el rey Sesostris cuando apareció Isis como dando la orientación real del Zodíaco como se puede ver en el dibujo del capítulo cuatro.

Este concepto de protectora del cielo permanecerá unido a la madre de Horus hasta el fin de Egipto, ya que incluso en el tiempo de los reyes grecoromanos, figurantes en numerosos sarcófagos, aún estaban bajo la bendición de Isis. Además fue en ese momento cuando se inició la evolución que tiende a acreditar la supremacía de Piscis después del Carnero. Egipto, Ath-Kâ-Ptah, ya no existe como Segundo Corazón de Dios, fue destruida por la segunda invasión persa en 525 a.C. Pocos sacerdotes escaparon a la matanza general, y este holocausto permitió una vuelta al monoteísmo bajo forma futurista profética.

La llegada de un Mesías, nuevo hijo de Dios, fue así anunciada como otro Ahâ, Salvador de almas de pecadores de esta humanidad en vía de perdición. De ahí esta alegoría bien conocida de la pesca de 153 peces, ya que 153 era el Número de la Humanidad, al igual que el 17 es el del Hombre. Bien saben todos los apasionados de la numerología que todos los números del 1 hasta el 17 incluido, sumados unos a otros dan un total de 153. Fue de este modo que en Dendera, muchos milenios antes del nacimiento de Jesús, ya había sido previsto para el momento de la entrada del Sol en la constelación que tomaría el nombre de Piscis en el momento deseado por Dios.

Así, la errante Júpiter, también llamada de otra manera Hor-Scheta-Kher, es la "Omnipotencia Primordial que vino de Horus". Su jeroglífico es: ★ 🮰 𓂀

No representaremos en ningún lugar el planeta Neptuno enseñado por los astrólogos contemporáneos como el protector de este signo de Piscis, por el simple motivo de que no entra en ningún contexto antiguo, y que la astrología según los egipcios obviaba perfectamente para presentar unas previsiones mucho más coherentes y verificables. Júpiter, rey de los dioses, sigue con su nombre de Hor-Sheta-Kher, la única dominante de Piscis. Ello ha sido perfectamente interpretado por los primeros cristianos que hicieron de Piscis su símbolo y su signo de contacto secreto para dar esquinazo a los romanos que querían prohibir la propagación de esta extraña fe. El pez era además el alimento privilegiado del cristiano. Le permitía entrar en un tipo de rezo particular que lo unía mucho más al cielo para realizar el entendimiento perfecto entre la tierra y su Creador. El Pez era la continuación lógica del sacrificio del Carnero observado a lo largo de la era anterior, y que conmemoraba los acontecimientos divinos de la dialéctica religiosa antes de que Éxodo de Moisés lo desviara del verdadero objetivo original, dando nacimiento a una nueva cólera divina, seguida de la llegada del Mesías y de lo que fue la cristiandad.

La complejidad del alma de los nacidos en este período se siente innegablemente por la complejidad de los sentimientos que han agitado el espíritu de esta Reina-Virgen que fue Nut antes de ser conocida por Ptah, y por la complejidad de los acontecimientos que tuvieron lugar en el tiempo de la Virgen María elegida por Dios. Nuestra era durante 2.016 años, y la probabilidad de un próximo cataclismo que se establece para el año 2.160, es interesante de ver igualmente con más detalle este famoso tiempo tan querido a Juan bajo su definición apocalíptica. Dejemos pues por un momento a la Reina-Virgen Nut, y a su hija Isis seguir ejerciendo su protección de nuestro cielo de Piscis.

CAPÍTULO VII

HAPY: EL CUERNO O LA ERA DEL QUE VIERTE LAS AGUAS

Justo ante del alba de esta nueva era, que aparecerá en 2.017, llegamos con el año 1.980 una especie de ciclo de prueba donde todas las influencias pueden surgir, tanto las peores como las mejores. Además, es muy probable que en este "momento antes del alba" aparezca, como en Dendera media hora antes del amanecer del sol, la famosa radiación piramidal emanando de Sirio, a pesar de que sea bajo otra forma.

Si insisto aquí sobre esta forma inmensa celeste, es que físicamente y de forma tangible, los sabios la sitúan muy bien. Los físicos estudian las fuerzas prodigiosas llamadas de alta energía. Ya hace años que le han dado el nombre de *Fuerza cósmica*. El poder, aún inconmensurable de las radiaciones que se desprenden, atraviesan la tierra de parte a parte y en todos los lugares del globo con una fuerza tan prodigiosa que aún confunde los espíritus más críticos que estudian esta radiación.

La fuerza cósmica posee unos rayos de energía miles de veces superior a la del radium, cuyo poder real apenas se puede estimar actualmente a pesar de ser muy real. Ella es aún más impensable para el espíritu humano a pesar de que lo afecte y lo predestine por completo para condicionarlo desde el nacimiento a vivir de cierta forma más que de otra.

Desde 1.903, sin embargo, los físicos abordaron el problema con los pocos datos que poseían en este inicio de siglo. Fueron los sabios Rutherford y Mac Lennan que efectuaron las primeras experiencias tangibles, susceptibles de aportar luz en las investigaciones fundamentales acerca de las altas energías celestes. Utilizaron un electroscopio situado en una gran caja metálica completamente estanca al aire, sin embargo, el aparato en recipiente hermético se descargó espontáneamente.

Las experiencias se volvieron a realizar en cajas cada vez más gruesas: de un centímetro primero, luego de dos, luego de tres. La velocidad de esta descarga disminuyó progresivamente. De estos resultados conseguidos así, Mac Lennan y Rutherford concluyeron que esta descarga no podía ser provocada más que por unos rayos invisibles y desconocidos de extraordinaria potencia, infinitamente superior a la del radium, ya que al traspasar la paredes metálicas ionizaban el interior del electroscopio, lo que no podía hacer ningún clasificado hasta entonces, ni el radium superpoderoso, ni los otros.

La hipótesis emitida entonces fue que existía en el seno de nuestra atmósfera terrestre unas radiaciones penetrantes desconocidas que, a pesar de radioactivas en un grado inimaginable, no podían de ninguna forma provenir de la corteza de nuestra tierra, ni incluso de su magma. El físico Gockel no tardó en ir más lejos. En efecto, este sabio constató que a lo largo de medidas efectuadas en globos a gran altitud, la intensidad de las radiaciones ultra penetrantes aumentaba de forma considerable; la noción defFuerza cósmica había nacido.

A su vez, dos físicos alemanes, los profesores Hess y Kölhforster, retomaron experiencias similares con la ayuda de un globo sonda de la Fuerzas Aéreas, que subió hasta 30.000 metros, para conseguir una idéntica conclusión. Estuvieron inclinados, pues, a declarar en 1.932 que existían por supuesto dichas radiaciones extraterrestres millones de veces más penetrantes que todas las conocidas hasta entonces en la tierra, incluso contando las producidas artificialmente en los laboratorios de física. Estas radiaciones no podían venir de otra fuente celeste más que de una formidable energía cósmica.

Numerosos informes siguieron a estos primeros trabajos, de los que cuatro puntos esenciales se desprenden hoy, en 1.981:

1. Para abordar la totalidad de las radiaciones cósmicas estudiadas en su totalidad en los laboratorios americanos, ingleses, rusos y suizos, es necesaria una protección de los aparatos de medida que debe tener un espesor de líquido acuoso de 20 metros mínimo, o de una cubierta de plomo de 1,80 metros. Si recordamos que el grosor del último metal que protegía de los rayos X más penetrantes sólo era de 1,35 centímetros, tendremos una mejor idea de la fuerza de radiación cósmica que tratamos; ¡150 veces superior!

2. Esta fuerza cósmica emana de una región espectral mil veces más desviada de media que la de los rayos X. Los rayos gamma más penetrantes del radium tienen una longitud de onda de 0,07 angström, mientras que las radiaciones ultra penetrantes de los rayos cósmicos están distribuidas en una zona que se extiende entre 0,00067 y 0,0004 ansgtröm, esta unidad de longitud de microfísica equivale a un millonésima de milímetro.

3. Estos rayos cósmicos desconocidos llegan evidentemente a nuestra tierra a la velocidad de la luz, es decir 300.000 kilómetros por segundo. Chocan contra la corteza terrestre y cualquier materia que encuentren con tal repercusión que provocan reacciones y radiaciones secundarias de menores frecuencias, aparentemente menos ofensivas a pesar de ser sensiblemente análogas a las de los rayos X. La envoltura carnal al nacer, apenas separada del cordón umbilical materno, se ve golpeado en primer lugar por el poder extremo de esta fuerza cósmica, que impregna indeleblemente el frágil córtex cervical con una trama subyacente que fijará a lo largo de su vida cierto poder, diferente para cada ser, ya que incluso si nacieran 300.000 niños en el mismo lugar, en el mismo segundo, sería como si un espacio de un kilómetro los separara.

4. Esta fuerza cósmica es tal que su radiación cruza la tierra de parte a parte a todas horas del día y de la noche con la misma capacidad de penetración prácticamente constante. Estas observaciones fueron realizadas por el laboratorio del Estado de Ukrania, en URSS, especializado en el estudio de las altas energías, acerca de la absorción de las radiaciones extra terrestres en función del grosor de la corteza terrestre, que en su diámetro más grueso permitió a los investigadores soviéticos extrapolar, basándose en formulaciones sobre la absorción

de los rayos X, diversas funciones precisas que permiten desde ahora concentrar las investigaciones en una zona que alcanza las constelaciones zodiacales ecuatoriales de nuestro universo, es decir a una distancia que va de 80 a 120 años luz.

Era indispensable dar toda esta introducción de física cósmica contemporánea antes de estudiar las fuerzas que van a tener un papel en este futuro cercano que es la Era de las *Aguas Vertidas*, o *Acuario*. Y para poder comprender bien estos propósitos, veamos con más detalle el concepto que tuvieron los primeros Maestros egipcios, fuertes en el saber que poseían de sus antepasados: los primogénitos de Ahâ-Men-Ptah.

Si la carta del cielo del Gran Cataclismo, incluida en el Zodíaco de Dendera, representa una figuración tradicional de la constelación de Acuario, como las otras once, es por el trazado de los maestros y de los pontífices que tenían a cargo mantener el conocimiento de las Combinaciones-Matemáticas que se perdía en la noche de los tiempos, y tal como el espacio evolucionaba en si, así era conveniente modificar los datos terrestres, por ello vemos en Dendera la última fecha de las sustituciones, ya que el templo visible hoy no es más que la sexta reconstrucción desde el original, y data del II siglo a.c. bajo los reyes Tolomeos.

En Acuario, vemos un profeta que tiene dos urnas inclinadas en cada una de sus manos. Y este viejo sabio vierte así las dos fuentes contrarias sobre nuestro suelo. La primera contiene agua devastadora que llegando a la tierra se convertirá en diluvio y Gran Cataclismo. La otra es agua viva, llena de alegría y de enseñanza, capaz de hacer feliz a todas las criaturas humanas hasta el fin de los tiempos. Esto se parece sorprendentemente al escrito de San Juan sobre el Apocalipsis al que volveremos más adelante. Por el momento veamos la jeroglífica que había anteriormente al simbolismo diluviano universal nombrado "*Verse-Eau*", Acuario. Es mucho menos conocida, incluso por los especialistas, ya que los juegos anaglíficos, es decir, los dobles e incluso triples significados, abundan en esta comprensión.

Para su excusa, debemos reconocer que no sólo los maestros o los eruditos conocían perfectamente su historia político-religiosa, sino también todos los niños y los humildes. Vivían todos en el seno de esa abundancia iconográfica que les explicaba cada momento y cada acto de los Primogénitos en relación a Ptah, al Espacio y al Tiempo.

El primer nombre de Acuario, "El Cuerno", puede aparecer como usurpado o no tener relación alguna con las profecías. Pero para nada es así, se planta muy bien tal como vamos a ver, su signo antiguo era pues: ⋋ (dibujo). El cuerno, que corta el chorro saliendo de la jarra, es por supuesto el de una vaca: la *Vaca Celeste*, la que hemos convertido en la Vía Láctea. Su denominación jeroglífica es Hapy, o Gran Río. Es a partir de esto que brotaron todas las interpretaciones fantásticas referentes a todos los temas posibles e imaginables que hubieran podido ser originarios de Egipto... si sus habitantes hubieran sido realmente tan bárbaros como los egiptólogos del siglo XIX los describieron. Y es que hace ocho milenios, el Gran Río celeste, es decir este Hapy, estaba exactamente en paralelo con el cielo del Nilo, lo que en la inmensa tierra era semejante a la gran cinta fertilizadora que traía la prueba a los que llegaban a esta nueva patria de que habían sido salvados por Dios.

Su nombre se convirtió en Hapy siendo igualmente símbolo de agradecimiento y de reconocimiento hacia el otro, el celeste, que dirigía sus destinos a lo largo de sus vidas terrestres. De ahí una serie de malentendidos humorísticos para los que intentaron dilucidar lo que pensaban que era misterioso, o ilegible por no conocer sus claves.

Desde la llegada de los descendientes a orillas del Nilo, éste presentaba un aspecto totalmente diferente al de hoy, no sólo desde el punto de vista ecológico, sino también político, ya que la presa de Asuán aún no había permitido la contaminación de las orillas de este gran río. En aquellos tiempos, era impetuoso, con la fuerza que le permitía crecer y menguar abonando la ribera en la época regular, cadenciada al ritmo de la anual aparición de Sirio. Excepto cuando Ptah se enfadaba contra sus criaturas, y esos años las peores calamidades llegaban como castigo de los pecados realizados. Plutarco asegura que nada en los antiguos egipcios era tan venerado como el Nilo[11]. Y los

---

[11] Isis y Osiris, cáp. V.

textos abundan en todos los templos describiendo las fiestas celebradas en honor al gran río, cuya suntuosidad sólo era superada por la adoración de la Tríada divina.

En el capítulo XV del libro incorrectamente llamado "*Libro de los Muertos*" vemos esta frase significativa:

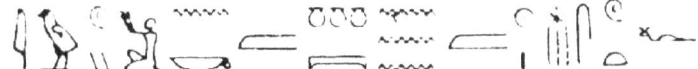

Te damos las gracias por los beneficios que tú procuras a los hombres sobre la tierra por las crecidas salidas de ti cuando Râ está en el cenit del cielo.

Esto es evidente en el contexto de la frase, si comprendemos que un sólo origen une el cielo a la tierra y los dos ríos al Sol iluminador. Es Râ, sobre su barca, que navega a lo largo de las costas de Hapy, la Vía láctea, al igual que el río Hapy, padre que alimenta las costas egipcias. Y aquí también, el papiro de Boulacq n. 3 que empieza así:

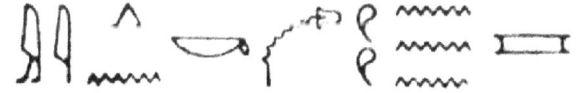

Las aguas del Gran Río llegan hacia vosotros, los vivos y los otros.

Uno de los papiros del Louvre, el que tiene el nº 5.158, utiliza el mismo modo de introducir los datos referentes a un rito:

Las aguas del Gran Río llevan los gérmenes de dos Cielos: el de los bienaventurados y el de los descendientes de Horus.

Así, está claro que en está doble noción de Hapy, Gran Río celeste, o terrestre, se hacía abstracción de toda noción geográfica, pero ello incluía un conjunto de fuerzas desconocidas. Los antiguos egipcios fueron los únicos de todos los pueblos de ese tiempo que no se preocuparon de las fuentes del Nilo, siendo sin embargo el que los alimentaba, limitándose a delimitar sus contornos después de la tercera catarata después de Elefantina. Lo que agradecían y veneraban ya lo obtenían de sus Primogénitos y no veían utilidad alguna en ir más allá. Para ellos profundizar en lo que parecía un misterio, no tenía importancia alguna en comparación con los beneficios conseguidos, hubiera sido sacrilegio tan abominable impiedad. Su gran río terrestre era copia conforme al *Gran Río* celeste, era pues, una emanación que venía del cielo, de Ptah-Uno. El Nilo era un líquido puro, un agua santa y sagrada, para uso de los hombres creado a imagen del Eterno Todo Poderoso, así se cantaba en el capítulo XV de esta obra llamada "Libro de los Muertos":

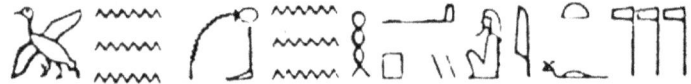

Heródoto, Plutarco, Estrabón, Diodoro de Sicilia y tantos otros griegos; Plinio el antiguo, Séneca el filósofo, Lucano, y tantos más autores latinos buscaron descubrir lo que consideraban como un angustioso misterio, sin lograrlo. El motivo era muy sencillo: tenían un desconocimiento total de la verdadera causa de la crecida regular y periódica del Nilo. Sería vano negar obstinadamente que hay algo de divino y de sagrado en los efectos de esta inundación anual de las tierras que, sin ella, hubiesen sido áridas e infértiles.

Aún hoy sería bueno decir en referencia a los Nubios que han participado activamente en la construcción de una presa en Asuán, bajo los auspicios de Nasser, que el Gran Río, el Nilo, era una emanación directa del Paraíso. Lo que ya no es. Esta inmensa obra de cemento es peor que una catástrofe natural. Retiene el limo en su base, irrigando las tierras con agua que se evapora instantáneamente permitiendo a la sal enterrada desde decenas de millones de años remontar a la superficie en sólo un decenio y quemar para siglos un suelo que tenía la reputación de ser un regalo de Dios.

Esta inundación periódica del Nilo era el hecho físico más importante para este antiguo pueblo. Era la prosperidad de Egipto y la misma Biblia lo atestigua en varias ocasiones. Este fenómeno que nos aparece como siendo natural ya que se explica científicamente no me satisface para nada, por el buen motivo que los antiguos conocían perfectamente el mecanismo, pero lo atribuían a la voluntad divina de venir en ayuda de sus criaturas más queridas.

Y no es porque unos irresponsables como Pausanias escribieran para satisfacer a una élite que se creía inteligente, que el "inicio de la inundación en el Nilo era el resultado de las lágrimas de Isis demarradas por su esposo Osiris" que debemos deducir la ignorancia de los que construyeron además centenares de maravillas a la gloria de un Dios-Uno.

En realidad, la aparición anual de Sirio anunciando la crecida está precedida ese día, como los anteriores, por la aparición de la radiación piramidal. He ahí, que precisamente este día desencadena un rocío denominado "las lágrimas de Isis" como recuerdo del tiempo donde la divina lloraba la muerte aparente de su esposo y se entregaba a Dios para hacerlo revivir. Lo que hay de interesante es que los cristianos y los musulmanes de origen copto egipcio (Kâ-Ptah: Corazón-de-Dios) aseguran al inicio del mes de Paophi, hacia el día 11, que una gota milagrosa cae directamente del cielo en el Nilo para provocar la inundación.

En los textos consagrados a Osiris se dice que únicamente el *Hijo* podía ordenar al gran río con las palabras de su boca iniciar la inundación para beneficio de la humanidad:

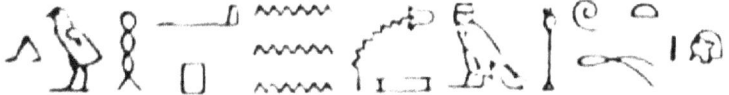

Ello explicaría las numerosas confusiones sucesivas que llevaron a confundir a Osiris con el Nilo o la Vía láctea convirtiéndose en Toro celeste. En realidad era Isis que creaba la mayor inquietud ya que figuraba, más allá del Gran Río, como la estrella Sep'ti o Sirio cuya aparición coincidía con los inicios de la crecida.

Este tiempo de la inundación era esperaba por toda una población dependiente de este acontecimiento vital para todos. Así, cuando había cualquier retraso entre la aparición de Sirio y el inicio de la crecida, se hacía notar una gran impaciencia, que se transformaba en consternación si la espera duraba, y en temor si se eternizaba. Pero más frecuentemente Sirio era fiel a su leyenda, tal y como lo aseguran los textos de Dendera:

El Gran Río dispensa sus aguas celestes por la mediación de Sep'ti.

El Nilo crecía repartiendo por los campos un limo negro de los más fértiles, luego volvía a descender en su cuenca después de haber asegurado su función alimentadora. Los textos egipcios que anotan en concordancia el amanecer anual de Sirio con el inicio de la subida de las aguas no faltan, y los egiptólogos a pesar de escépticos, admiten sin embargo la abundancia de documentos originales.

Lo cierto es que antes de la construcción de la presa, el gran río tenía crecidas muy fuertes desde el 15 de septiembre al 20 de octubre. Normalmente su caudal, que oscilaba entre 600 y 1.200 metros cúbicos por segundo, pasaba a 30.000.000 metros cúbicos por segundo de media en cada inundación.

El limo, que penetraba así profundamente en el interior de las tierras de cultivo, alimentaba de verdad. Los análisis químicos realizados por los ingleses en tiempos del rey Farouk daban para 100 partes de este limo depositado en la tierra, únicamente 11 de agua, 9 de carbono, 6 de peróxido de hierro, 4 de silicio, 18 de carbonato de cal y 48 de alúmina.

Así a lo largo de los años, después siglos, que siguieron a la instalación de las dos poblaciones a orillas del Nilo, este tomó una importancia tal que sustituyó al super-diluvio que había aniquilado a Ahâ-Men-Ptah. De ahí la primera idea de recordar estos tiempos lejanos por un signo viniendo del gran río susceptible de anunciar el renacer de una situación catastrófica semejante. Hapy era la más indicada para hacerlo, añadiéndole el cuerno que venía de la Vaca, es decir de la Vía láctea, aún más que el cambio de navegación solar que se había realizado en el seno del gran río celeste, en la constelación de Leo.

Tal y como hemos visto en el zodíaco general antiguo el signo del León en ese tiempo era el cuchillo, símbolo del asesinato de Osiris por Set, que había provocado la cólera divina y el cataclismo general del globo terráqueo. Ahí también los recuerdos del acontecimiento aparecidos en Hapy son numerosos, como en Dendera:

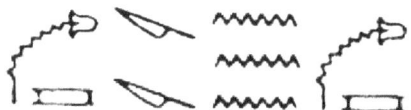

El Gran Río sumergirá en sus aguas al León asesino que volvió a nacer en el Gran Río terrestre.

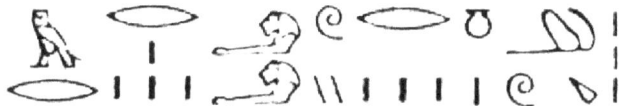

Y de cuatro Hijos rescatados del León, nacieron en el nuevo León, las multitudes de Horus.

La población al completo era consciente de los beneficios que le eran dados gracias al gran río y, pues, a la bondad de Dios. Así, las ofrendas que aportaban a los templos en el momento de las fiestas de la inundación eran prodigiosamente ricas: "*Dad a Hapy los alimentos que de él provienen*" era una sentencia respetada por todos. La jeroglífica nos presenta por doquier el Nilo cargado de bienes terrestres, generosos distribuidores de los mismos a los hombres y animales. Estas procesiones innumerables están reproducidas en casi todos los edificios religiosos, pero más particularmente en los consagrados a la tríada divina: en Esna, Edfú, y naturalmente en Dendera, el lugar principal dedicado a Sirio, año de Dios.

Auguste Mariette, que escribió una gran obra sobre Dendera, habla a su modo sobre la interpretación del Gran Río, en el tomo III, donde volvió a copiar el texto de la cripta número dos del gran Templo:

"La procesión de los Nilos (?) hace referencia a la procesión de los Sacerdotes de la otra orilla sobre la pared del templo de Hator. El Nilo está nueve veces representado con unas calificaciones distintas. El título explica mal el sentido de esta procesión alegórica. El Nilo está representado franqueando los grados de una escalera y saliendo de la cripta, como todos los años, sale periódicamente de su lecho para embellecer el mundo y para fertilizar los campos, para cubrir las praderas de verdor y para dar a los hombres su alimento, para llenar las tiendas de la espléndida diosa de Dendera y para llenar los graneros de provisiones."

"Otro cuadro de esta cripta presenta al Nilo saliendo también por una escalera, como lo hace de su lecho, para llenar la tierra de grano, para dar vida a los dioses, el bienestar a las diosas y aportar el alimento a los humanos, para aprovisionar el templo en sus dos partes, para llenar tres veces el altar de la diosa Nut y para procurar lo que es necesario a los que están con ella."

Aquí no se trata de volver a tomar este texto publicado y comentado por Augusto Mariette, pero muestra cómo Dendera, su astronomía y sus textos religiosos ya eran más que importantes desde los inicios de una egiptología que buscaba su voz y que aún no la ha encontrado.

En otra cripta, ya que hay doce bajo el templo y no es un número debido al azar, figura una inscripción capital en cuanto al significado de Acuario, ya que todos los grabados de este subterráneo se refieren a esta constelación zodiacal específicamente.

Es, pues, normal que os presente el facsímil a continuación antes de dar la traducción.

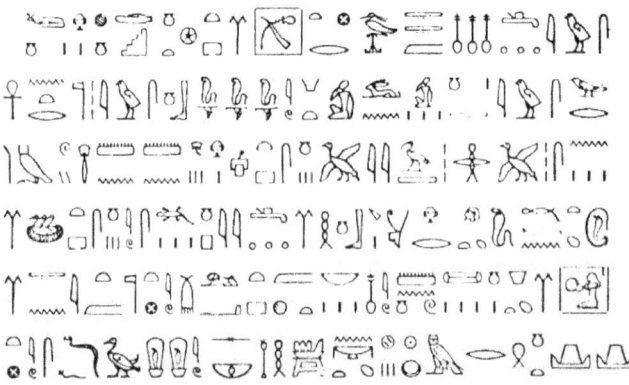

"No basta con acceder al Cinturón Celeste para conseguir del Cuerno que haga rebosar las Dos-Tierras Sagradas de los granos que harán vivir a los hijos de Dios todo un año, ni revivir los Bienaventurados Dormidos del otro corazón. Conviene en primer lugar acceder por la oración con los Dos Hermanos del Poniente, cuyos descendientes emigraron en el tiempo de los Gemelos del cielo en una falsa lucha, seguida de una falsa alianza, a pesar de la cólera del antiguo León del cielo y el establecimiento de un equilibrio muy frágil."

"Que la buena Madre Celeste, la Divina Hator, la Maestra de Dendera, intervenga entonces bajo su forma de Cuerno celeste para asegurar el alimento de sus hijos de las dos orillas que han formado la tierra de Egipto, y para poner de fiesta los altares en los días previstos por el calendario. Así ha hablado el Pontífice de los maestros de la Medida y del Número de la Doble Casa de Vida de los dos ancianos."

Es sobre la incomprensión de los textos por lo que los egiptólogos acreditan la fábula de los dos Nilos: el del sur y el del norte. Pues, de dos lugares diferentes. Sin embargo, sólo había un nombre para la Vía láctea y el Nilo, que entre los dos representaban la unión indisoluble de los elementos entre el cielo y la tierra. Había el Gran río celeste, don de la tríada divina para la elaboración de las configuraciones zodiacales:

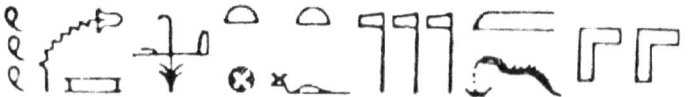

y el gran río terrestre que da nacimiento a toda la naturaleza circundante:

Esta larga digresión sobre el Cuerno nos lleva a una comprensión de la astrología egipcia de Acuario, basada fundamentalmente sobre el Gran Cataclismo ocurrido diez milenios antes de nuestra era, y que hundió un continente y casi todos sus habitantes. Así, el siglo del profeta con la duda de regar la tierra con una u otra jarra para dispensar el Bien o el Mal, es característica del espíritu de los nativos de Acuario.

CAPÍTULO VIII

AL INICIO ERA EL NAJA. (CAPRICORNIO)

Todos los textos más antiguos empiezan así: "Al inicio era..."

Cuando se trata de escritos sagrados, el jeroglífico es: ⬚ y cuando el Conocimiento explica el estado teocrático de la creación, su jeroglífico es: ⬚

En el capítulo XVII del libro del "*Más Allá de la Vida terrestre*" la jeroglífica escrita como encabezamiento del primer versículo:

Al inicio, estas palabras enseñaron los Ancestros, estos redimidos de la tierra primera: Ahâ-Men-Ptah. Ellos fueron los Bienaventurados viviendo en Amenta.

La parte delantera del León inicia por supuesto la obra, simboliza ahí una nueva era: la que se inició en la constelación del León, inmediatamente después del Gran Cataclismo.

De los textos referidos a la Creación, grabados sobre los muros del templo de Dendera, cuyos dibujos Auguste Mariette reproduce con extrema precisión en el tomo IV la jeroglífica de la cámara norte dedicada a Osiris enseñando las Combinaciones-Matemáticas-divinas, empieza con los mismos términos pero escribiéndose de otra forma:

Al inicio los Inmundos se encarnizaron contra el Generador, olvidando los acontecimientos del antiguo león.

El Naja es un tipo de cobra o serpiente de anteojos, puesto así desde el origen como siendo el signo celeste de un renacer después del inolvidable Gran Cataclismo, o mejor de una posibilidad de renacimiento si la memoria de los hombres desea recordar bien lo que ocurrió a las almas de los ancestros en Ahâ-Men-Ptah, o el Edén perdido, incapaz de ser recuperado en Ath-Kâ-Ptah.

Así podría escribirse la historia sagrada de los Descendientes de los supervivientes de este paraíso terrestre hundido para siempre. De ahí muy probablemente el origen del mito de la serpiente venenosa haciendo huir a los humanos. Todo en el primer momento de la llegada de los supervivientes a las orillas del gran río verdoso que era el Nilo, no debemos olvidar que el desierto está tan cerca, sólo a unos centenares de metros.

El historiador judío, Flavio Josefo, nos cuenta en la historia de Moisés, que cuando éste llegó a la cabeza de los ejércitos del faraón, venció a los Sabeos que no lo esperaban por tierra sino por mar, ya que el desierto estaba infestado de serpientes de todo tipo. Moisés superó la dificultad llevando con sus tropas centenares de ibis, esos pájaros enormes y sagrados, grandes depredadores de reptiles, sin importar su tamaño o el veneno que escupían.

Todos los poderes maléficos parecen haberse encarnado en la serpiente por la utilización que se hizo en el Antiguo Testamento. Parece que no es lo mismo para la lectura de los jeroglíficos. En primer lugar, debemos excluir la representación de la boa o de la pitón, desmesuradamente larga, demasiado sinuosa y conteniendo numerosos meandros.

Es la representación gráfica de la Vía Láctea y de la multiplicidad de los movimientos retrógrados que realizan las Siete en sus navegaciones aparentes a lo largo de las constelaciones. Cuando vemos al chacal, es decir, a Set, cortar con un golpe de cuchillo, o mejor intentarlo, la cabeza de la serpiente, la Vía Láctea, esta escena simboliza la nulidad de los esfuerzos de los Adoradores del Sol de seccionar los movimientos combinatorios celestes que predeterminan todas las almas, incluyendo las suyas, descendientes de Set. He aquí una, entre centenares, que tampoco necesita traducción:

El Naja, en cuanto a él, tiene un lugar particular, ya que representa también la realeza. Cuando está junto a un buitre, se trata incluso de una Reina:

La mayor divinidad humana, el Pêr-Ahâ o faraón, por esencia no puede tener nada en común con el Mal. Cuando el Naja domina el medio-globo inferior de la tierra, es decir la parte nocturna, lleva la jeroglífica de la constelación zodiacal de la que transporta sus influjos, radiaciones hacia las almas humanas, es:

Otra representación de las más importantes se ve en los muros de las salas del templo de Dendera, que Mariette igualmente copió escrupulosamente. El Naja, ahí no tiene la misma longitud de cola. Este tiene las circunvoluciones de la jeroglífica anunciando las Combinaciones-Matemáticas-divinas: (en efecto, las C-M-D se escriben: y este complejo se explica así por él mismo).

Algunos ejemplos, todos sacados de los textos de Dendera permitirán comprenderlo mejor:

Las C-M-D, surgidas del Naja, harán nacer los Gemelos.

Los Adoradores del Sol no apagarán la llama a pesar del asesinato del Hijo durante el terrible cataclismo, por la gracia de las Combinaciones proviniendo de la Constelación de Naja.

Parece, entonces, que después de Acuario, la era de Naja o Capricornio fue precedida por la de los grandes constructores y líderes, por una austeridad benéfica acompañada de un puño de hierro, para remediar, durante una renovación, los excesos pasados que trajeron la desolación. Nada nuevo puede ser edificado sobre las ruinas no allanadas, ni pasadas a cal viva para quitar todos los miasmas abominables, y todos los riesgos de contagio inherentes a la voluntad destructora de la humanidad ciega e impía que precedió.

Los nacidos en Leo, en Capricornio justifican hoy esta fama, encontramos entre otros nuestro primer egiptólogo francés: Jean-François Champollion, nacido el 23 de diciembre en 1.790 en Figeac, a las dos de la mañana, cuyos sinsabores científicos y aclaraciones políticas aseguraron su gloria mundial; los nombres prestigiosos de Mao Tsé-toung nacido el 26/12/1.893; David Ben Gourion el 28/12/1.886; Woodrow Wilson el 28/12/1.856; Isaac Newton el 04/01/1.643; Charles Péguy el 07/01/1.873; Richard Nixon el 09/01/1.913; Maréchal Joffre el 12/01/1.852; Paul Cézanne el 19/01/1.839; Edgar Poe el 19/02/1.809 etc.

Para comprender correctamente este proceso mecánico, astronómico, geométrico, engendrado a escala cósmica bajo el término de las Combinaciones-Matemáticas-divinas, las C-M-D., conviene recordar los dos movimientos principales, a pesar de opuestos, que animan nuestro universo solar:

1. El Sol avanza (en apariencia ya que en realidad está fijo y la tierra se mueve) y gira alrededor de la tierra en 365 días ¼.

2. El Sol retrocede (siempre aparentemente ya que es la oblicuidad de la tierra la que provoca este movimiento precesional) en una amplia órbita polar, en 25.920 años, llamada Gran Año.

En el *Libro de Más Allá de la Vida,* por ejemplo en el versículo 164, se explica:

Es por lo que, después de la Destrucción deseada por las Combinaciones-Matemáticas-divinas, a fin de permitir la ascensión a la Morada, el antiguo León retrocedió para avanzar.

Es difícil ser más claro en las explicaciones que remontan a milenios y que demuestran un acontecimiento cataclísmico que se había producido sesenta siglos antes.

La constelación de Naja forjó pues los espíritus fuertes que han reconstruido la humanidad tal como aparece en este alba de la era de Acuario. Bien parece, desgraciadamente, que estemos en la víspera (el año 2.160 está cerca, sólo un segundo de eternidad) de un cataclismo semejante al anterior, que ya había tenido lugar en la transición de la constelación de Acuario a Capricornio, hace unos 11.520 años antes que Leo, y que había sido menos importante en los fenómenos terrestres, aunque vitales para la humanidad. Ello aparece claramente en los grabados de los textos sagrados de Dendera, que conviene reproducir para mejor comprensión del capítulo.

En el dibujo a continuación, vemos la llegada del pequeño diluvio, claramente visible por las líneas verticales quebradas que suben de forma oblicua hacia el cenit. Él es quien produce esa rotura blanca, de la que la Vía láctea (la Serpiente) cubrió la realización de las nuevas circunvoluciones de las Combinaciones-Matemáticas deseadas por Dios, las que predeterminan las parcelas divinas del cielo cambiado en Capricornio:

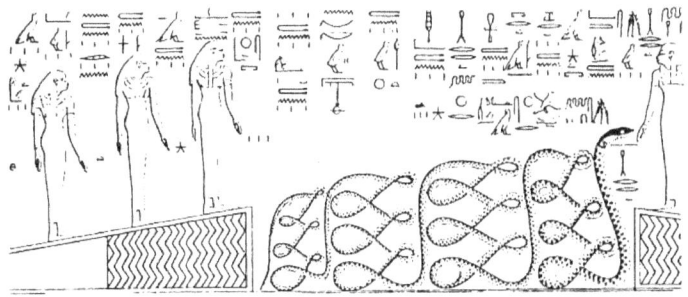

Incluso un lector no avisado acerca de la simbología de los antiguos egipcios comprenderá fácilmente a simple vista observando este dibujo, las similitudes entre las contorsiones de la serpiente, y las del signo jeroglífico que simboliza las Combinaciones-Matemáticas-divinas: ෂ

No habría, pues, nada de sorprendente en que las pulsaciones celestes actuales, de un cataclismo astronómico seguro, anuncien una remodelación general de la vida en la Tierra. El espíritu humano, forjado por una segunda alianza con Ptah, en el tiempo de los primeros supervivientes de Ahâ-Men-Ptah, es decir, después de la catástrofe ocurrida en la constelación de Naja, perdieron a lo largo de los siglos, luego milenios, esta obediencia ciega hacia el *muy-alto*, que aseguraba la paz en la tierra a la gente de buena voluntad.

El eterno reinicio evolutivo en el seno de la espiral del tiempo, trajo a Osiris, luego Moisés, y Cristo, que sólo despertaron el espacio de un momento cósmico la consciencia de las criatura divinas. ¿Qué son en realidad dos milenios en relación a la eternidad? La humanidad volvía a estar imbuida de ella misma, del egoísmo vengativo, impío, ciego hacia todo lo que no era el reflejo de ella misma y de sus prerrogativas.

A finales de nuestro siglo XX, tenemos el mejor ejemplo para las generaciones futuras que intenten comprender. No sólo políticamente el mundo corre hacia su pérdida conscientemente y deliberadamente: ¿No hemos vistos en el año 1979 en el mismo seno de la Organización de las Naciones Unidas [¡sic!] 54 Estados miembros hacerse la guerra los unos a los otros? y, lo que es aún peor moralmente, han perdido toda fe en Dios.

Sea el religioso musulmán, judío o cristiano, el sacerdote no es más que un hereje en relación a las antiguas enseñanzas primitivas que le han sido legadas preciosamente para ser defendidas; hoy se ultrajan con el pretexto de estar a la moda, olvidando la santidad de su sacerdocio con lo que tiene de más sagrado, para ocuparse de cualquier otro asunto. Es con motivo que frente a esta avalancha de blasfemias, un comentador en la televisión exclamó:

> "Hoy no existen más que dos categorías de sacerdotes: los que no saben obedecer los Mandamientos de Dios; y los que deberían mandar pero que no saben hacerse obedecer".

El asunto frente al que estamos, político-religioso, no necesita comentarios, sólo recordar la toma de rehenes en la embajada americana de Teherán. Sin olvidar el bandolerismo constituido por este acto, es de notoriedad pública que Irán, más allá del hecho en si, lo justifica como un golpe en contra de los perros infieles que son los occidentales, y ello para gloria de Alá. Esto es el preludio típico del dominio que los árabes intentan tomar a través del petróleo. El final de la era de Piscis es el inicio del fin del cristianismo, lo que cada uno interpreta evidentemente a su forma. Lo que es cierto es que nuestro final de era se eterniza, y no durará más que hasta 2.016.

Todos los elementos del gigantesco rompecabezas se han grabado o escrito en todos los archivos de Tentiris, que es el nombre de Dendera en griego. No sólo en los subterráneos del Círculo de Oro, sino también en las doce criptas, estando cada una situada bajo el amparo de una constelación, como la de Naja, inherente a este capítulo.

En este país, ya se han descubierto importantes tumbas predinásticas, en Nagada, no lejos de Dendera, que han hecho retroceder la cronología corta de forma singular. Esta cronología que es admitida de forma general como buena por los egiptólogos oficiales, ya que las joyas de las reinas, claramente puestas junto a las momias, cuadraban mal con la datación efectuada para el reinado de Narmer-Menes, el primer rey de la primera dinastía.

Es conveniente, pues, volver al estudio de los anales de Manetón, lo que ya había sido aconsejado por Champollion, por lo que le debemos justicia. Manetón no era más que un nombre griego prestado para facilitar su labor y sus desplazamientos en la Corte real. Efectivamente, este Manetón era un Kâ-Ptah, pues *Corazón-de-Dios*, después de que la invasión de los persas hizo del país una tierra casi desértica. Se llamaba, en realidad, Men-Ath-On, es decir que era nativo de la "Segunda ciudad surgida del Poniente". Como era sacerdote y letrado viviendo bajo el reinado del emperador sabio que fue Tolomeo Filadelfo, éste le encargó redactar una historia completa de los Reyes-Faraones. Este trabajo fue ejecutado fielmente, pero se ha perdido, excepto algunas partes retomadas por los historiadores latinos unos siglos más tarde. Los papiros de Turín ofrecen las mismas dataciones, con además más precisiones sobre las dinastías divinas que permiten hacer remontar el origen del pueblo elegido de Ptah a unos tiempos más antiguos en relación a la civilización que nos legó.

Aclarado esto, veamos las dos cronologías completas, la de Ahâ-Men-Ptah, y la de Ath-Kâ-Ptah, con dos interrupciones: una en Leo que veremos en el siguiente capítulo, y la ocurrida en Capricornio, pues, en Naja.

Este dibujo demuestra bien el valor simbólico de este reptil. Efectivamente, Osiris, a izquierdas, muerto por un golpe de cuchillo que toma la forma de la cola de una serpiente, resucita después del acontecimiento ocurrido en Leo, en el centro (que tiene la Cruz de la Vida) así como lo hizo el primogénito anterior, bajo la constelación de Naja, precisamente.

La concordancia de los grabados de Dendera con la historia sagrada de los antiguos egipcios es total con los escritos redescubiertos.

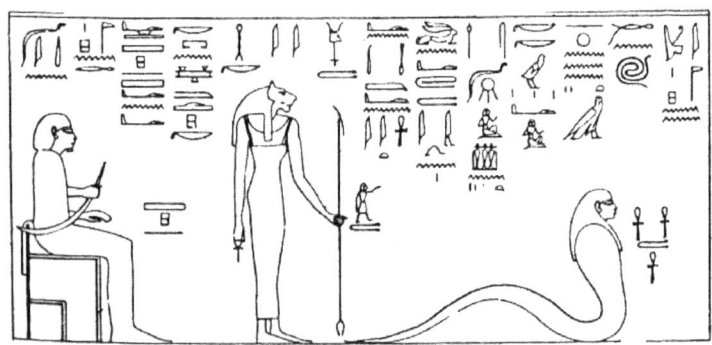

Esto permite afirmar que las coincidencias celestes y armónicas en las dataciones son en realidad prefiguradas desde mucho tiempo atrás. No hay lugar para el azar en las Combinaciones-Matemáticas que han previsto estos acontecimientos. Estas acciones cataclísmicas naturales anteriormente previstas por una Ley fundamental, deseada complicada por Dios, ciertamente, pero previsible para todos sus servidores y susceptible de ser bloqueada si el pueblo seguía los Mandamientos armónicos que unen la tierra al cielo de misma forma que las criaturas a sus Creador.

En el canon cronológico conservado en el museo de Turín, las líneas 9, 10 y 11 precisan la formulación de los anales anteriores a Narmer-Menes. Nos dan una duración de existencia de 13.420 años hasta el nacimiento de Horus, único tenido en cuenta, y remonta aún unos 23.200 años en el tiempo para las dinastías llamadas divinas que precedieron el advenimiento del hijo de Osiris. Es decir una serie de reinados expuestos en una duración de 36.620 años hasta el de Alejandro el Grande.

Una sonrisa viene de inmediato a los labios del escéptico, o aún del egiptólogo o del exégeta bíblico que hasta principios de este siglo XX consideraban que Adán, como las Santas Escrituras aseguraban, nació hace unos 6.000 años y que la tierra no existía aún ni un milenio antes. Hoy ya nada de ello permanece, desde 1.958 (y únicamente desde esta fecha) la comisión bíblica del Vaticano dio luz verde a los investigadores para buscar la verdad cronológica de los primeros capítulos del Génesis.

Hoy ya no se excomulga por fechar la continuidad de los reinados faraónicos y predinásticos, que datados en tiempo real duraron más de 300 siglos. Los muros de Dendera permitirán a las futuras generaciones seguir los estudios muy interesantes, aún más con el Zodíaco por un lado y el Círculo de Oro por otro, permiten entrar de lleno en un Espacio que está en armonía de un Dios-Uno, sea cual sea el nombre que se le atribuya aquí y allá para crear una diversión aberrante del monoteísmo.

La teología tentirita explica admirablemente los principales datos. Ptah, el Todo-Poderoso Eterno, el Creador de todas las cosas inertes o vivas, decidió formar a su imagen una criatura capaz de vivir en la tierra, la tocó con su gracia, y un día esa criatura se levantó para vivir de pie durante el día. Poco a poco, la parcela de divinidad se ancló en ella, y se puso a reflexionar: el ser humano estaba acabado.

Al cabo de los siglos, Ptah observó que esta Criatura con pensamiento se alejaba mucho del porqué había sido engendrada. De los cuatro hijos del primer Primogénito que había creado la multitud después del renacimiento en Naja, ¿qué quedaba ya de la patria y del pueblo elegido?

Aquí, los cuatro hijos salvados del mini-diluvio tomaron la forma de la constelación bajo la que nacieron, es interesante observar, que el primero a izquierdas no lleva arriba el jeroglífico de la onda en plural (las tres barras verticales), lo que tiende a significar que las peleas, los celos y las envidias provenían del primero que se separó de los otros hermanos. Ello no es más que una reminiscencia de la historia, de Set y de Osiris, trasladada.

No es por ello menos verídico que los clanes se habían formado en el seno de una misma familia, de las tribus surgieron los que se alejaron de los parajes principales, para convertirse en regiones, fraccionadas entre ellas en ciudades que no buscaban más que asegurar su supremacía sobre las demás por cualquier medio.

Fue incontestablemente en el transcurso de este largo período cada vez más agitado, que se vio el sol navegar bajo la constelación de Naja, cuando Dios decidió, en una primera cólera benigna, barrer esta impía humanidad, ciega, fallida en una palabra, para poder volver a empezar todo enviando esta vez un primogénito que de alguna forma sería el primer hombre. Este primogénito, el Ahâ en jeroglífica, fue el que dio nacimiento a cuatro hijos que dieron lugar a la multitud de las criaturas. Pero lo más importante era que de estos cuatro "Ahâ" nacieron los "Pêr-Ahâ" es decir los descendientes del primogénito, es decir, los "Hijos-de-Dios". De esta forma se perpetuó este mito de la esencia divina de los faraones, ya que fueron los griegos los que pronunciaron faraón como Pêr-Ahâ; además debemos observar en este mismo orden de ideas que Ahâ también se pronuncia "Ahan" que sin duda alguna se convirtió en "Adam" que también significa el primer hombre: el *Primogénito*.

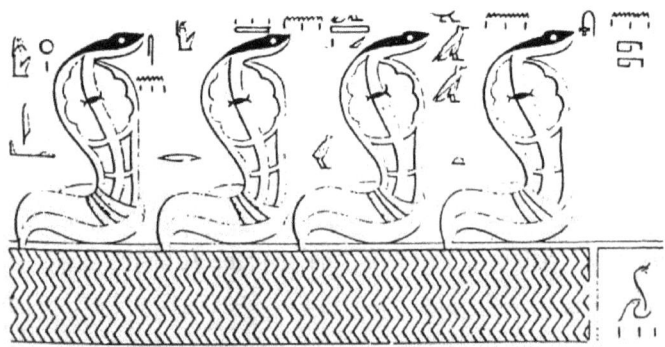

La partida de este primer Ahâ hacia la bóveda celeste para reunirse con su padre después de que su misión en la tierra fuese realizada al dar cuatro hijos mortales pero que poseían una parcela divina que los unía a Dios para que una multitud humana se realizase, facilitando una toma de consciencia benéfica en su inicio. Pero una rama engendró el Mal, ahí aún es la cobra de izquierdas que personifica la rama deficiente, como lo demuestran los jeroglíficos. Por ello se desencadenó el mecanismo celeste provocando el mini-diluvio. Mini, en relación evidente con el Gran Cataclismos que trastocó en ese momento sólo el hemisferio norte de nuestro globo terráqueo perturbando la inclinación de su eje, borrando esta vez toda la duración del tiempo vivido en Naja, o Capricornio.

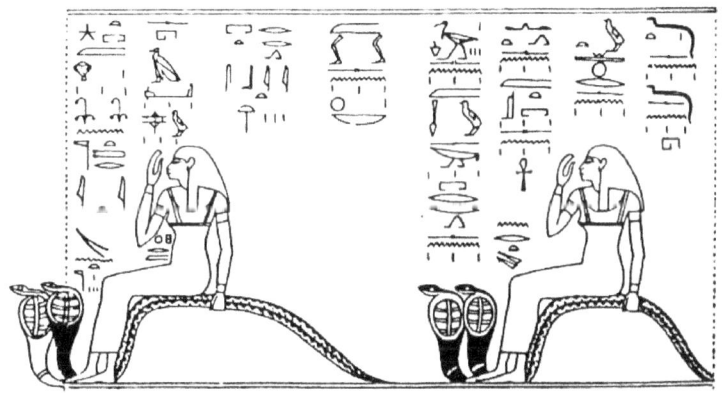

Ello llevó al sol al vigésimo primer grado de Acuario, tal como las Combinaciones-Matemáticas-divinas del Círculo de Oro de Dendera lo calcularon con precisión para iniciar correctamente la cronología. Se trata del día 21, del segundo mes del año 21.312 a.C., una vez efectuadas todas las correcciones de los calendarios. Las cifras de Manetón se ven pues corroboradas de forma evidente, ya que concede una duración total de 36.000 años, y que encontramos en Dendera: 14.400 + 21.312 + 244 hasta Alejandro = 35.956 años, lo que concuerda.

En el dibujo a continuación, se ven las siete dinastías divinas, la ocupación de la era de Capricornio se demuestra a primera lectura:

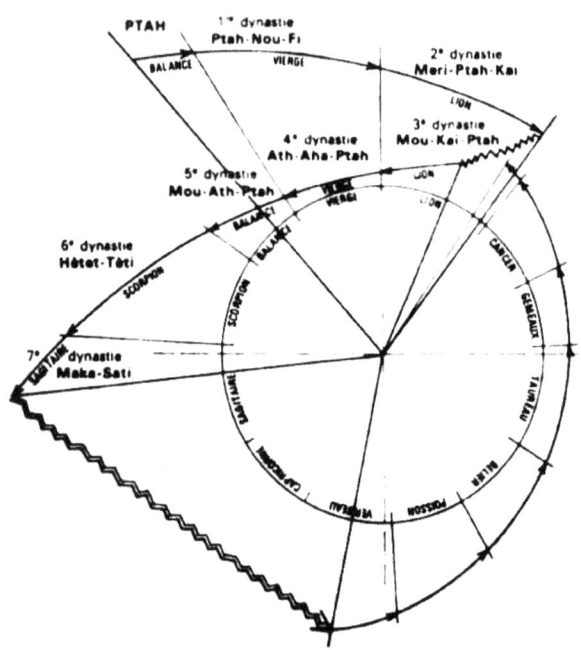

Lo que nos da un tiempo de 14.400 años para estas siete dinastías divinas cronológicamente detalladas como sigue:

Méditation et Création (864 ans)	DIEU	Ptah (DIEU-UN)	Khi-Ath (Balance)	864 ans
I" dynastie divine (2 592 ans)	+ 71 Rois	Ptah-Nou-Fi (Envoyé du Ciel)	Nout (Vierge)	3 456 ans
II dynastie divine (2 448 ans)	+ 71 Rois	Meri-Ptah-Kai (Lion-Aimé)	Er-Kai (Lion)	5 904 ans
III dynastie rois-dieux (1 440 ans)	+ 33 Rois	Mou-Kai-Ptah (Juste et Fort)	Er-Kai (Lion)	7 344 ans
IV' dynastie rois-dieux (2 592 ans)	+ 71 Rois	Ath-Aha-Ptah (Second Aîné)	Nout (Vierge)	9 936 ans
V dynastie rois-dieux (1 872 ans)	+ 63 Rois	Mou-Ath-Ptah (Cœur-Juste)	Khi-Ath (Balance)	11 808 ans
VI' dynastie les demi-dieux (1 872 ans)	+ 55 Rois	Hetet-Teti (Le Destructeur)	Teti (Scorpion)	13 680 ans
VII' dynastie les demi-dieux (720 ans)	+ 16 Rois	Maka-Sati (La Flèche invincible)	Sati (La Flèche)	14 400 ans

Con Sagitario (la Flecha), se acaba este primer tiempo donde se concebía una humanidad aún inadaptada, que dio sus primeros pasos muy agitados en Capricornio. Una parte del mundo terrestre parecía haberse disuelto en la claridad difusa de un nuevo eje de visión en relación al sol. Pero después de esta tempestad, la calma renació como la vida por voluntad divina transmitidas por sus combinaciones matemáticas. Los constructores y los líderes de los hombres intentaron de nuevo guiar a las criaturas hacia la obediencia de los mandamientos de esta Ley de la Creación, sin los que ni la armonía, ni el entendimiento, podían reinar entre el cielo y la tierra, entre la Humanidad y Dios.

Fue de esta comprensión en Naja de donde se extraen todos los datos astrológicos que dependen de Capricornio, y que fueron introducidos por los maestros de la Medida y del Número desde el acontecimiento de Atêta, el hijo de Namer-Menes, convertido en Athotis por la pronunciación griega, luego Thot... y Mercurio, el "dios de las letras" heleno. Ahí de nuevo, la amplia duración del tiempo humano de cuatro milenios deformó la simple verdad en leyenda mítica tan inverosímil que hasta hace sonreír.

Para llegar a la conclusión de este capítulo, la principal observación es la de la extrema longevidad de esta ciencia humana que, partiendo de la simple observación del cielo era de alguna forma la esencia de la creación del Creador que la creó antes de todas las criaturas que pueblan la tierra.

¿A consecuencia de qué aberración esta cabra simiesca ha dado nombre a una constelación? Sería bueno dejar a los astrólogos dar la explicación, más aún si nos referimos a la astronomía, este animal fantasmagórico de la constelación más austral del trópico de Capricornio del que sólo posee la cabeza y los cuernos, todo el resto del cuerpo se extiende bajo el grado 21 de Acuario.

En realidad son otras dos constelaciones que dan las dos estrellas de primera magnitud, muy importantes: Vega, de Lira, y Altair del Águila. Y si por fin añadimos la cola de la constelación del Cisne, o Deneb, presenta unos arabescos que hacen pensar a la cola... de un Naja, entonces es mucho más fácil dibujarla, siguiendo el trazo con un simple lápiz, este majestuoso reptil que aparece uniendo todos los puntos sin preocuparnos de la *Cabra*.

La simbología de los antiguos egipcios es totalmente otra, y está ligada a todas las disciplinas del conocimiento. Es por lo que en todo momento intentaron poner su saber al alcance de los que eran capaces de comprender, ya que estimaban, quizás en contra de toda realidad, que las almas humanas de las generaciones futuras comprenderían la sutileza y la inutilidad de la desobediencia, de las guerras y de la falta de fe.

El Naja sigue siendo para ellos el símbolo del renacimiento y de la esperanza, ya que se vuelve a levantar siempre luminoso, por encima de la copa dividida y fragmentada de las consciencias muertas para que vuelvan a nacer las parcelas divinas.

CAPÍTULO IX

LA ASTROLOGÍA SEGÚN LOS EGIPCIOS

Durante decenios se han sucedido discusiones entre los sabios después de la llegada del *Zodíaco de Dendera*, dando numerosas obras de eruditos que se pueden leer en mi libro relatando la verdadera historia y volviendo a poner las cosas en su justo lugar. Sin embargo hay una disciplina y no de menor importancia, la de la astrología que ahora debe ser abordada astronómicamente.

Es conocido que el antiguo Egipto poseía grandes arquitectos y artistas de todo tipo, el escepticismo fue total en cuanto al saber celeste de estos mismos promotores del planisferio de Dendera convertido en Zodíaco a su llegada a París. Y si los caldeos o babilónicos aparecen como los mayores expertos en la materia, con observatorios y torres astronómicas es sencillamente porque se vanagloriaban de las migajas del conocimiento adquirido de forma casi clandestina a orillas de Nilo, mientras que los maestros de la Medida y del Número de los antiguos templos egipcios conservaban en el mayor secreto los principales datos de este saber celeste.

De ahí este silencio casi total hasta el descubrimiento del *Zodíaco de Dendera* del desarrollo, la historia de las investigaciones, de los descubrimientos, y las observaciones celestes realizadas bajo el cielo de Ath-Kâ-Ptah.

El desconocimiento de lo que se hacía ahí rápidamente fue interpretado como ignorancia de este pueblo en materia astral. Y hoy es más fácil medir hasta qué punto los antiguos egipcios fueron calificados de bárbaros sin razón. La jeroglífica, incluso sin comprenderla, permitía sin embargo reconocer, además de la representación del sol, la de varias Errantes y Fijas, como Sirio y Orión, otros astros formalmente reconocidos por los astrónomos desde finales del siglo XIX, y adoptados por los egiptólogos apretando los dientes y encogiéndose de hombros hasta finales de la guerra de 1.945, es decir, una pérdida de tiempo de más de cincuenta años.

Fue este desconocimiento total de la vida antigua en el tiempo de los faraones, lo que hizo que los primeros autores perdieran el norte. Sin detenernos más en Plutarco, cuyo *Tratado sobre Isis y Osiris* es el más bello relato pornográfico de tonterías jamás publicadas y consideradas por todos nuestros lingüistas a lo largo de dos milenios, con todos los errores de interpretación cometidos, las mezclas de fábulas con parte de verdad, ya que la mayor parte fue inventada como justificación. Así según la voluntad de la lectura de los relatos o de las historias de Egipto, podemos aprender que las mujeres no podían ser sacerdotisas, relegadas al fondo de un harén; que en este país de bárbaros no se comía trigo ni cebada, no había vid y por ello se bebía cerveza; que un Ramsés descendió vivo al infierno después de una apuesta, para jugar a los dados con la divina Céres; que Keops reinó después de Sesostris y dejó prostituir a su hija para que se pudiese construir una tumba digna, y que Ramsés III vivió dos milenios más tarde de la realidad, etc. Pasaré por encima de centenares de estupideces que sólo han ayudado a desfigurar la historia de Egipto.

Un ejemplo, desgraciadamente tremendo, sirvió de base para los que interpretaron el *Libro de los Muertos*, creyendo fervientemente como acero templado, lo que había sido entregado por Diodoro de Sicilia, por lo demás autor muy imaginativo, a pesar de estar muy bien documentado. Habló de un tribunal supremo presidido por Osiris, ayudado por cuarenta y dos asesores, capaces de privar a los muertos de su sepultura habitual. Diodoro no comprendió nada a lo que en realidad era el juicio de la parcela divina antes de que le sea concedido el permiso de acceder para la eternidad al *Más Allá de la Vida*, él deformó la poca verdad que existía cuando los primeros egiptólogos intentaron explicar los textos calificados como "ritual funerario" antes de convertirlo en el ridículo título de "*Libro de los Muertos*".

¿Quienes eran esos 42 asesores de Osiris en lo que fue denominado más adelante como el Último Juicio por los cristianos?

Eran sencillamente las Siete Errantes y las Fijas combinando sus influjos a lo largo de los seis días de la Creación, el último permaneciendo neutro y pues de descanso, tal y como se vio anteriormente. Son estos 42 aspectos matemáticos celestes, principales por la determinación que aportan en el nacimiento, que presiden durante la justificación del alma antes de su partida para el más allá de la vida terrestre. Cada uno era juzgado de esta forma muy justa, según las acciones de su vida corriente y según el respeto y su obediencia a la Ley divina.

En este libro del "*Más allá de la Vida*", precisamente en el versículo 22 se ofrece esta explicación:

Los Asesores que residen en el Cielo bajo el signo solar ordenado por el Gran Observador, son los Jueces neutros.

de las Moradas de los pequeños y de los grandes, desde su aparición en la vida, para liberarlos de la Sombra y volver

donde los Ancestros. Entonces no reinarán más las perturbaciones sino la Paz para los Hijos de la Luz.

Las explicaciones aritméticas no pueden ser profundizadas en el cuadro de este estudio, pero verán el día en el próximo volumen dedicado a la matemática según los egipcios. Veamos sin embargo un conjunto geométrico referido a las Combinaciones-Matemáticas de estas famosas 42 zonas celestes que aseguran el frágil equilibrio de la tierra, y juzgan por este hecho el valor y el grado de inmortalidad posible de las almas después el fin de la vida de las envolturas carnales que son los cuerpos humanos.

Veamos el siguiente dibujo, donde cada pequeña gota redonda es descontada exactamente, pareciéndose además a los círculos creadores que caen de la boca de los Najas en las representaciones del capítulo anterior; en cuanto a los círculos concéntricos, representan las 42 estaciones necesarias para el buen desarrollo del Juicio final.

Es evidente, pues, que la confusión de espíritu que empujó a los griegos a dejar en ridículo a los egipcios en su vida íntima, obligó a los caldeos y babilonios a actuar igual a nivel astronómico, ciencia de la que habían aprendido a utilizar algunos efectos previstos con bastante sutileza para inventar el resto. Sólo debemos recordar del valor concedido al saber que traían de las orillas del Nilo por personajes como Tales de Mileto, Pitágoras de Samos, Eudoxo y decenas más, para comprender el profundo valor de este saber apenas difundido fuera de las fronteras.

Esta ignorancia de los principales datos básicos, al igual que del valor de los jeroglíficos se mantuvo desgraciadamente hasta nuestros días del mismo modo. Los ejemplos abundan, pero no citaré más que uno aquí, ya que alcanza directamente a la continuación de la descripción del planisferio original de Dendera con Sagitario y su constelación.

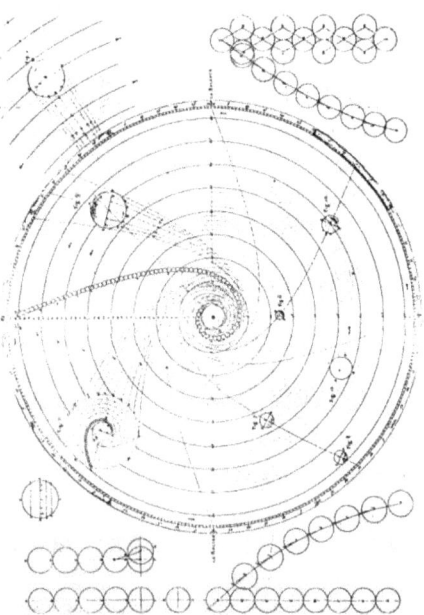

Se trata de una tesis de doctorado de Estado, presentada en la Universidad de la Sorbona, en París y apoyada por la señora Paule Posener-Krieger, el contenido de la tesis era: "Los archivos del Templo funerario de Neferikare-Kakaï (los papiros de Abousir)". Es un trabajo a menudo notable, en particular muy bien documentado y que merece los más sinceros elogios.

Dos tomos enormes contienen todas las referencias particulares que demuestran la erudición de la señora de Posener, que además, era excelente alumna de su marido Georges Posener, egiptólogo de gran conocimiento. Sin embargo, desde la página 43, me he enfrentado a un pasaje que demuestra hasta qué punto el desconocimiento de la astronomía podía provocar profundos errores y citaré literalmente el texto:

"Existía un culto de "Rê del tejado" en el templo de Heliópolis desde el reinado de Saoure; Neferirkare consagró él mismo una fundación a "Rê del tejado. Es por lo que podríamos pensar que el servicio de la vigilia del tejado del templo, era una labor relativa a un culto. Nada indica sin embargo, en nuestros cuadros que los hombres tuviesen un deber religioso por realizar. Su labor efectivamente era velar; no siendo transitivo el verbo RS, debemos admitir que el escriba no repitió la preposición tp, ya que el lugar de su vigilia efectivamente es tphwt, como lo atestiguan los documentos paralelos."

"El verbo RS indica una vigilia tanto de día como de noche, su determinativo es con frecuencia la piel de un animal ▼, que de hecho es una mera confusión con el símbolo de la noche, es por ello que el signo de la noche fue adoptado en la transcripción de las tablas."

Al no comprender los términos de astronomía según los egipcios, los egiptólogos decretaron un error de transcripción del escriba, y adoptaron un jeroglífico diferente, único susceptible de no ir en contra de la historia, inventada a todas luces para traducir los papiros. ¿En realidad, de qué se trata?

Por una parte hemos visto en los textos de Edfú, de Esna y de Dendera, que "la piel de animal" atravesada por una flecha, simbolizaba la constelación de Sagitario. Sabiendo esto, no era difícil reconocer la imagen de "Rê del tejado" y "de una vigila sobre el tejado del templo para un culto" obviamente indicaba un observatorio solar en el techo de Heliópolis, y una fundación abierta para el pago de los astrónomos que ahí observaban los movimientos combinatorios del cielo.

Sobre todo que al extrapolar en la historia antigua, la muerte y la resurrección de Osiris después de que hubiese sido encerrado en una piel de toro por Set, su medio hermano felón y asesino, esta piel fue de alguna forma divinizada. El jeroglífico ⊤ recuerda el acontecimiento. Otro jeroglífico, astronómico conmemoró la muerte de Osiris, atravesado por una flecha, dando el símbolo en el cielo para una constelación ⊤.

Es conveniente explicar también que mi interés en todo lo que está relacionado al lugar de Abousir es extremo. Desde hace tiempo estudio cuidadosamente los documentos que salen de ahí. Recuerdo que este lugar es de acceso difícil y situado no lejos de Giza y de sus pirámides. Sin embargo, Abousir también tiene tres, y también una gran barca de piedra. El nombre mismo es una contracción de las dos palabras árabes Abou y Ousir que significan el *Muy Santo Osiris*, el *Padre Osiris* en términos afectuosos. Lo que viene a decir que este lugar sagrado hacía de contraposición a Heliópolis que era el reino del sol.

Todos los documentos originales demuestran que es el lugar situado de forma ideal en la cima del acantilado que dominaba todo el oasis de la región del gran Cairo para venerar a Osiris mismo. Es en este lugar, donde las excavaciones nunca se han realizado a gran escala, donde deberíamos encontrar un monumento excepcional que dará la clave a muchos misterios a los escépticos egiptólogos.

Volviendo a esta "piel de animal" que representa la de un toro, su historia es auténtica y es por ello que tiene tal importancia. El mismo día del Gran Cataclismo, en Aha-Men-Ptah, Set el Rebelde propuso una tregua a su medio-hermano Osiris, rey del país terrestre a pesar de tener descendencia divina, con el objetivo de discutir un armisticio que podría determinar la paz duradera entre los dos clanes enemigos y fraticidas. A pesar de saber que era una felonía, Osiris acudió, fue a la cita, que efectivamente no era más que una trampa. Ahí lo acuchillaron múltiples veces los esbirros al acecho.

Después, para rematarlo, Set lo atravesó y lo envolvió en el acto, aún caliente, en una piel de toro que servía de cortina en la habitación donde tuvo lugar el acontecimiento. Lo cosió él mismo apretándolo en la piel antes de mandar tirarlo al mar para que su alma atada al cuerpo se pudriese y muriese como un todo indisoluble.

Pero contra todo pronóstico la piel de toro conservó la envoltura carnal y la parcela divina intacta, permitiendo a Osiris volver a la vida resucitando en el momento preciso. De ahí la veneración de la piel de toro por todas las generaciones venideras, y el apodo divino de "Toro Celeste" para designar a Osiris regresado al cielo, las denominaciones de Piel de Toro y Muslo de Toro para nombrar las constelaciones vecinas a la de Virgo. La piel de toro atravesada por una flecha se ha convertido en Sagitario de una manera sencilla.

La simbología de este jeroglífico ha sido además ampliamente estudiada por el autor griego Queremón en el número XIX, cuando explica el significado del dibujo del arco: la rápidez. Sin embargo, si nos referimos al buen sentido común y a la imaginería de los antiguos egipcios, la flecha juega aquí un papel de lanzar o de iluminar (en latín telum o sagitta). Este último sentido se ha convertido en doble y tiene particular sentido en la frase: que significa:

"Oh, Tú, Râ, que iluminas el mundo por encima de Sagitario..."

El doble sentido para los letrados egipcios es particularmente evidente; la noción de iluminación es indiscutible, al igual que la de arrojar sus rayos, de lanzarlos con rapidez y precisión sobre la Tierra. No olvidemos que estos rayos viajan en el espacio a una velocidad de 300.000 Km/segundo. El poder de Ptah se demuestra así, y por las radiaciones benéficas que envía más allá de Sagitario, reflejados por Júpiter (Zeus para los griegos "Rey de los dioses", igual que Ptah).

Este rápido resumen nos lleva a la siguiente constelación, la del Muslo (de toro), convertida gracias a los griegos en Escorpión a pesar de no tener ninguna relación conocida con esos arácnidos de los países tropicales y la astrología original de los antiguos egipcios. Sin embargo, hay una relación muy curiosa, ya que no más que coincidencia, y conviene pues nombrarla para los lectores curiosos que lo desconocen.

En primer lugar, la Fija que dependía de esta Constelación para el cálculo de las C-M-D era Orión, de la que ya hemos hablado en el capítulo incluyendo una nota referente a Sirio, navegando en armonía. Hor se había convertido en Horus en griego, la pronunciación Orus dio más tarde Orión. Y la mitología helena nos contó una bella historia a propósito de Orión, ligada justamente al mito del Escorpión.

"Un buen día, el rey de los dioses que es Zeus-Júpiter, paseando en la Tierra y sintiéndose cansado, se detuvo en una choza para pedir hospitalidad. Su huésped un viejo campesino llamado Hyriéus que, a pesar de estar en la miseria, sacrificó su único buey para satisfacer el hambre de su visitante. Y sirviéndole, le cuenta las terribles desgracias que lo han llevado a esta miserable soledad: dedicado al celibato al morir sus esposa cuando daba a luz, haciéndole prometer que jamás se volvería a casar."

"Zeus conmovido por este viejo hombre que no quería perjurar, decidió ayudarle. Y para ello, hizo enterrar la piel del buey matado para él, después de haber introducido en la tierra los huesos del muslo que acababa de comerse. Después de ello, el rey de los dioses le aseguró que al cabo de nueve meses, podría desenterrar la piel y que encontraría un hijo. Así fue, y Hyriéus, muy feliz por este milagro, llamó a su hijo Orión..."

Este bello cuento mitológico griego tiene por supuesto reminiscencias de la vida de Horus, que al ser adulto tiene un ojo reventado por el marido de la bella Mérope. Y vemos forzosamente coincidencias entre la realidad prefaraónica y estas leyendas helénicas, pero Plutarco fue más siniestro ya que hizo tirar al mar los 17 trozos del cuerpo de Osiris matado por Set. Su esposa Isis desconsolada encontró en un principio 16, hasta que al final pudo recuperar el último para concebir Horus a partir de un cuerpo reconstituido. Es una gran payasada pornográfica, y sin embargo durante dos milenios ¡su *Tratado de Isis y Osiris* sirvió de referencia!

El hecho es que Orión determina las radiaciones benéficas y el muslo de toro encuentra aquí su justificación. A lo largo del proceso geométrico, una de las frases claves es esta:

Las configuraciones celestes maléficas dirigidas contra Horus por Set, no llegarán a las Dos-Tierras, gracias a la protección del Muslo.

Por lo que es innegable que las combinaciones, por complejas que fuesen, no tenían relación alguna con el maleficio atribuido a Escorpión.

La simbología es tal, en todas las representaciones zodiacales que fueron ejecutadas por diferentes templos de Ptah y de Râ, y tan opuestas en sus ideogramas a lo largo de cuatro milenios de la práctica corriente de la observación del cielo para poder preveer el futuro de la humanidad, que incluso el nombre de las Doce del Cinturón, en ciertas épocas, cambiaron parcialmente. Testigo de ello este cuadro a continuación, que sin duda alguna es un resurgir de un zodíaco en tiempo del los Reyes-Pastores, los hicsos semitas, que ocuparon el país durante casi tres siglos antes de su liberación en el tiempo de la XVIII dinastía:

Se lee normalmente de izquierda a derechas. En la primera columna está explicado claramente que se trata de las configuraciones divinas que emanan del Sol para influir la vida en la tierra en toda equidad. El dibujo que le sigue, presentando a Râ la llama del "Primer Corazón" (Ahâ-Men-Ptah, que los descendientes de Set veneraban). La leyenda de encima precisa que todos los que nacieron de ello dependen de los beneficios del Sol que permitió la divinidad de Osiris.

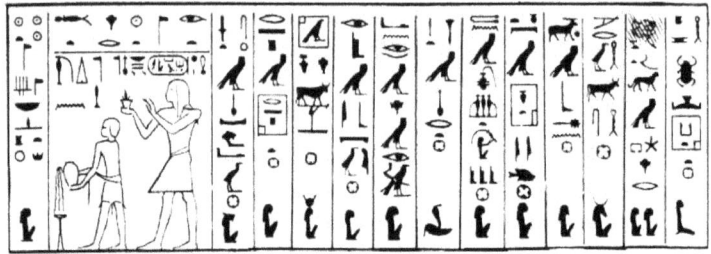

Vienen después las doce columnas, que incluyen cada una los nombres particulares de las doce del cinturón, es decir el nombre de los doce signos del zodíaco en el orden preciso determinado en el cielo.

- En primer lugar se encuentra evidentemente el León, con su cuarto delantero bajo el jeroglífico del antiguo cielo, es decir en suspenso antes del Gran Cataclismo. En la forma de abajo, en la sombra china, se reconoce además muy bien la característica forma del perfil de la cabeza de un león.
- La segunda columna se llama hoy Virgo. Para los de Ptah estaba simbolizada por la cruz ansada, signo de la vida eterna gracias a la Reina-Virgen Nut que dio a luz a Osiris, hijo de Dios, tal como se verá en el siguiente capítulo. Pero aquí para los de Râ, manifiestamente, es únicamente el Hijo-Menor que nació de la pareja.

Y este "acoplamiento" se ve significativamente recordado y venerado por la constelación que lo representa, ya que aquí este símbolo del acto carnal está encerrado en un rectángulo que, en jeroglífica significa "lugar de veneración o de culto", cuando incluye en un rincón un pequeño rectángulo que indica el lago sagrado de la purificación.

- La tercera columna es de Libra, aquí el lugar es reservado a la Equidad. Set recuperó el lugar que le era debido, reinando sobre las almas y en los corazones, incluyendo a los del Toro que sólo permanecía en el estandarte. El simbolismo de la sombra china es igualmente evidente, ya que profetiza el posible acontecimiento de este Tauro (el Sol) entre los cuernos dados a Nut, para un ciclo ulterior.

- La cuarta columna, está dedicada a Escorpión, anteriormente el Muslo de Tauro que permitió a Osiris resucitar, tomó el significado que probablemente dio nacimiento al actual mito de Escorpión. En efecto, está escrito que aquí esta constelación nefasta es en la que Osiris hizo cambiar al cielo intentando desviar los seres y las almas de su vía. Y aquí es la pobre pequeña Isis, en la sombra china, la que simboliza el martirio de todas las generaciones que son sus descendientes.
- La cinta columna, Sagitario o la Flecha que atravesó la Piel de Toro, glorifica por supuesto el brazo vengador que libró a la humanidad del que fue el expoliador.
- La sexta columna, Naja o Capricornio, ha conservado el mismo símbolo en sombreado. Su significado es prácticamente idéntico a lo largo de los milenios para uno y otro clan.
- La séptima, sin embargo, la de Acuario, el que vierte las aguas, es violentamente diferente. Aquí sentimos el antagonismo latente entre los hijos de la Luz y los de la Sombra, la lucha entre el Bien y el Mal y ello con cualquier medio. Es una imprecación blasfema para los que implorarán a las divinidades (III que es el plural de Dios) y que no obtendrán más que un cataclismo diluviano peor que el anterior.
- La octava columna, la de los Peces o del Antiguo Cielo que dio nacimiento al primer Ahâ o hijo de Dios, es aquí muy sutil en sus definiciones. Ella representa efectivamente el antiguo cielo, pero teniendo como complemento la media-esfera terrestre, un alma; la que permitió a los Dos-Hermanos volver a vivir en la nueva alma del mundo para dar nacimiento al que lo salvará. Ya que en todos los tiempos el Pez simbolizó al Salvador, como ya se ha dicho.
- La novena columna es la de Aries. Aquí reina de forma majestuosa, teniendo a sus pies la llama conservada desde Ahâ-Men-Path, que simboliza el segundo Corazón: Ath-Kâ-Ptah. Ya no existe ningún impío, Amón, el dios-carnero, es el único maestro de Egipto. El sombreado con una pequeña barbilla es evidentemente Set.
- La décima columna, Tauro, es una sátira hacia el "Amado de Ptah", a quién se le representa en sombreado y bajo sus cuernos un perfil de caballo desesperado.

- La undécima columna es Géminis, aquí el hermano y la hermana están sombreados. La gata es sin duda Isis mientras que el jeroglífico martilleado conscientemente debía ser el de Osiris. En venganza, la pequeña figura de Set se ve divinizada en una estrella.
- La duodécima, es Cáncer o el Escarabajo. Los primeros jeroglíficos se parecen a los que simbolizan Ptah, pero quieren decir lo siguiente: El Creador. En el rectángulo venerado están encerrados los dobles que reencarnarán las nuevas generaciones.

La Constelación que sigue, en la espiral del tiempo en retroceso, es la de Libra, que es quizás la única en no haber evolucionado a lo largo de los ciclos rítmicos. Su significado siempre ha sido el de la Justicia, el Equilibrio y la Armonía. En tiempos de Ahâ-Men-Ptah, su signo era: que se lee por él mismo por el lector que conoce el signo del cielo en jeroglífica. En aquel tiempo aún era el antiguo cielo (en negro, porque desapareció por uno nuevo) que apoyaba el Sol (en blanco ya que siempre es el mismo) en equilibrio precario. Era el símbolo de la armonía entre el cielo y la tierra, así como la unión entre las criaturas y el Creador, así, pues, de las parcelas divinas y de la divinidad.

Esta constelación de la equidad era y sigue siendo el símbolo del valor numérico de las figuraciones combinatorias celestes. Todo puede ser meticulosamente pesado y medido, debería ser imposible pasar a través y romper el frágil equilibrio de la Tierra. Ya que los movimientos que guían nuestro cielo son tan anteriores al nacimiento de la humanidad, que únicamente un súper Ser Extremo puede llamarse naturaleza, o azar para los ateos, vivió varios millares de años antes, pudo regular y combinar el conjunto universal de forma rigurosa y de matemática fiable desde su creación.

La aritmética siempre ha sido doble, al igual que el sentido de la jeroglífica. En nuestro cielo el Sol parece avanzar cuando precisamente retrocede precesionalmente; lo que es arriba está en realidad abajo y viceversa; cada minúscula parcela corpuscular es semejante al gigantismo universal que, sin embargo, en el conjunto cósmico, no es más que un microcosmos. Y mientras que en la vida corriente la aritmética utiliza los números sin preocuparse de su importancia, la matemática sagrada da prioridad a unas reglas imperativas. Un ejemplo sencillo ilustrará perfectamente esta complejidad que sólo es aparente.

Para los antiguos egipcios, el sistema de cálculo era en base a doce y no diez, ya que éste último número al igual que el 16 servían de base a las matemáticas combinatorias y a los cálculos sagrados. La justificación de esta separación en dos categorías paralelas, fue explicada de la siguiente forma:

> "Dios creó la Tierra según su proceso legal de Creador, a nuestro saber en sólidos regulares de 4, 6, 8, 12, y 20 caras, reservándose para sus necesidades unos compuestos de base, como los de 7, 9, 10 y 16 caras".

Los científicos ateos no se atreven a abordar este espinoso problema ya que les da vértigo y los comprendo. Deberían tener en cuenta y alinear "demasiadas coincidencias" para acreditar su tesis de la creación debida sencillamente a una madre naturaleza impersonal. Y ello no definiría el mero positivismo abstracto desprovisto de cualquier elemento constructivo, sino una simple aberración aritmética. Más vale aprender y buscar a comprender este axioma grabado en los muro de la sala A de la terraza del templo de Dendera:

> "Las Combinaciones-Matemáticas-divinas son las necesidades que animan la Ley de la Creación del Todo-Poderoso".

La mitología griega es particularmente silenciosa en estos relatos que se refieren a la Balanza. Únicamente Themis, hija de Urano y de Gaya que simbolizan el cielo y la tierra, está descrita como sentada al pie del trono de Zeus su tío, que le prodiga sus consejos y pautas iluminadas acerca de todos los problemas y litigios.

Cosa muy curiosa aún ahí, la antigüedad egipcia, pues más antigua de algunos milenios, nos habla de Geb, y de Nut, los últimos personajes que reinaron en Ahâ-Men-Ptah, divinizados mucho más tarde en Ath-Kâ-Ptah como habiendo sido el santo patrón de la Tierra y la santa patrona del Cielo. Sin embargo estos esposos tuvieron juntos tres hijos, el cuarto Osiris, que era el primogénito, fue engendrado por Ptah y no concebido por Geb.

Los otros tres eran: Set, y las gemelas Isis y Nephtys cuyo jeroglífico era Nek-Beth, estaba dotada del don de la segunda visión. Por este hecho, veía toda la maldad del mundo, única capaz de intentar reparar los fallos o de evitarlos para que la armonía terrestre no se viese rota. Nek-Beth fue la que intentó hacer reinar la justicia, y sabía que el momento propicio era el período de treinta días cuando el sol navegando bajo la constelación de la armonía, permitiría ser concedidos todos los deseos.

Por ello y para conmemorar este acontecimiento, los 20 jefes principales de Egipto se reunían con el faraón una vez al año para allanar todas las dificultades ocurridas entre ellos a lo largo de los once meses transcurridos. La asamblea de Justicia se mantenía siempre en el mismo lugar privilegiado sobre el que se habló hace pocas páginas: Abousir. En la barca sagrada de piedra se fijaba un bloque de granito negro proveniente de Siena, a unos mil kilómetros.

Su forma era cuadrada, de 21 codos de ancho, encima del centro de la cara oeste, es decir el lado poniente, el más cerca del país hundido, se depositaba una balanza de oro puro. La apertura de la sesión se realizaba en el instante exacto de la entrada del globo solar en el dominio de la constelación de la Armonía, para acabar sólo en el momento de su salida. Y a lo largo de estos treinta días, los 20 delegados se situaban sentados en los laterales norte y sur.

El tercer lateral únicamente lo presidía el faraón mirando de cara la balanza. Arreglaban de esta forma todos los problemas sin dejar jamás un litigio en suspenso para la próxima reunión. A lo largo de un milenio, en los inicios dinásticos, los mandamientos de la Ley fueron respetados de esta forma. Quizás la sombra de las pirámides de Abousir y el prestigioso templo dedicado a Ousir-Osiris influyeron lo suyo, pero lo esencial para los antiguos egipcios era ser conscientes de la realidad de los poderes reales de las C-M-D gracias al asesoramiento de los 42[12].

Actualmente los sabios justicieros no serán semejantes a Virgilio, nacido el 17 de octubre del año 71 antes de nuestra era, sino semejantes a Pablo VI, nacido el 26 de septiembre de 1.897; Martin Heidegger, el 26 de septiembre 1.889; Mohandas K. Gandhi, el 2 de octubre 1.869; Friedrich Nietzsche, nacido el 15 de octubre 1.844; y muchos más, sin olvidar otro tipo de justicieros más conquistadores como Guillermo el Conquistador, nacido el 14 de octubre de 1.027 y el mariscal Foch, nacido el 2 de octubre 1.851.

Manilio, autor latino a menudo nombrado en este libro por sus profundos pensamientos en algunos comentarios en el *Tratado sobre la Astrología* que dieron renombre a posteridad, decía sobre los nacidos en este signo de justicia, que recuerda lo anterior:

> "Son sobre todo los que conocen y enseñan el empleo de los Números aplicados a las cosas, distinguen las sumas por unos Nombres y reducen todo a medidas y a figuras determinadas. La Balanza ofrece el peso justo del espíritu para que el sujeto posea el talento de interpretar el Libro de la Ley, profundizar en todo lo que tiene relación con ello, y descifrar los escritos que hacen referencia".

Una cosa no es ajena a la otra, por lo que la interpretación de los antiguos egipcios nos queda así demostrada.

La parte moral de esta gente nacida es pues preponderante sobre cualquier otra consideración de orden mental y espiritual. La noción de un justo equilibrio prevalece en todas las cosas para todos los que tienen el Sol en Libra junto o cerca de Venus. Incluso el amor o la amistad estarán después de un ambiente armonioso del nacido. Es el tipo inicial que piensa, y ello, en función de la Ley que lo hizo nacer y que lo obliga de alguna forma a vivir esta vida humana en la tierra marca

---

[12] Esta importante nota se verá al final de este capítulo, p. 146.

una etapa del mundo atormentado en el que vivimos, y contribuirá sin duda alguna en asegurar la supervivencia.

NOTA A PROPÓSITO DE LOS "42"

Todos estos Números, desgranados en las hojas de cuero o de papiro, sorprenden hasta el punto de parecer mágicos, no tienen sin embargo nada de abstracto en su hermetismo aparente. Un niño de diez años en aquel tiempo era capaz de comprender, al igual que un joven adolescente de hoy sabe que la velocidad de la luz es de 300.000 kilómetros por segundo.

Dentro de un milenio esta noción se verá ampliamente superada, tanto por los problemas resueltos de la refracción de la luz como por el hiperespacio, la cuarta dimensión, la antimateria, y otras disciplinas científicas aún hoy incipientes. Y estas nociones bastantes sencillas que tenemos ahora del tiempo y del espacio, parecerán galimatías incomprensibles para nuestros descendientes en el año 4000.

Es por ello que si jamás se aportó explicación complementaria alguna en los textos matemáticos o astronómicos antiguos, era porque ello era evidente, al igual que hoy nadie necesita explicaciones para admitir con naturalidad la fantástica velocidad de la luz. Con la gran diferencia de que en aquel tiempo si todo parecía natural lo era por la estricta observancia de las leyes que unían el cielo a la tierra y, en consecuencia, a toda la vida humana.

Sin embargo, este número 42 era uno de los más poderosos, que cada uno desde la infancia aprendía a respetar y a temer. Se encuentra en todos los escritos del Más Allá de la Vida terrestre, a la hora del Juicio final que determinará o no el paso del alma hacia las regiones donde están los Bienaventurados Dormidos que se despertarán para la vida eterna. Hay 42 Asesores que han seguido a lo largo de su vida a los postulantes en la entrada de la eternidad, y que ayudan a las almas a decir la Verdad acerca de sus pecados o de su pureza.

La sutileza espiritual que se desprende, y que remonta por su teología a la noche de los tiempos, toca curiosamente nuestra era cósmica. En efecto, sabemos que la luz recorre el espacio a la velocidad de 300.000 km/s. y que los Corazones resplandecientes de las Doce están situados a unos cien años luz de nuestro sistema solar, debemos admitir que *el día de la muerte de la envoltura carnal humana, los influjos que alcanzarán su alma ya llevan de camino en el Espacio, ¡cien años!* Es decir que desde nuestro nacimiento, el espíritu será vigilado sin duda y controlado a lo largo de su evolución terrestre. Este problema será más detallado en el siguiente capítulo, por el momento pensemos, como los Antiguos, que el Pasado es indisoluble del Presente para forzar el Futuro de las almas.

Así estas se han delimitado estas 42 regiones celestes: 21 salen de un Pasado relativamente corto: del cinturón de las doce constelaciones para dirigirse, después de la estancia terrestre, hacia un futuro en expansión, eternamente, pero formando 21 zonas igualmente, en las que las almas se reciclan y vuelven hacia una nueva vida. Siempre es que este "Pasado-Presente-Futuro eterno" siempre está distribuido siguiendo 21 regiones elípticas formando distintamente 42 jueces: los del Pasado y del Presente que no hacen más que uno y que juzga todos los actos de la vida terrestre, son pues 21, y las del porvenir que son otras tantas, deben aceptar el veredicto de la balanza que juzga las almas que no deben pesar más que una pluma de avestruz. Vemos, para mayor claridad, representadas en un dibujo las dos veces 21 zonas elípticas, alternativamente en blanco o gris, saliendo del cinturón de las doce para llegar en el sistema solar:

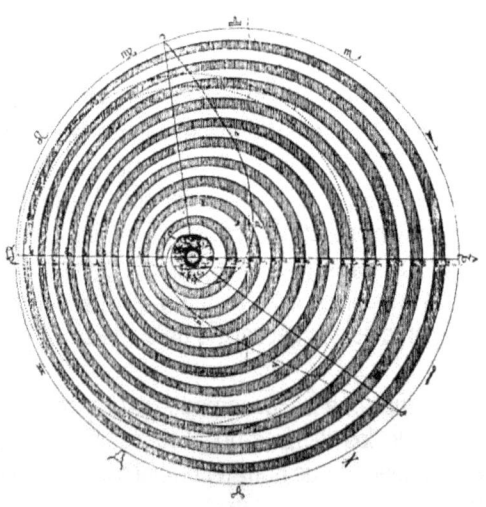

Una vez admitido esto, cada una de las doce cubría una zona particular de su responsabilidad. Así cuando el sol llegaba bajo el corazón de la armonía y del equilibrio, convertido más tarde en la balanza, la regla requería que los jefes tradicionales se reuniesen en Abousir para debatir las preguntas en suspenso y evitar batirse. El arbitraje del descendiente del hijo de Dios, el faraón, aseguraba la equidad de todas las decisiones tomadas en común.

En la barca sagrada, había un bloque de granito negro depositado de 21 codos de costado (unos doce metros aproximadamente) alrededor del que se sentaban los 20 jefes transformados en jueces y el faraón, solo y haciendo frente a la balanza de oro, cuyos platillos se movían al menor soplo de aire, muy ligero en aquella época, demostrando así la natural fragilidad de la humanidad.

Las 21 regiones del pasado estaban de esta forma íntimamente ligadas al futuro, hacia esos *Campos-Ialou*, que los griegos llamaron los *Campos-Elíseos*. Conociendo ahora mejor las 42 zonas, profundicemos con más detalle, tal como los antiguos egipcios lo concebían. Para poder hacerlo, cortaremos esta vez, un plano vertical en el seno del cual la más pequeña parcela será un alma en potencia ya que aún está en el pasado, pero bien viva ya que vive en la tierra, y conjuntamente mezclada a las combinaciones matemáticas divinas, formando en total más de catorce mil millones de posibilidades, es decir, más que el conjunto de la raza humana:

Estos 42 Genios de Dios, en perpetuo movimiento de vigilancia, algo mejor conocidos, conviene situarlos en su contexto en el cinturón de las doce, circular, visto de forma rotativa desde la tierra cuyo eje inclinado en más de 20° permite la sensación de moverse en un sólido esférico en 26.000 años.

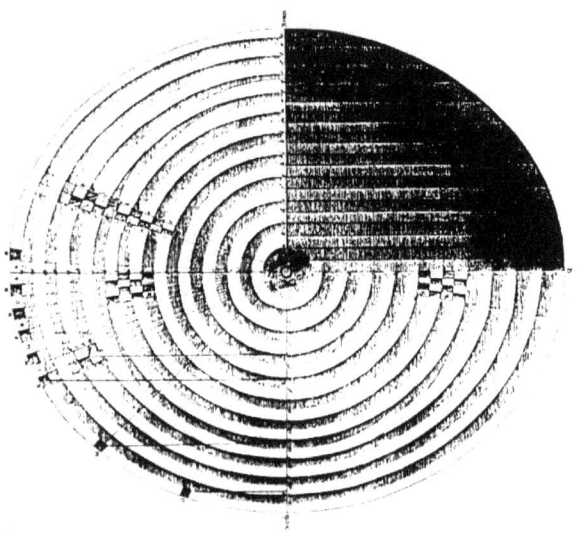

Quien dice círculo y esfera dice igualmente 360° de arco en el espacio, y así pues en EL TIEMPO, 360 días para asegurar una PERFECTA CONCORDANCIA. De ahí el año llamado vago por los egiptólogos que nunca quisieron comprender esta necesidad.

Además, los antiguos egipcios añadieron cinco días epagómenos en el calendario popular para que no hubiese demasiado desfase en el tiempo agrícola. Pero los letrados se basaban en un verdadero año de 365 días y ¼ para sus cálculos matemáticos, basándose no en el Sol, con su falso tiempo aún hoy, sino en Sirio con una exactitud casi absoluta hasta la milésima de segundo cuando la conjunción Sol-Sirio se produce una vez cada 1.461 años solares.

Este año de 360 días era pues el año construido idealmente para que las condiciones prácticas celestes pudiesen ser realizadas en la tierra. Su conocimiento absoluto de los movimientos combinatorios atribuía una Ley rígida a las combinaciones divinas, a pesar de cierta irregularidad que no era más que aparente, ya que el cielo era fijo y es la tierra la que gira en desunión con el resto del universo.

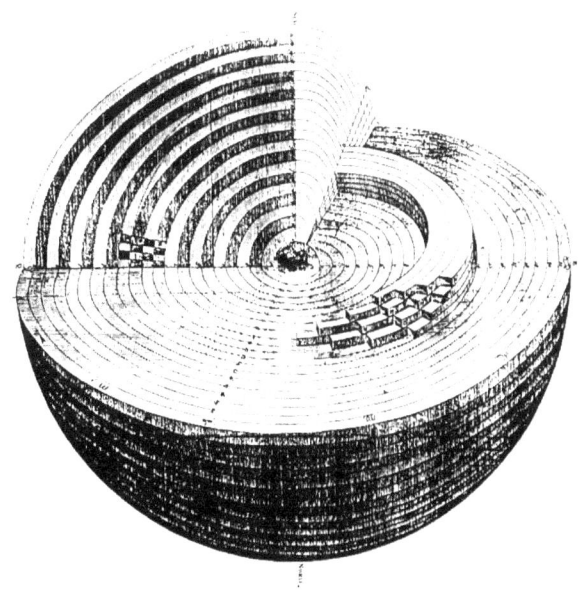

Los antiguos egipcios suprimieron pues en su cálculo, la oblicuidad de la eclíptica, situando de esta forma del SOL permanentemente en el plano del ecuador. Así, DESCRIBIRÁ los 360° de ese círculo en 360 DÍAS precisamente. Un observador, situado en este mismo ecuador, tendrá dos polos terrestres justo en el horizonte. En estas condiciones, le será fácil dibujar, luego construir un cuadro astronómico del tipo de los de Dendera y de ciertas tumbas de Tebas, de los que hablaremos más detenidamente en el capítulo dedicado a ello.

Pero lo que debemos añadir aquí para la buena comprensión del tercer y último cuadro de esta nota, es que esta construcción permite calcular todos los movimientos combinatorios según la órbita propia al Sol, que será de UN GRADO justo cada 24 horas, es decir 30° en 30 días. Por consiguiente, cada día podrá ser subdividido en 24 horas, 12 para el día y 12 para la noche.

Lo que hace que a lo largo de cada hora que transcurre en una de estas famosas clepsidras de agua, pasará en el Espacio, al meridiano, un arco de círculo que será igual a 15° más UNO/vigecimocuarto de grado. De forma que para unas observaciones realizadas a simple vista, podría realizarse sin error meritorio en el marcaje de las Errantes y de las Fijas cada quince días. El error a finales de años no será más que de dos grados de arco. Lo aclararemos con mucho más en detalle en el siguiente capítulo, comprenderemos las observaciones efectuadas, generación tras generación, a lo largo de milenios, permitieron establecer este sorprendente zodíaco que es el planisferio de Dendera. Al igual que se aclaran las miles de combinaciones conseguidas en los cálculos en directo, según este notable monumento que fue el *Círculo de Oro*, convertido en el *Gran Laberinto*.

En el tercer dibujo permite entrever, a pesar de la complejidad, la estrecha vigilancia ejercida por los 42 Genios en referencia a todas las influencias concentradas en un punto único del sistema solar: la Tierra.

CAPÍTULO X

LA ASTRONOMÍA SEGÚN LOS EGIPCIOS

C on este tema penetramos en uno de los apartados que ha hecho derramar más tinta aún que la jeroglífica. Champollion desencadenó un embrujamiento comprensible sobre todo lo referente a Egipto y desde entonces nadie lo ha desmentido. En nuestra segunda mitad de siglo se ha iniciado la conquista del espacio aunque está algo estancada actualmente, y sólo estamos dando los primeros pasos en la disciplina de la observación y el estudio del cielo visible sigue su lenta pero segura progresión, mientras continua el desarrollo del gran año precesional que ordena todas las cosas de la tierra y de nuestro sistema solar.

No hay pues nada sorprendente en darse cuenta de que la astronomía existía desde hacía milenios, desde la llegada de sus sucesores en Ath-Kâ-Ptah aunque sólo podemos suponer el modo en el que la practicaban los maestros en Ahâ-Men-Ptah. Exactamente desde la reinstitución de la jeroglífica y del calendario, con Atêtâ, el primer hijo del faraón dinástico, en el año 4.241 antes de nuestra era, cuando tuvo lugar el fenómeno de la conjunción Sirio-Sol, fenómeno celeste que se produce una vez cada 1461 años.

Desde este momento exacto cuando la vida se reinició de forma normal para estos supervivientes llegados a un remanso de paz, los textos abundan, tanto en grabados murales considerados archivos petrificados e indestructibles, como en los anales escritos en varios ejemplares para que al menos uno pueda ver el día en el momento deseado con el objetivo de recordar a la humanidad que es una mota de polvo en el ojo de la Creación divina. Ya que el único motivo que guiaba a los maestros en Ath-Kâ-Ptah era perpetuar en los corazones y en las almas el recuerdo de la cólera del Eterno todopoderoso que había destruido el Edén, el Paraíso terrestre de los antepasados convertidos en los *Bienaventurados Dormidos*.

Para evitar llenar el libro de columnas de números y de páginas de descripciones poco atractivas, este capítulo será excepcionalmente escrito como novela: la de uno de los maestros de la Medida y del Número dirigiéndose a sus alumnos, cuya función final cuando lleguen a adultos será ser los *Horóscopos*, es decir literalmente: los *Guardianes de las Horas*. No puedo aconsejar al lector cerrar los ojos para impregnarse mejor de esta particular atmósfera tan espiritual, específica de una época remota de hace seis milenios, porque le sería imposible leer las líneas siguientes. Sin embargo, haciendo un esfuerzo mental al filo de las palabras dispuestas para formar las frases que aparecerán más fáciles de desentrañar y convertirse en alumno de esta clase perdida en la noche de los tiempos...

Los novicios ya estaban todos sentados en el suelo, las piernas cruzadas en la clásica postura del loto. En equilibrio sobre sus rodillas, habían dispuesto una tableta sobre la que descansaba las hojas de papiro, un frasco de tinta y dos o tres estiletes de junco afilados y ligeramente cortado en la parte superior para poder escribir correctamente lo que deseaban conservar de las palabras del Maestro de la Medida y del Número: Ankh-Kâ-Hor, el Soplo Vivo de Horus.

La sala era de las más austeras bajo un techo muy alto constelado de estrellas de oro sobre un fondo azulado. Esta clase, impartida en la Doble Casa de Vida adyacente al Templo de la Dama del Cielo de Dendera, estaba situada tal como se debía bajo la protección de la buena Nut, cuyo cuerpo grácil vestido de transparencia se dibujaba en la pared occidental, las piernas bajando a lo largo del muro sur, la cabeza y los brazos alcanzando la tierra, las manos juntas en el norte. Las cuatro paredes estaban cubiertas de textos jeroglíficos referentes a los movimientos de las principales Fijas en el cielo del Alto-Egipto a lo largo de una revolución de Sirio, es decir de algo más de catorce siglos y medio. El único mobiliario era una enorme piedra rectangular cúbica que servía de mesa al profesor y sobre la que un asistente ya había depositado varias cartas aún enrolladas.

LA ASTRONOMÍA SEGÚN LOS EGIPCIOS

Ankh-Kâ-Hor penetró con pasos medidos a la hora prevista, bajo la atenta mirada de los jóvenes muchachos, que ritmaban sus pasos marcando la medida en sus tablillas con uno de sus estiletes. En cuanto llegó a la mesa, el maestro, después de una leve inclinación que hizo cesar de inmediato el sonido rítmico de bienvenida, empezó sin más el sujeto del día: la normalización terrestre de los cálculos celestes.

"Todos vosotros ya sabéis y conocéis el contenido de la bóveda celeste y el nombre atribuido a cada Fija en particular y a cada una de las Siete Errantes principales. También sabéis que el cielo que observáis con regularidad cada noche desde que habéis entrado en esta escuela, es el mismo azul que el techo de esta sala. Es el mismo sea cual sea el punto de la Tierra donde estéis situados, incluso si el ángulo bajo desde el que lo observáis os hace diferir sobre el emplazamiento de los astros.

Ello proviene del hecho de que la bóveda no está adaptada, el cielo no es un techo como en esta habitación. No es más que una apariencia engañosa de la que no sois ignorantes ya que vuestras anotaciones os han demostrado que la bóveda gira de forma imperceptible, pero segura, por encima de vuestras cabezas, arrastrando en su movimiento todas las estrellas que os parecen atadas a él. Las dos luminarias: El Sol de día, y la Luna de noche, parecen navegar en esta evolución, resbalando a lo largo de la superficie etérea interestelar. Y ya estamos en el An-del-Norte, o en An-del-Sur[13] la visión que tendremos será idéntica desde el punto de vista matemático.

Independientemente del lado que estemos o que giremos, siempre tendremos la vista limitada por una línea regular que constituirá para nuestros ojos humanos el horizonte terrestre. De esta líneas, trazaremos horizontalmente una recta, que iniciará la bóveda terrestre, la cual se representará como un semicírculo que parece apoyarse sobre los dos extremos del horizonte. Así, la figuración en jeroglífico está simbolizada de forma muy sencilla que vemos reproducida en decenas y decenas de

---

[13] Respectivamente Heliópolis y Tebas, distantes de unos 800 kilómetros.

oportunidades en esta habitación cuando se trata de las estrellas:

Con un gesto amplio, Ankh-Kâ-Hor señaló el techo, después las cuatro paredes, antes de proseguir:

"Por supuesto, no debemos confundir esta noción astronómica con el símbolo teológico del cielo, bien sea el antiguo cielo o el nuevo, ▬▬▬ ▐▐▐ ,y que tiene relación con la creación divina.

En el caso que nos interesa, la bóveda es un semicírculo apoyado sobre el horizonte que le sirve de base. Su cima es el cenit, cuyo punto más bajo sobre la línea es el horizonte, el centro exacto será vosotros mismos, los observadores y calculadores de los movimientos celestes. Ello os permite delimitar tres puntos fijos visibles, y un cuarto invisible pero de igual importancia.

Estos serán: al atardecer: El Primogénito de las Dos Tierras; en el cenit: El Hijo de la Verdad; y al amanecer: El Señor de la Palabra, y en el punto invisible, del otro lado de la bóveda celeste, como sosteniendo la Tierra: el Pilar de la Justicia, cuyos jeroglíficos son tres veces benditos por la tríada divina, están inscritos notablemente en los cuadros de los 64 genios celestes que se sitúan bajo el pecho de la divina Nut" [14].

Con un suspiro de alivio, Ankh-Kâ-Hor se detuvo un momento para dejar tiempo a sus alumnos de tomar apuntes. Sólo se oía el roce de los juncos sobre los papiros cuando el maestro siguió:

---

[14] Son los cuatro puntos cardinales, unas explicaciones más completas se verán en el siguiente capítulo.

"Por otra parte hay ocho puntos geométricos intercalados más que son tan importantes por su neutralidad, os permitirán hacer influir los movimientos combinatorios de las vidas espirituales de las que estéis a cargo hacia su destino benéfico si las tendencias generales son nefastas. Pero no se deberá jamás hacer lo contrario, asumiendo las peores calamidades para vosotros, la cólera del eterno será en tal caso inevitable."

Un silencio totalmente lleno de amenazadores sobre entendidos planeó de tal forma que algunos alumnos sintieron erizarse el vello. El maestro dijo:

"Esta geometría de la esfera, del globo y del semicírculo nos ha obligado a usar un reparto angular de 360°, ya que el Cinturón ecuatorial celeste comporta Doce Influjos repartidos en Casas de 30°. Sin embargo, ello se realizó a pesar de las diferentes longitudes en el Espacio de las doce constelaciones donde se encuentran los Doce Influjos. Ello con el fin de permitir un cálculo más preciso en la geometría angular de las Combinaciones-Matemáticas-divinas.

Al igual que hemos previsto, gracias a Atêtâ, bendito sea su santo nombre, un año astronómico de 360 días dividido en 12 meses de 30 revoluciones solares cada uno. Así la armonía que debe reinar en todas las cosas entre el cielo y la tierra se verá respetada ya que los 360° del espacio son iguales a los 360 días de nuestro tiempo. Hemos añadido para el pueblo cinco días suplementarios para que los trabajos agrícolas no se desfasen, la diferencia restante en una vida media de 72 años no supera los 18 días."

De nuevo los estiletes rascaron los papiros, con una sonrisa furtiva, Ankh-Kâ-Hor se detuvo un instante, suspiró muy a su pesar recordando el tiempo en el que tenía la misma edad que estos jóvenes novicios, cuando era tan atento como ellos, ¡qué lejos quedaba todo aquello! Para evitar enternecerse retomó con voz más fuerte:

"No olvidéis jamás que la Armonía reinará en todas vuestras horas previstas, mientras que los 360° de arco del espacio concuerden con vuestros 360 días de tiempo. Ptah, tres veces santo, deseó que viésemos el cielo en relación a nuestra media esfera con una línea recta en el horizonte. No tenemos pues por qué preocuparnos del su oblicuidad, ya que hemos aprendido que el Gran Cataclismo no sólo había perturbado el eje de la tierra, sino que había cambiado por completo su posición, haciendo aparecer el sol en el poniente ahí donde se elevaba anteriormente. Aparentemente nada había cambiado, y nuestros antiguos maestros rápidamente comprendieron que sólo debían invertir los datos del Círculo de Oro, los de las doce del cinturón sin tocar para nada los cálculos en si. Tuvieron toda la razón, ya que este año vago de 360 día recorriendo un recorrido de 360° hacer realizar al sol un grado cada 24 horas justas, de las que doce son de día y doce son de noche.

Lo que viene a decir que en un mes de treinta días, el Sol habrá realizado una navegación de treinta grados y dos veinticuatroavas partes en el espacio en lugar de treinta que tomamos para nuestros cálculos. En un año de 365 días, el retraso tomado no será más que de dos grados de arco, es decir un retroceso imperceptible en apariencia a la hora de vuestras anotaciones sobre los astros. No os preguntéis más cosas ociosas sobre ello, tomad uno de vuestros folios y trazad 24 columnas para que los resultados de vuestras observaciones nocturnas aparezcan separados por quincenas.

En cada una de ellas trazaréis 12 líneas que representarán cada una, una hora de la noche. Sea cual sea la estación, habrá indiferentemente doce separaciones nocturnas iguales. Únicamente la duración variará según las horas del amanecer y del atardecer del Sol. Hoy, día 19 del mes de Méchir, cada hora de la noche será descontada para la segunda quincena en 67 minutos de tiempo[15].

---

[15] Se trata del 15 de diciembre en calendario juliano. Y la siguiente fecha es la que corresponde al 20 de julio.

Se trata de una de las noches más largas. La más corta, o casi, será al inicio de la inundación, el 21 del mes de Atêtâ, nuestro santo protector a quien le corresponde el derecho divino del nombre del primer mes de nuestro calendario astronómico. La duración igual de cada una de estas horas de la noche será de 52 minutos. Unas tablas existen ya para las duraciones, así que no debéis cargar vuestro espíritu. Lo principal de vuestra tarea es el dibujo correcto del cuadro que acabo de describiros y que vamos a ver."

Con gran destreza Ankh-Kâ-Hor tomó en sus manos el rollo más grande que desplegó sobre la mesa, poniendo sobre cada uno de sus extremos una piedra llana, siguió diciendo[16]:

"24 columnas llevan el título del nombre del mes, al igual que la quincena que le corresponde. Así para el mes de Méchir a partir del primero, será: ᛁ ᛋ y para la segunda quincena del mes de Thot, Atêtâ, será: ᛁ ᛁ ᛋ
En cuanto a las doce líneas inscritas bajo cada título, llevan la inscripción de Hora primera, Hora segunda, etc. hasta las doceava hora que es la última."

Un gran espacio permanecía virgen de toda escritura en miras de estas doce líneas. Lo que el maestro hizo observar extendiendo un dedo y diciendo:

"No olvidéis, vosotros que sois alumnos atentos, preservar suficiente sitio a lo ancho para llevar por escrito el resultado de vuestras observaciones nocturnas en referencia a cada hora definida. Dicho esto, he aquí el método puesto a punto desde siglos y siglos para facilitaros esta fastidiosa relación, pero que debe ser meticuloso. Habéis observado esta efigie de un adolescente, grabada en la terraza más alta de este templo, ceca de la cámara de observaciones de las Fijas y de las

---

[16] Los gráficos referentes a este expuesto están anexos a final de este capítulo.

Errantes que prolonga la Sala de la carta del cielo del día del Gran Cataclismo.

Es la que os servirá de localización muy precisa para señalar correctamente y con precisión los astros visibles en el momento deseado. La clepsidra de las Medidas celestes, de igual amplitud que la silueta dibujada sobre el suelo, será por supuesto dispuesta en vuestro campo de visión, muy en frente de vuestros ojos en relación a la porción de cielo designada. Un simple rodillo como éste, de un diámetro algo más grande que un ojo, os permitirá cerrando el otro, observar muy exactamente la estrella deseada en el momento deseado en el lugar deseado.

Debo precisar que a lo largo de cada noche, vuestro reloj de agua, la clepsidra, será adaptado a la longitud de la quincena nocturna en la que las observaciones serán efectuadas. El agua necesaria para el paso del tiempo previsto para la duración de cada noche evolucionará con el alargamiento de vuestros estudios, sin que tengáis que preocuparos por ello.
El peso contenido en el interior de la clepsidra bajará con el nivel, arrastrando un hilo que desplazará una fina rama encima de la efigie, perpendicularmente, según una línea que os permitirá precisar con exactitud vuestros cálculos. Trazando desde ahora en los espacios blancos que siguen bajo vuestras observaciones en relación a las doce horas, ocho trazos verticales formarán siete columnas entonces emprenderéis la última parte teórica de esta lección."

Al acabar esta frase, el maestro había abierto otro rollo de papiro, relleno con las columnas de las que acababa de hablar. Sin añadir comentario alguno a esta presentación que no ofrecía dificultad alguna, cogió un libreto sobre el que estaba pintada la característica efigie de todos estos jóvenes novicios de cabeza rapada que tenía frente a él. Era la reproducción de la que estaba grabada en la terraza superior y que todos conocían bien por pasar junto a ella para poder contemplar el cielo en sus momentos de meditación, pensando en la fragilidad de los destinos humanos, o en el suyo mismo.

Una notable diferencia llamó sin embargo su atención. El retrato que les era presentado estaba dividido en siete partes verticales, y los alumnos fijaron más seriamente su venerado profesor. Lo que hizo sonreír fugazmente a Ankh-Kâ-Hor que sabía que su auditorio estaba en suspenso esperando las palabras que iba a pronunciar y no alargó el silencio:

"Estos siete trazos están evidentemente en relación directa con los que acabáis de dibujar en vuestros papiros. El primero se sitúa sobre el hombro izquierdo, el segundo sobre la oreja izquierda, el tercero sobre el ojo izquierdo, el cuarto en medio de la nariz, el quinto sobre el ojo derecho, el sexto sobre la oreja derecha y el séptimo trazo sobre el hombro derecho. Al no ofrecer esto ninguna dificultad pasemos a la explicación, al igual de fácil de memorizar.

Cuando centréis vuestro ojo en una de las Fijas, de las que debéis apuntar los movimientos, sólo tendréis que mirar por encima el desplazamiento del delgado nivel movido por la clepsidra por encima de la efigie para conocer el valor de su desplazamiento en el Tiempo y en el Espacio. Así, cuando en el inicio de la noche, estudiaréis el Corazón del León,[17] que os aparece en medio de la nariz, entonces ya podréis ver la diferencia de trayectoria el día 16, luego el primer día del mes siguiente, etc. Así al cabo de un año, tendréis el movimiento preciso de una Fija en el cielo, trasladando el recuento del retrato al interior de las 24 columnas para el astro considerado. A continuación os daré la división del retrato en siete partes, con sus denominaciones, tomado nota..."

---

[17] Se trata de la estrella de primera grandeza, Regulus del León.

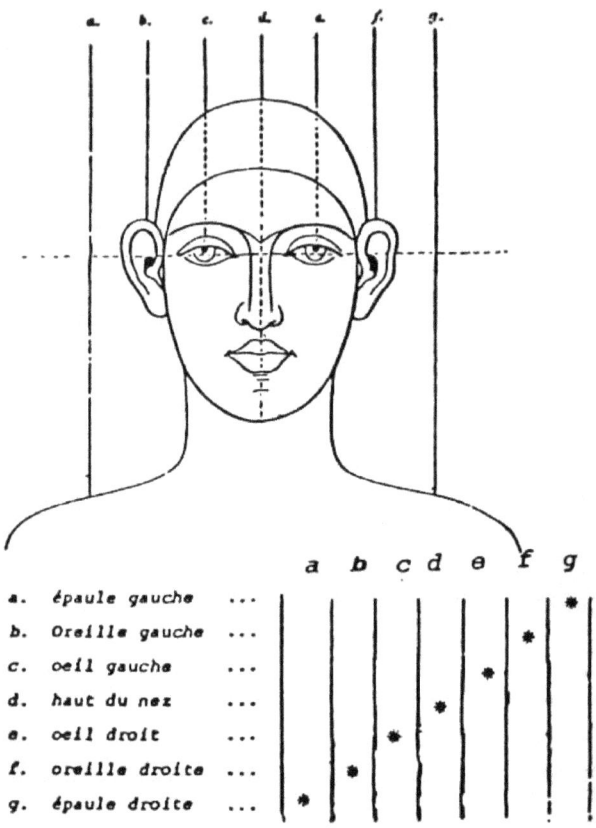

Los estiletes de junco volvieron a deslizarse por los papiros con soltura, comprendiendo cada uno la importancia de esta técnica sencilla pero muy exacta. El maestro consultó otras anotaciones antes de tomar de nuevo la palabra:

> "Nuestros venerados Ancestros de Ahâ-Men-Ptah, los que tenían el Conocimiento infuso, habían elegido para precisar el entorno de las Combinaciones-Matemáticas-divinas, unas fijas igualmente brillantes cuyo resplandor era tal que sus primeras apariciones en la noche eran apenas perceptibles, el sol había bajado lo suficiente por debajo del horizonte. Y estos sabios, mis maestros, admitieron un ángulo de quince grados como válido para satisfacer las condiciones de visión requerida.

Es por lo que siempre deberéis observar vosotros mismos los astros a 15° por encima del horizonte. De esta forma nunca seréis molestados por los rayos solares de poniente que cegarían la atmósfera. Veamos un ejemplo sobre la situación de ciertas Fijas el primer día del mes de Mechir, en el que estamos. Se trata de los movimientos que se relacionan con las doce horas de la primera quincena:

Primera hora de la noche: Sep'ti en la oreja derecha[18]*;*
Segunda hora: los Gemelos están en la oreja izquierda;
Tercera hora: las estrellas de Acuario están en el ojo izquierdo;
Cuarta hora: la cabeza del León sobre la oreja izquierda;
Quinta hora: el corazón del Escarabajo sobre la nariz;
Sexta hora: el portador de la Lira sobre la nariz;
Séptima hora: Horus sobre la nariz igualmente;
Octava hora: Tauro Celeste sobre la nariz;
Décima hora: Atêtâ sobre el hombro izquierdo;
Undécima hora: la cabeza de la Oca sobre el ojo izquierdo;
Doceava hora: el centro de la Piel sobre el hombro derecho.

Después de haber leído esta enumeración de movimientos de estrellas a lo largo de la quincena pasada, el maestro posó su hoja lentamente antes de seguir:

"Cuando tenía la misma edad que vosotros, me surgieron muchas complicaciones que ahora han desaparecido con los años. Existe una regla fácil de seguir ya que la tierra gira en un sentido y no el cielo, todas las estrellas siguen un movimiento idéntico en diferentes horas. Así pues, como linterna testigo, tomaréis la primera Fija aparecida este mes, es decir Sep'ti, todas las demás apariciones serán fáciles de situar en el espacio y en el tiempo.

La única cosa importante en recordar es que esta altitud de 15° por encima del horizonte no es el verdadero amanecer para la estrella observada, pero sí el que nos interesa para nuestros

---

[18] Como ya sabemos, se trata de Sirio.

cálculos combinatorios. Ya que sea cual fuere el astro en cuestión, su "verdadero amanecer" tiene lugar cuando el sol se encuentra con él en el horizonte oriental.

En cada revolución del cielo en relación a la tierra, cuando la Fija vuelve a este horizonte, el Sol por su propia navegación, se adelanta por encima de este plano, hacia el horizonte occidental que alcanza cuando describe media circunferencia, es decir, 180º. Ello requiere 180 días, y la concordancia se calcula de memoria. Es, pues, la mitad de nuestro año astronómico. En ese momento el sol se pondrá mientras que el astro se elevará verdaderamente.

Entonces, el sol en su navegación diaria se acercará cada vez más al horizonte oriental cada vez que la Fija vuelve a él. Después de haber descrito así encima de este plano la otra mitad de la eclíptica, se vuelve a situar otro medio año más tarde en compañía de la estrella. Toda esta larga explicación debe traducirse en vuestra mente por un sencillo jeroglífico que desencadenará instantáneamente todo el proceso de este mecanismo celeste. Este ideograma es contrario a la media esfera celeste que hemos visto anteriormente.

Es la segunda semiesfera, que representa al cielo bajo la tierra con un camino por recorrer a su alrededor para realizar los ciento ochenta grados en el espacio: ⬛ La Tierra es una gran bola en suspensión en el cielo, al igual que el sol o la luna. Sin embargo estamos sobre un suelo que nos permite vivir en paz siguiendo las reglas transmitidas por las combinaciones matemáticas divinas. Cuando Ptah creó este suelo que nos pertenece, estaba vacío de cualquier elemento vivo. Salía del caos y no había nada en él. Existía, pero vacío, se necesitó la creación del Creador para que apareciésemos nosotros, sus criaturas.

Cuando os hayáis convertido en estimados Horóscopos, respetados a causa de vuestro Conocimiento por los que aún temen a Dios, recordad siempre que permaneceréis siendo Eternos Servidores, y deberéis cuidar y vigilar vuestras reacciones hasta el último suspiro terrestre. Por hoy he terminado, que vuestros primeros apuntes de esta noche sean claros y precisos, y que Ptah os inspire y os proteja a lo largo de vuestra vida terrestre".

Los golpeteos de los juncos sobre las tabletas acompañaron los pasos del Maestro que se retiraba, satisfecho de la atención y del respeto que sus alumnos habían tenido hacia sus palabras.

NOTA ACERCA DE UN CALENDARIO ASTRONÓMICO DESCUBIERTO EN LA TUMBA DE RAMSES VI

Un cuadro de 24 casillas, semejante al que tratamos en este capítulo fue descubierto en tiempos de Champollion que realizó unos apuntes aproximativos e incompletos. Es un calendario astronómico como muchos más que serán puestos al día. El de Ramsés IX es idéntico, los nobles también mandaron pintar algunos en sus tumbas.

He aquí los apuntes de seis meses de observación de las doce horas nocturnas:

Fechas - Duración de la hora - Observación.de las Fijas – Amaneceres - Horas

Dates	Durée de l'heure	Observation des Fixes	Levers	Heures
Thoth 15-16 (14 juillet)	0 h 52'	Lever de Sothis	0 h 33'	1re heure de nuit
Paophi 1 (29 juillet)	0 h 53'	–	1 h 06'	2e heure
Paophi 15-16 (13 août)	0 h 54'	–	2 h 12'	3e heure
Athyr 1 (28 août)	0 h 55'	–	3 h 14'	4e heure
Athyr 15-16 (12 septembre)	0 h 57'	–	4 h 22'	5e heure
Choiak 1 (27 septembre)	0 h 59'	–	5 h 23'	6e heure
Choiak 15-16 (12 octobre)	0 h 59'	–	6 h 22'	7e heure
Toby 1 (27 octobre)	1 h 01'	–	7 h 25'	8e heure
Toby 15-16 (11 novembre)	1 h 05'	–	8 h 31'	9e heure
Méchir 1 (26 novembre)	1 h 06'	–	9 h 34'	10e heure
Méchir 15-16 (11 décembre)	1 h 07'	–	10 h 38'	11e heure
(La douzième heure de ce tableau a été détruite)				

(La doceava hora de este cuadro fue destruida)

CAPÍTULO XI

LA VIDA ETERNA
LA CONSTELACIÓN DE VIRGO

En el inicio era la *Vida Eterna*, en el inicio estaba la Virgen. Esto resume en pocas palabras la teología original del inicio de la tierra y de la Humanidad para los antiguos egipcios. Y la simple lógica quiere que la *Verdad* no esté lejos. Es por este motivo que cuando los maestros de la Medida y del Número se dieron cuenta que la vida eterna no podría ser en este mundo, sino más allá, cambiaron el simbolismo primordial que era la cruz ansada en Ahâ-Men-Ptah: ☥ por el que se caracterizó a la última reina, Nut, que era la virginidad antes del nacimiento de su hijo Osiris que debía a su vez dar vida a toda la nueva multitud de Ath-Kâ-Ptah, partiendo, pues, del postulado de la inmortalidad del alma y de su vida eterna.

Para volver a las fuentes, fuera de los textos sagrados egipcios, tenemos la religión judía. Todo el mundo sabe que Moisés trajo toda su sabiduría de las orillas del Nilo donde fue educado, no sólo como príncipe, sino como gran sacerdote. Los diez mandamientos existían mucho antes de subida al Sinaí, ya estaban grabados en los muros de las tumbas de los sabios de Egipto, en Saqqara, entre otros lugares. Es por ello que los sacerdotes levitas, que escribieron la historia de Moisés mil años después de su muerte, evitaron hablar de la resurrección y de todo lo que se refería a la supervivencia más allá de la vida terrestre, al igual que hablaron del becerro de oro de Moisés cuando se trataba del toro, representando a Osiris, este Hijo de Ptah resucitado.

Únicamente un pasaje, entre todas las transcripciones del Antiguo Testamento, ofrece una duda sobre una posible vida después de la muerte. La encontramos en Job, que en un principio pierde confianza:

*Si el hombre una vez muerto podía sobrevivir,
tendría la esperanza en el tiempo de mis sufrimientos,
hasta que mi estado llegase a cambiar.
Dios llamará entonces y le contestaré.
Pero hoy Él cuenta mis pasos,
tiene el ojo en mis pecados.
La montaña se derrumba y perece,
la piedra es molida por las aguas,
y la tierra llevada por su corriente:
¡Así Dios destruye la esperanza del hombre!*

Esto se lee en el capítulo XIV, versículo 14 a 19, y más adelante Dios contesta a Job (XLII, 1 a 16):

*El Eterno:
¿Quién es el que tiene la locura de oscurecer mis propósitos?
Job:
Sí, he hablado, sin comprender,
De maravillas que me superan y que no puedo concebir.
El Eterno:
¡Escúchame, y yo hablaré!
Job:
Te preguntaré y tú me instruirás,
Mi oreja había oído hablar de ti.
Pero ahora mi ojo te ha visto,
Por ello me condeno y me arrepiento,
sobre el polvo y sobre la ceniza.*

Deberemos esperar hasta el segundo siglo antes de nuestra era para que un cambio de opinión con un giro de 180°, interceda a favor de un regreso a las fuentes primordiales surgidas de las orillas del Nilo. La antigua doctrina judía tenía tendencia a desaparecer cada vez más desde el regreso del pueblo judío de Babilonia, y ello a favor de dos corrientes de pensamientos religiosos que tomaban fuerza, no de forma común, pero sí con la idea de volver a introducir el dogma de la vida futura eterna.

Uno consistió en un extraordinario desarrollo de la escuela judeo-copta de Alejandría que tenía a su disposición todos los archivos religiosos del antiguo Egipto en la famosa biblioteca que fue reducida a cenizas siglo y medio más tarde; la otra fue la escuela clásica judeo-palestina. Y si la primera afirmaba, al igual que la jeroglífica, la inmortalidad del alma, la segunda afirmaba más bien la resurrección de los cuerpos.

Ello sin embargo, es la versión bíblica de "*Septante*", "Septuaginta" que es una Biblia hebraica en griego que data del segundo siglo antes de Cristo, la que ejercerá su influencia sobre el judaísmo egipcio para dar nacimiento a toda la literatura que siguió, es decir, los libros apócrifos añadidos a la recopilación canónica, como el de la Sabiduría de Salomón, datado sólo un siglo antes de nuestra era, donde encontramos los grandes preceptos de los Sabios de los antiguos templos aún en pie a lo largo de más de mil kilómetros a orillas del Nilo. En ese libro se dice:

"Dios creó el hombre para la vida eterna. Las almas de los justos están en manos de Dios y ningún tormento les alcanza. A ojos de los insensatos parecen estar muertos. Su partida está valorada como desgracia, y su separación de nosotros, una calamidad; pero están en la felicidad, sus esperanzas han estado enteramente para la inmortalidad. Los justos viven eternamente, ellos tienen su recompensa en el Señor, y el Muy Alto los cuida."

Es esta misma creencia monoteísta la que era enseñada en todo Egipto. No hay más que leer todas las interpretaciones, incluso las menos acertadas, para darse cuenta del cuidado con el que los vivos preparaban su entrada en el dominio eterno del *Más Allá de la Vida*, grabando de antemano en la entrada de la tumba funeraria la lista de todos los buenos actos que habían realizado a lo largo de su vida terrestre, con el fin de que, a finales de la vida de su cuerpo o envoltura carnal, el peso de su alma, o parcela divina, fuese tan ligera como pudiese, para que ninguno de los platillos de la balanza al efectuar la pesada se inclinase bajo el menor peso de pecado que le prohibiría su partida hacia la vida eterna.

En Dendera en particular esta enseñanza se impartía en su totalidad original. Por este motivo, la jeroglífica del Gran Templo simbolizaba esta eternidad confundiéndola con el Conocimiento. En efecto, Dendera era: su Doble sentido venía de que los textos sagrados conservados en los archivos del Círculo de Oro habían sido escritos a mano personalmente por el mismo Athotis a la hora del restablecimiento de la jeroglífica. Fue él quien se convirtió en Thot por abreviatura, luego en el dios Mercurio de la mitología griega.

Es interesante observar la reminiscencia que existe entre la cruz ansada egipcia y la cruz cristiana. No hay duda alguna y los estudios de concordancia realizados tanto desde el punto de vista etimológico como de exégesis ofrecen semejantes conclusiones. Una sabia memoria, leída por el muy distinguido helenista de la *Academia de las Inscripciones y Bellas Letras*, M. Lettronne, en marzo de 1.830, prendió la pólvora.

A decir verdad, este eminente arqueólogo, muy católico, no esperaba una tal controversia, más aún porque había combatido rigurosamente la tesis de la antigüedad del Zodíaco de Dendera. Sin embargo, lo que escribió Lettronne fue de gran interés para demostrar la conexión que unía las dos tendencias monoteístas de un único y mismo Dios: lo antiguo, o lo egipcio transmitido a los hebreos, y la nueva, cristiana, llegada a través de los propios hebreos.

Entre los centenares de dibujos que se refieren a las cruces ansadas y cristianas puestas a disposición por los egiptólogos de su tiempo, Lettronne hizo interesantes descubrimientos. He aquí como lo relata él mismo con un estilo que demuestra que era un ferviente y estricto católico convencional en 1830:

"Con tal número de copias, se encontraron las de tres inscripciones paganas de gran interés para la historia, atestiguando que el culto a Isis aún era floreciente en la extremidad de Egipto, sesenta años después del edicto de

Teodosio, y varias inscripciones cristianas, de la que una era inédita, forman la unión de todas las demás ya publicadas en la Descripción de Egipto. La explicación de estos documentos diversos que pertenecen a la época de la introducción del cristianismo en Filae, cuando el templo de Isis fue convertido en iglesia, es el tema de la memoria nombrada anteriormente[19].

Estudiándolos, me he esforzado en sacar todo lo que, a mi parecer ha podido ofrecer de útil, para la historia, y por ello, he apuntado los más mínimos detalles, sabiendo por experiencia que los que aparentemente se toman como menos valiosos, llevan a menudo a unos resultados importantes y fecundos.

Varias de estas inscripciones cristianas me presentaron un trazo demasiado evidente para ser desconsiderado: fue la figura de una cruz ansada egipcia (que no se podía confundir con el monograma de Cristo), pero puesta en el lugar que el monograma y la cruz cristiana ocupan naturalmente en los monumentos coptos o griegos de este tipo.

Recuerdo haber leído en los apuntes manuscritos de Champollion, así como en los relatos de otros viajeros, la expresa mención de una cruz ansada representada de la misma manera, en la misma posición en los monumentos cristianos de Egipto, y representada de forma que no podíamos equivocarnos sobre la intención que los cristianos tuvieron en imitar y adueñarse de alguna forma de este símbolo del paganismo".

Como católico incondicional versado en las Santas Escrituras tal como eran enseñadas en 1.800, Lettronne descubrió lo que todos los letrados no cegados por el canon bíblico ya sabían desde hacía lustros. La sorpresa que nos describe demuestra su ingenuidad a este respeto:

---

[19] El templo de Filae, una de las maravillas del Sur, consagrado a Hator, nombre de Isis bajo la forma de la Buena Madre, acababa de ser objeto de un traslado a otro lugar cercano más elevado financiado por la UNESCO, a mismo modo que lo fue el templo de Abu Simbel.

"Esto es lo que provocó mi sorpresa: la vista de las cruces ansadas representadas encabezando inscripciones cristianas, ya que se trataba de un símbolo característico que jugó un papel preponderante en las representaciones religiosas egipcias, y que, situado en la mano de la mayoría de sus divinidades, parecía ser un atributo inseparable. Los cristianos no habrían pues temido adoptar tal símbolo para representar el signo de la llegada del Salvador. En ese momento viví un tipo de violación de los principios del cristianismo, ya que no cabía duda alguna, ni sobre el uso del signo religioso pagano, ni sobre la generalidad del empleo del mismo, ya que se encontraba en gran número de monumentos dispersos en todo el país donde dominó antaño la religión egipcia".

Para concluir este importante preámbulo sobre la cruz ansada, símbolo de la vida eterna según los antiguos egipcios, veamos un tercer trozo de esta memoria de Lettronne, que demuestra su completa sinceridad acerca de este problema incluso, si los *primogénitos* se convirtieron bajo su pluma en los *paganos*. Él habla mejor que lo hago yo en tal circunstancia que asegura la unión entre Toro-Aries y los Peces:

"Haré observar la forma insólita del signo de la cruz. Este signo se le parece a la cruz ansada de los egipcios que visiblemente ha tenido intención de imitar.

La imitación es aún más clara en muchos otros lugares de Egipto y de Nubia que sirvieron de tumbas a los primeros cristianos. Esta singularidad, que no existe en ningún otro lugar, se explica por el curioso pasaje de Sosómenos acerca de la destrucción del Serapeum. Él dice que los cristianos vieron ahí unas imágenes semejantes al signo de la cruz, designando las cruces ansatas.

Esta figura, que no existía en ningún otro lugar más que en Egipto, tuvo que dejar por supuesto atónitos a los primeros cristianos de este país y persuadirlos de que la cruz que cubría los muros de los templos era un tipo de signo fonético de la llegada del Salvador. Es por ello que modelaron sobre este tipo el signo de nuestro Redentor".

Este pasaje me incitó a leer el libro de VII de "*Histoire Ecclésiastique*" *de Sozomène*, aún más explícita que los pensamientos cristianos de aquel tiempo. Ya que al fin el cómo y porqué de tal símbolo viniendo de *paganos* [¡sic!], pudo ser tratado con tanto respeto y consideración, no tengamos miedo de escribirlo, para conmemorar eternamente la muerte y la resurrección de Jesús.

Los cristianos de los primeros días consideraron este jeroglífico, situado en cada una de las manos de los faraones, Hijos de Dios, como el de la redención y como la propia naturaleza de la vida y del nombre de Cristo, que la religión monoteísta egipcia había profetizado, igual que habían tenido la visión del advenimiento de Amón dos milenios antes de que el Sol entrase en la constelación de Aries. Sin embargo, los primeros cristianos ya usaban en secreto el símbolo de los *Peces* como reconocimiento para sus reuniones, ya que habían aprendido de los textos alejandrinos que el nacimiento del Mesías estaba interpretada con la llegada del astro del día en la constelación siguiente, que tanto concordaba con el simbolismo de la milagrosa pesca con el significado de Jesús como pescador de almas eternas.

Pero, según san Jerónimo, parece ser que fue Sofronio el que escribió el original del texto, retomado por Sosómenos, ya que Sofronio vivió esta destrucción de Serapis de Alejandría, ordenado por Teodosio en 389 de nuestra era. Sin embargo el texto a continuación fue escrito en 391, momento en el que fue ejecutada la orden del emperador:

"Mientras se destruía y se despojaba el templo de Serapis, se encontraron unos caracteres, de los que se denominan sagrados, grabados sobre las piedras. Estos caracteres tenían la figura de la cruz, que los primeros cristianos relacionaron con su propia religión. Los cristianos miraban la cruz como un signo de la pasión benefactora de Cristo, pensaron que este signo les era propio. Los griegos dijeron que era algo común a Cristo y a Serapis, pero a decir verdad este carácter que tiene la representación de la cruz es un símbolo diferente para unos y para otros.

Se estableció una controversia sobre este tema, algunos de los gentiles convertidos al cristianismo, y que comprendían los jeroglíficos, interpretaban este carácter teniendo forma de cruz, diciendo que significaba la vida por venir. Los cristianos se apoderaron rápidamente de esta circunstancia en favor de su propia religión, la concibieron con más osadía y aplomo; y como se demostró a través de otros jeroglíficos que el templo de Serapis llegaría a su fin cuando se viera aparecer este carácter en forma de cruz significando la vida eterna, un mayor número de Gentiles adoptaron el cristianismo y confesando sus pecados, recibieron el bautismo".

Si me he extendido sobre este hecho capital, es porque hoy hemos olvidado este hecho histórico, que tuviese lugar antes o en el momento de la destrucción del Serapéum de Alejandría poco importa: el resultado está ahí. La cruz cristiana, por asimilación natural de la cruz ansada, conservó su simbolismo de vida eterna, abriendo así la era del cristianismo en Egipto.

La astronomía según los egipcios, basada esencialmente sobre los dibujos formados por las Combinaciones-Matemáticas-divinas dadas por la rigurosa ley de la creación del Creador, no podía ser tan estrictamente mantenida a través de la observancia de los mandamientos que dependían de esta ley. Así, los maestros de la Medida y del Número pudieron predecir, o vaticinar (lo que dio el nombre de Vaticano) profetizando la venida de los de Amón, después la de un primogénito pescador de almas.

Otras imágenes se reconocen fácilmente en el simbolismo de la cruz. Por Moisés, por ejemplo, que era, no lo olvidemos, no sólo un príncipe egipcio, sino también pontífice de Ath-Kâ-Ptah, que también era el nombre el templo de la ciudad que los griegos llamaron Memfis. San Justino cuenta en su *Adversus Judaecos,* capítulo 2, que la serpiente de Airain, erigida en medio del desierto por orden de Moisés, fue situada en un poste para que tomase así la forma de la cruz. Nada en los textos hebraicos del Antiguo Testamento justifica esta afirmación, pero de alguna forma es profética también, ya que Moisés hubiera podido hacer esto para conmemorar el acuerdo de su alma con el Dios que descubría y que le concedía así la vida eterna, adoptándolo a su vez como *Primogénito* para convertirse en legislador y dirigente de los hombres.

Ya que no podemos olvidar que la serpiente es el símbolo de la Vía Láctea de donde nos llegan las radiaciones que se armonizan para dar nacimiento a la parcela divina representada a su vez por la cruz ansada, noble signo, preludio de la vida eterna para todos los que no han pecado.

Además, el gran Platón, que estuvo cinco años viviendo en la sombra de las salas hipóstilas de los templos a orillas del Nilo, se sirvió de esta parábola en el *Timeo* cuando habla de la formación de las almas en las nubes celestes:

"Dios cortó en dos la mezcla a lo largo, luego cruzó las dos partes aplicándolas la una sobre la otra en forma de una X."

Ello es claramente una reminiscencia de todas las representaciones de la cruz ansada sobre todos los muros de los templos egipcios y, de cualquier forma, una visión profética de la realidad de la vida eterna de las Parcelas divinas o almas. En verdad, y quizás un día hablaré de ello, los cristianos de Egipto adoptaron la cruz ansada desde antes de la destrucción del templo de Serapis. A pesar de que no fuese idéntica a la cruz que había visto el espíritu inmortal de Cristo alcanzar los cielos, los doctores de la ley no podían ignorar la semejanza entre los dos signos, tanto desde el punto de vista del dibujo como desde el punto de vista del simbolismo.

En cuanto a los letrados que pretendían que eso era falso ya que la cruz es un préstamo hecho al judaísmo, esto y otras muchas cosas son fácilmente refutadas de hecho.

La cruz ansada se pronuncia en jeroglífica "Tau", como ya dije en el primer libro de la *Trilogía de los Orígenes*. Sin embargo, los judíos en su alfabeto tienen una letra que se parece mucho a esta cruz, y que se fonetiza en hebreo "*tau*". Incontestablemente, fueron los judíos los que se apropiaron de este símbolo para usarlo a su modo, dejando aparte el carácter sagrado egipcio unido a esa pronunciación.

Croix ansées égyptiennes.   Croix chrétiennes en Égypte.

☥ ☥ ☥ ☥ ☥ ☥ | ☥ ☥ ☥ ☥ ☥ ✠

Monogrammes du Christ en Égypte.

✗ ☧ ☥

Aquí se representan, para satisfacer la curiosidad de los lectores, las copias manuscritas tal y como fueron dibujadas por Lettronne y otros eminentes arqueólogos, en el mismo lugar, a lo largo de los años 1.820-1.830, todo esto nos ha llevado lejos de la vida eterna según los antiguos egipcios, pero se incluyen para mejor regresar sobre el origen mismo del significado de "Tau" o "Cruz de Vida", que sin duda viene del uso que se hizo en sus inicios en Ahâ-Men-Ptah.

Hemos visto anteriormente, así como en el Gran Cataclismo, que la princesa Nut, la víspera de su boda con el joven rey Geb, cuando aún era virgen y empujada por un impulso no racional, se había introducido, a pesar de la prohibición formal, en el recinto sagrado para descansar. Recinto que únicamente el Pêr-Ahâ, Hijo de Dios podía usar para dialogar con Ptah, su Padre espiritual. Nut se tumbó bajo un sicomoro secular y se durmió. Fue inundada por esta Luz zodiacal brillante que le engendró un hijo Salvador, a pesar de su virginidad.

Para conmemorar este acontecimiento, milagroso bajo todos los puntos de vista, ya que había permitido el renacimiento de una nueva multitud en un Segundo-Corazón, los pontífices hicieron de este tipo de sicomoro, el árbol sagrado en Ath-Kâ-Ptah. Un decreto prohibía formalmente la siembra y poda de este árbol especial, de un tipo particular de arce. Únicamente los religiosos indicados podían meditar bajo la sombra, sin tocarlo jamás.

Un sacerdote muy puro, educado desde su nacimiento para esta labor que sería la suya, era el único habilitado para "quitarle la vida", y ello con fines santos y particulares. En efecto, este religioso que manejaba la cuchilla sólo la usaba con el objetivo de extraer el *corazón*, en toda su longitud, para moldear 16 "Tan-Auhi" o "Corazón-Sagrado" que por contracción fonética se pronunció "Tau". Este corazón transmitiría los influjos del Todopoderoso que concede la vida eterna a la parcela divina.

Estas visiones de un tiempo remoto nos llevan a retroceder precesionalmente hasta Leo que representa a la vez el brazo vengador de Horus, y la necesidad del nacimiento de Osiris. Es sobre todo Leo que sigue siendo el irrefutable símbolo de la Súper-Potencia-Divina y de su cólera que inspiró a lo largo de cuatro milenios el temor de la vuelta de un Gran Cataclismo para todos los sacerdotes egipcios, que llevaban la marca jeroglífica en su manga izquierda.

CAPÍTULO XII

EL CUCHILLO DE SET EL ASESINO.
LOS DOS LEONES

Aquí entramos al mismo tiempo en el último signo y la constelación de base que sirvió para el fundamento de la nueva tierra y de una segunda alianza, el episodio vital de la teología tentirita retomada además en todos los templos del antiguo Egipto.

El medio hermano menor de Osiris, Set, entró en rebelión abiertamente contra su padre el Ahâ, último rey de Ahâ-Men-Ptah, que lo destronó en favor del primogénito que no era de su sangre sino de Ptah, y envió un emisario para pedir un armisticio. Debemos recordar que los nombres de Osiris y de Set no son más que pronunciaciones griegas de los jeroglíficos Ousir y Ousit (convertido en Sit patrónimo de rebelde). Las denominaciones iban juntas de manera predeterminada. Esto es bueno recordarlo.

Sin embargo, Osiris a pesar del aviso de su hermana Nekh-Bet, dotada del don de la clarividencia, o bien precisamente debido a esta advertencia, aceptó ir solo a la cita, o emboscada. Los mercenarios atravesaron el cuerpo del primogénito con múltiples golpes de lanza, y Set lo remató con un golpe dado en pleno corazón. Luego cosió el cuerpo dentro de una piel de toro que servía de cortina y lo mandó tirar al mar para que el alma aprisionada permaneciera en la piel.

Fue ese mismo día cuando los acontecimientos se desencadenaron, llevando no sólo a la pérdida y al hundimiento del continente entero, sino también, y sobre todo, al acontecimiento físico de la oscilación del eje de la tierra, lo que conllevó que se tuviera una visión casi totalmente opuesta del cinturón de las doce constelaciones, así como de nuestro sistema solar.

En efecto, el Sol pareció ir en sentido inverso, ya que en lugar de amanecer en el *Oeste* tal y como era su costumbre, *apareció en el Este desde la primera mañana que siguió al Gran Cataclismo.* Lo que se produjo a lo largo de la navegación del astro del día frente a la constelación de Leo, hace exactamente 11.772 años.

Ese año, tal y como dicen los textos sagrados:

"Las fuentes del Gran Cataclismo surgieron del León, reventando las esclusas divinas del cielo para engullir los que habían dudado".

Esto se vuelve a encontrar en el Antiguo Testamento bíblico, como en otros muchos textos. Esta frase en concreto es del Génesis (VII-11):

"En aquel día, las fuentes del Gran Abismo brotaron, y las esclusas de los dioses se abrieron."

En ese día pues, la felonía de Set llevada al punto culminante, el furor de las tropas dirigidas por Horus, hijo de Osiris desapareció, y el choque de los dos ejércitos fue particularmente sangriento. Alrededor de los combatientes los volcanes se habían despertado, la tierra temblaba, las nubes incandescentes caían, las casas se derrumbaban. El pánico y el miedo no pudieron cambiar nada a la decisión divina de destruirlo todo. La ceguera y la impiedad de las criaturas humanas habían puesto tanto empeño en destruir lo que milenios de Creación había pacientemente edificado para su felicidad terrestre que nada subsistió de lo que había constituido un verdadero Edén abandonado.

Los tiempos habían acabado para todos, tanto para los buenos como para los malos. El Eterno golpeaba a todas sus Criaturas sin distinción; a los buenos porque habían dejado que los acontecimientos ocurriesen sin elevar la voz cuando ello aún era posible, y a los malos porque habían renegado del que les había permitido nacer y vivir. Ni los siniestros crujidos, los profundos gruñidos de las bocas llameantes de los cráteres, ningún grito, llamada u oración cambiaría nada en las configuraciones previstas por las Combinaciones-Matemáticas: Ahâ-Men-Ptah iba a desaparecer bajo el mar y el Sol que se levantaba sobre esta tierra bendita por Dios se pondría desde ahora en adelante como signo del poder supremo, ya que en este lugar no se vería más que un inmenso sudario líquido.

Ese día fue el 27 de julio de 9.792 antes de nuestra era. La tierra osciló sobre su eje e hizo parecer que el sol caía en el mar. Y cuando el día volvió a lucir, a través de las cenizas y de la apestosa niebla que traía los olores de la inmensa fosa común, el astro del día, rojo de sangre de los mortales ahogados, se elevó en el Este, en el mismo lugar donde antes se había hundido en las aguas.

La constelación del León era el dominio precesional del Sol en aquel momento, situado en 8° de su inicio, *navegando hacia adelante.*

Para mejor comprensión veamos este cuadro recapitulativo desde el mini diluvio en Capricornio, tal y como se dijo antes siguió ciclos diferentes hasta el de Leo, o de 8° de 72 años cada uno en retroceso precesional, que dan 576 años:

Soleil dans constellation	Durée en années	Durée avant le Christ	Durée totale avant 1975	Durée depuis Méditation	Durée depuis les «Héros»
SAGITTAIRE	1 576	21 312	23 287	14 400	–
Mini-déluge amenant le Soleil à 8° du Verseau					
VERSEAU	576	20 736	22 711	14 976	576
POISSONS	2 016	18 720	20 695	16 992	2 592
BÉLIER	2 304	16 416	18 391	19 296	4 896
TAUREAU	2 304	14 112	16 087	21 600	7 200
GÉMEAUX	1 872	12 240	14 215	23 472	9 072
CANCER	1 872	10 368	12 343	25 344	10 944
LION	576	9 792	11 767	25 920	11 520
... En ce jour-là le Grand Cataclysme amena le Soleil à se lever à l'est...					

Mini diluvio llevando el Sol a 8° en Acuario
...En ese día el Gran Cataclismo llevó al Sol a levantarse en el este...

Al alba de una nueva era, el Sol tomó una nueva navegación celeste, pero en sentido opuesto, marcha atrás, retrógrada, tal como lo reconocen voluntariamente los astrónomos del mundo entero, al tiempo que rechazan reconocer que si el Sol retrocede aparentemente, es porque el día forzosamente tuvo que avanzar.

Para la constelación de Leo los ejemplos iconográficos son tan abundantes que un libro de mil páginas de imágenes no bastaría para incluir toda esta ilustración, incluso sin añadirles textos. Existe además varios dibujos sin leyenda, como el que fue incluido en el libro llamado "*de los Muertos*" por los egiptólogos, ya que por si sólo lo dice todo, pero en jeroglífica hablando del más allá de la vida.

En este dibujo, el simbolismo del León es evidente, tenemos dos representaciones. La de abajo (números 59, 60 y 61), donde la humanidad que se ha hundido en Leo se dispone a renacer bajo el Escarabajo (Cáncer). También vemos los dos leones que llevan el antiguo cielo en equilibrio sobre sus espinazos, llevando él mismo a su vez la tierra en equilibrio inestable.

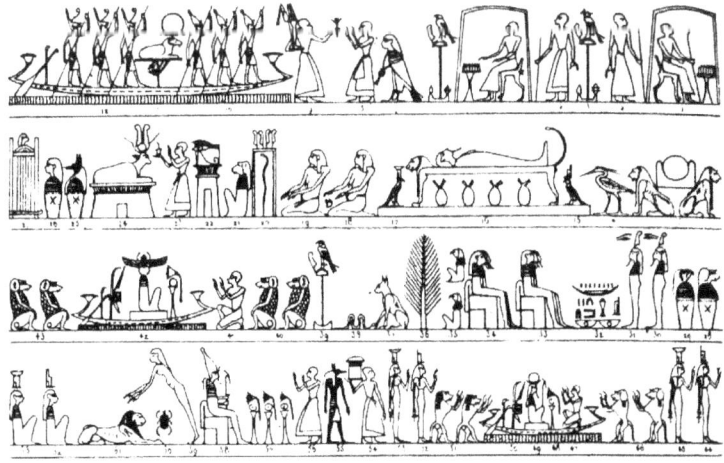

Esta representación muy simbólica se encuentra por doquier en los templos, sobre los muros de las tumbas, e incluso sobre los sarcófagos, el de Ramsés II es prueba obvia. Veamos este simbolismo profético con más detalle: los dos Leones espalda contra espalda se explican por si solos, el de derecha mira oriente donde el Sol se eleva, después de que el de la izquierda dejó su función. Los papiros citan estos hechos a lo largo de los textos, pero es evidente que no es la traducción que se le da normalmente la que facilita la comprensión.

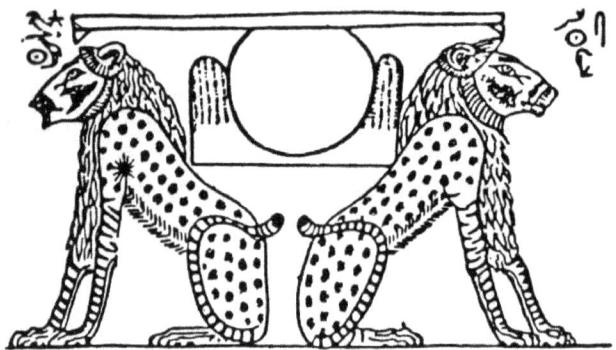

En el capítulo anterior, ya se escribieron tres versículos del *Libro del Más Allá de la Vida,* donde la representación del león tenía dos formas diferentes:

Es por lo que después de la Destrucción deseada por las C-M-D, para permitir la ascensión a la Morada, el Antiguo León retrocedió para avanzar mejor.

Esto que puede parecer totalmente hermético y desprovisto de sentido común para alguien que no sepa nada de astronomía, ni del giro del eje terrestre, precisamente cuando el Sol estaba pasando bajo la constelación del León.

Así el antiguo León pareció girarse como por orden divino, de forma que su cuarto trasero parece avanzar , mientras que su media delantera, que sólo puede seguir, tendrá un nuevo significado: En el inicio fue...

Además, el simbolismo anterior de esta constelación, el que le fue dado por los primeros supervivientes de la catástrofe, a saber, "el cuchillo", también fue conservado para algunos casos en particular donde el nombre del *asesino* debía permanecer para siempre en la memoria a pesar de las eventuales conciliaciones.

LA ASTRONOMÍA SEGÚN LOS EGIPCIOS

Como este ejemplo tomado del libro del *Más Allá de la Vida,* en la página 142, versículo 119ª y 120ª:

Así fue reunida la doble cohorte de los Menores combatientes, los de Oriente llegados al Segundo-Corazón, que pacificaron el mundo según la Palabra divina, repoblándolo

bajo un sol radiante que irradia sobre el nuevo horizonte, en el país de la Alianza donde están iluminados los Hijos del Doble Entendimiento. Que este segundo León proteja la navegación solar por encima de las cabezas hasta su regreso a la tierra de sus Ancestros.

He aquí a título de ejemplo la traducción [¡sic!] que en el siglo XIX dio Amelineau:

"Oh, aquel que en su huevo, que culmina en su disco, que brilla fuera de su montaña solar, que nada sobre el firmamento, del que no existe segundo entre los dioses que navegan sobre los soportes de Shou; que da sus influjos por las llamas de su boca; que alumbra las dos tierras por su esplendor..."

Por supuesto que no tiene nada en común con la teología tentírita que se desprende del texto original y que representa al "Evangelio según los egipcios". Ahí, otra vez, abundan los dibujos simbolizados y figurativos, tomando el León forma humana sujetando un cuchillo.

Era el momento del asesino y éste no sólo no había muerto, sino que rehacía escuela, y los Rebeldes del Sol se multiplicaron más rápidamente que los Seguidores de Horus a lo largo del interminable éxodo que debía llevar a unos y otros hacia esa segunda tierra prometida que sería Ath-Kâ-Ptah, con su río a la vez celeste y terrestre: Hapy.

Los milenios pasaron llevando al sol a la entrada del Toro y el advenimiento de Menes. Los descendientes de Set esperaron pacientemente hasta el tiempo de Aries para volver a tomar el poder y asegurarlo para su descendencia a lo largo de veinte siglos.

Esto permite comprender mejor el significado de las representaciones de Tebas, donde es Isis la que sujeta el mismo cuchillo, y cuyas palabras ya no advierten a la población, sino que la invita a venerar el tiempo feliz del renacimiento de los menores del sol que vencieron los de Ptah para crear las nuevas generaciones que serán más felices:

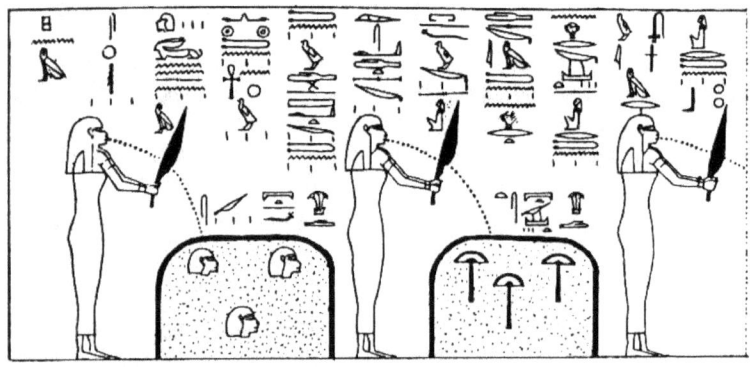

Algunos papiros, como el que proviene de la XXI dinastía emana de un alto funcionario que suplicaba a Ptah por escrito:

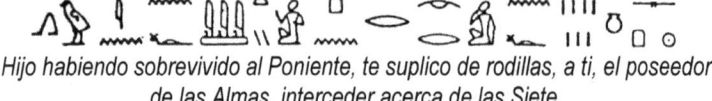
Hijo habiendo sobrevivido al Poniente, te suplico de rodillas, a ti, el poseedor de las Almas, interceder acerca de las Siete,

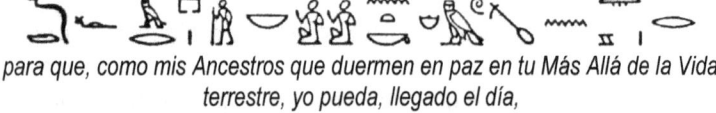
para que, como mis Ancestros que duermen en paz en tu Más Allá de la Vida terrestre, yo pueda, llegado el día,

alcanzar detrás del Antiguo León a los que no pudieron ser salvados por la Mandjit según tu voluntad, ya que no he pecado y deseo

sobrevivir con los Bienaventurados.

La misma idea aparece aún de forma más evidente en un papiro del Museo de Berlín, conservado bajo el número VII, haciendo referencia a la misma teología, pero incluyendo las formulaciones astronómicas. Como esta frase característica:

Dios suspendió el tiempo en el cielo, en el Antiguo León, con el fin de que la marcha del Sol hacia adelante se detuviese, y que el nuevo cielo sea el signo de la Divinidad.

Esto nos lleva a examinar el problema esencial del poder supremo del Eterno sobre los rodamientos de los movimientos combinatorios de las configuraciones celestes, o de la primicia natural de los elementos físicos en la astronomía.

El movimiento de rotación diurno de nuestra tierra, en el que ningún científico aún no había soñado hasta Alembert, ni incluso Newton, hizo escribir al astrónomo Lalande, en su *Abrégé d'Astronomie* en la página 1.064:

"La solución de esta pregunta es una de las partes la más difícil del cálculo de las atracciones terrestres y celestes. Newton lo había descuidado y Alembert fue el primero en resolver este problema. Euler, Simpson, y otros más se han ejercitado sobre esta materia, y he añadido gran claridad en mi astronomía".

Pero justamente, no hay nada que pruebe que Alembert haya resuelto el problema en su totalidad, ya que sólo contestó una pregunta, quedando las demás en el aire. Si la aritmética hubiera sido la única causa, es incontestable que la solución ya se habría encontrado. Pero la matemática no es el único elemento concreto ya que existen unos datos muchos más abstractos, como el que toma de base de cálculo el año precesional de 25.920 revoluciones solares, cuando es patente que los cataclismos geológicos intervienen *a menudo*, cada 12.000 a 13.000 años aproximadamente, y únicamente *algunas veces* cada 26.000 años. Los estudios realizados sobre el terreno por los especialistas de estos países lo demuestran en Groenlandia, en Canadá, en Marruecos.

Los antiguos egipcios, se habían dado cuenta, a través de largas y minuciosas observaciones de su cielo, que la muy lenta revolución de las estrellas no era más que una ilusión óptica. Era la tierra, ella sola, que determinaba los movimientos aparentes del entorno. La predeterminación de las Combinaciones-Matemáticas-divinas, debidas a varias amplitudes diferentes de las Fijas y de las Errantes, no era más que una visión humana errónea.

Pero no es menos verdad que estas Fijas muy alejadas estaban animadas ellas también por sus propias rotaciones en sus sistemas particulares del universo, a pesar de su inmovilidad en relación a nuestra tierra y a las Siete que determinan la atracción de los planetas sobre nuestro suelo terrestre.

Sin embargo, que nuestro globo sea retrasado en su movimiento anual en matemática cifrado en 3' 56" cada 24 horas, o que el plano de su ecuador sea continuamente desviado y obligado a retroceder sobre la eclíptica, no por ello realiza en un año una revolución idéntica en el espacio a las que lo precedieron, y a las que seguirán. Por ello, es imposible admitir que la quimera visual producida por las estrellas fijas a nuestros ojos pueda ser diferente en sus efectos con la realidad de la inmovilidad de nuestro sol en el seno de nuestro sistema. La verdadera pregunta es la que Alembert no se había hecho, era intentar comprender cómo y por qué la revolución ilusoria de las Fijas y la aparente de nuestras Errantes, dependían ambas de una misma ley isócrona, es decir idéntica.

En otros términos, ¿cómo podía ser que una sola y misma causa, la rotación de la tierra, constante en sus efectos, produzca unos resultados diferentes sobre unos cuerpos celestes inmóviles? ¿Por qué estas Fijas, en consecuencia, terminan en relación a nosotros su revolución completa mientras que el sol aún está a cincuenta segundos de arco sobre un mismo plano circular, *pero en retroceso*?...

La pregunta vital por resolver reside, pues, en esta patente falta de concordancia, y no en el resultado dado por los números que no son más que una constatación de la evidencia visual sin explicar. Y fue buscando la respuesta a esta angustiosa pregunta, que los antiguos Sabios de Ahâ-Men-Ptah pudieron predecir lo que ocurriría a su patria si los humanos no respetaban la ley divina de la creación.

Cuando hay más de doce "coincidencias" en un problema, el azar ya no puede ser responsable. Entonces, ¿qué decir cuando las combinaciones se encadenan las unas a otras por centenares, por miles, sin que aparentemente ninguna mano, humana o no, tenga responsabilidad alguna? Por ello, los antiguos egipcios escribían con firmeza, y sin dudar un momento, la frase que hemos visto dos páginas antes:

> "Dios suspendió el tiempo en el Antiguo León para que la marcha del Sol, antes hacia adelante, se detenga, y que el nuevo cielo sea el signo o el mensaje de la Divinidad".

Esta otra figuración característica del nuevo cielo conducida por el León seguido de las once otras constelaciones. La primera sujeta el inevitable cuchillo, para mostrar la causa del cambio que desencadenó la cólera de Dios. Únicamente Set, bajo su forma de chacal tiene un globo solar más pequeño que los demás para el advenimiento del Carnero, Aries, lo que demuestra que el grabado tiene un origen osiriano, y no solar. Manifiestamente, fue ejecutado por los escribas del culto a Ptah.

Acabamos de cerrar el círculo y podemos volver a la actual definición de la carta del cielo de Dendera, donde el León, sobre una barca figurada por la serpiente de la Vía láctea, lleva a las otras once en su nuevo movimiento combinatorio. Un niño encaramado a su cola en equilibrio estable, muestra que la armonía está lista para reinar entre el cielo y la tierra, es decir entre el Creador y sus criaturas si éstas se conforman a la única Ley que rige el universo. Es por este motivo que fueron instituidos los diez mandamientos sin los cuales sólo se puede retrasar en más o menos plazo la destrucción de la humanidad.

Además, es para intentar evitar esta catástrofe por lo que todos los Pêr-Ahâ, o Hijos de Dios, fueron elegidos nacidos en León. Los profetas elegían las fechas de sus bodas en función de los nueve meses de espera para el primer nacimiento. Y si por el motivo que fuese, fortuito, la reina quedaba preñada después del tiempo previsto, una cesárea se practicaba para que el recién nacido lo hiciese bajo los mejores auspicios, es decir en Leo.

Esto puede sorprender a los que no conocen a estos antiguos egipcios.

Efectivamente, del primer *Tratado de Anatomía* que fue escrito por el mismo Athotis, más de cuatrocientos papiros fueron conservados, la mitad en el museo de Berlín, y la otra mitad en el British Museum. Recordemos que este Rey era el hijo de Menes y que reinó hace seis milenios. Esta noción es aún más esencial ya que el jeroglífico que representa la espiral tiene por una parte un valor matemático y por otro un significado teológico preciso ya que significa: Creación. En el Zodíaco de Dendera, el inicio de la espiral es el León y el final de Cáncer, tal como lo muestra perfectamente el dibujo a continuación.

Es tiempo antes de introducirnos más en el modo en el que los maestros de la Medida y del Número concebían la carta del cielo del recién nacido, ver algunos detalles de los aspectos combinatorios para los que tienen como polo de atracción la constelación del León, ex-Cuchillo.

En primer lugar, ¿por qué Manilio llama la atención de sus antiguos lectores sobre el aspecto nefasto del León, cuando los egipcios controlaban todo para que su rey naciese bajo esta influencia?

Parece que este primer astrólogo fue rechazado contra la verdadera empresa ejercida por los Sabios del Nilo contra aquellos que estaban interesados en el C-M-D. Por este motivo, a pesar de ello, Manilio no dudó en escribir, lo cual está en contra de toda realidad:

..."Si el León enseña su hocico, y su mandíbula voraz se eleva por encima del horizonte, el niño igualmente criminal hacia sus autores y sus descendientes, no les hará partícipes de las riquezas que haya conseguido. Las engullirá para él mismo y su apetito aún será extremo. Su hambre será tan devoradora que se comerá todos sus bienes, hasta endeudarse en sus funerales y en su sepultura. También forma parte de los cazadores de animales salvajes que decoran sus moradas con los trofeos conseguidos"...

Nos falta por examinar aún diferentes aspectos técnicos de la carta del cielo, que no tienen nada en común con lo que es la astrología tradicional de nuestro fin de siglo XX, donde mezclamos las influencias de los planetas, que no tienen ninguna relación con la Matemática combinatoria, con relaciones Decanos-Casas-Signos, que no tienen nada de común con los aspectos de las Combinaciones-Matemáticas-divinas.

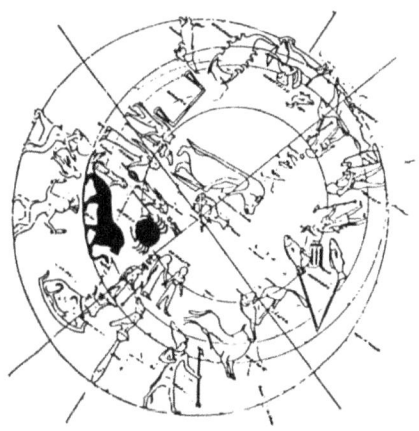

CAPÍTULO XIII

LAS DOCE CASAS ASTRALES

En el primer capítulo de este libro enseñé un dibujo de una carta del cielo de la Edad Media. Era cuadrada, y contenía el modelo triangular de Casas de igual amplitud. Pocas páginas más adelante, presenté un modelo tomado del Zodíaco de los antiguos egipcios, circular, y con doce Casas iguales de 30° cada una, siendo la igualdad obligatoria en el tiempo. Esta imposición matemática está rodeada del cinturón de las doce constelaciones de la eclíptica celeste, a su vez, son de longitudes desiguales en el espacio; los cálculos se realizarán a partir de una división de signos que no tienen el mismo número de grados, pero teniendo todas la misma división de longitud para los 25.920 años que es la duración de un Gran Año precesional.

Si no había insistido sobre este hecho importante entre la diferencia de espacio y tiempo de la astrología según los antiguos egipcios, es porque lo reservaba para extenderme sobre ello después de la explicación del significado de las doce constelaciones.

La primera constatación antigua, que se convirtió en axioma después de una larga y continúa al igual que paciente observación minuciosa, fue la distorsión existente entre el *Tiempo terrestre* y el *Espacio celeste*. Era conveniente adaptar el uno al otro para que las C-M-D influyesen en sus plenas capacidades sobre las almas humanas referidas. La precesión de los equinoccios, por una parte, parecía falsear el dato de 25.920 años con el retraso de un día cada cuatro revoluciones solares por Sirio (los egipcios realizaban sus cálculos no con el sol, sino con Sirio); y por otra parte, los nacimientos sobre la tierra debían ser precisos en tiempo exacto, y en el lugar preciso, sin que el desfase convertido en considerable entrase en la línea de cuenta de la previsión y en la futura realidad.

Era necesaria pues una trama fija muy sencilla, a pesar de una aparente complejidad de empleo, para que las C-M-D impregnasen la carta del cielo del nacimiento, al igual que las configuraciones celestes imprimían de forma indeleble el córtex cervical de todos los recién nacidos. Doce era el número astronómico ideal, habría doce emplazamientos fijos donde no estaría inscrito el Espacio de longitud de las constelaciones del Cinturón de las Doce, sino el Tiempo anual terráqueo a lo largo del que cada elemento, acoplándose el uno en el otro, formará la predestinación a venir matemáticamente.

Es a partir de este axioma, erigido en Ley, que fueron inventados los 12 meses vagos de 30 días a los que se les añadieron cinco días epagómenos fuera de este tiempo anual de 360 días. Así los 360º grados-Espacio en la carta del cielo cubren exactamente los 360 días-Tiempo de un calendario, por supuesto ficticio, pero viable humanamente hablando.

Antes de dar todas las explicaciones relativas a estas Casa, veamos la justificación de este año vago en relación con el verdadero año, el lazo uniendo el Espacio y el Tiempo es evidentemente esta Luz zodiacal de la que hemos hablado ampliamente:

Las 12 Casas serán a continuación claramente definidas, tanto por su radiación de influencia propia como por el momento y el ángulo bajo el que alcanzan a las criaturas humanas:

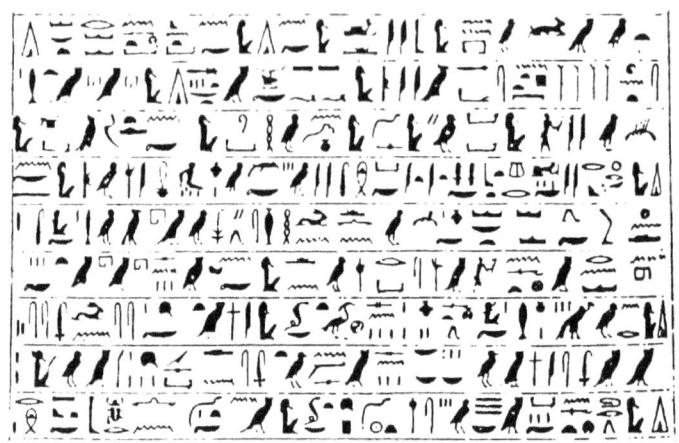

Los maestros de la Medida y del Número, que elaboraron este sistema sencillo de cálculo basándose en un engranaje extremadamente complicado, se dieron rápidamente cuenta que parecía muy justo ya que el tiempo de vida humana que no es más, y no lo olvidemos, que una décima de segundo en relación a la eternidad. Es decir, de 72 años de vida terrestre de media. ¿Cual puede ser la relación de error de tiempo en relación con el del espacio? Apenas una milésima.

Debemos igualmente tener en mente esta longitud de tiempo dinástico con los miles de documentos que permitió su conservación.

Un ejemplo de esta transmisión es dada por el padre jesuita Athanase Kircher, que vivió en el siglo XVI. Escribió un número impresionante de obras eruditas, desde la fabricación del arca de Noé, a los obeliscos egipcios, sin olvidar las obras de teología o de matemáticas. En su *OEdipe Egipcio*, el padre Kircher dibujó algunos zodíacos tomados de los antiguos manuscritos conservados en el Vaticano y que fueron llevados a Roma por los obispos que habían velado en el año 391 la destrucción del templo de Separis en Alejandría. Sin embargo, si la Gran Biblioteca ardió bajo Julio César, la del Serapéum había escapado a las llamas.

LA ASTRONOMÍA SEGÚN LOS EGIPCIOS

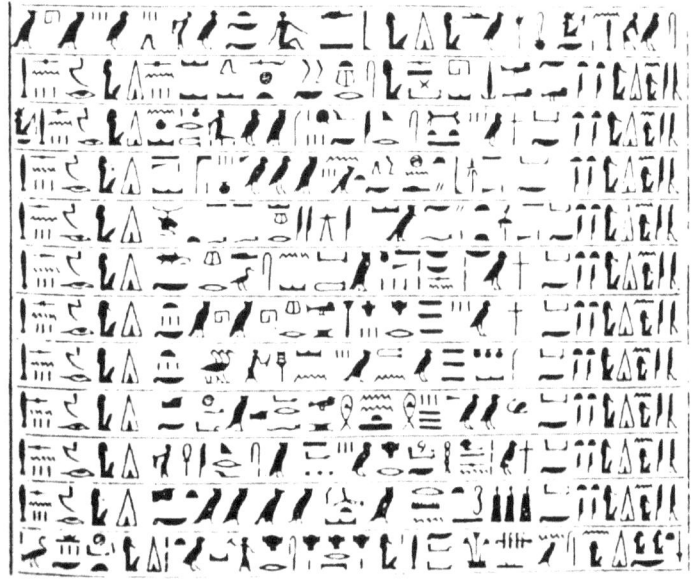

Todos los archivos sagrados permanecieron, pues, conservados hasta su destrucción bajo Teodosio, tres siglos más tarde. Los preciados rollos fueron entonces llevados al Vaticano[20].

Sin embargo, conocemos estos escritos y la constitución de las parcelas divinas, las almas, con el fin de que las envolturas carnales, los cuerpos, fusionen sobre la tierra por un tiempo definido en nuestro espacio por un siglo aproximadamente. Las doce Casas permiten predeterminar un presente que evoluciona en un futuro. La ley de la creación lo demuestra implacablemente a través de datos matemáticos incontestables, incluso si cierra un ojo para intentar cambiar la realidad:

1. La velocidad de la luz es de 300.000 km por segundo.
2. Las doce constelaciones zodiacales de la eclíptica ecuatorial celeste están situadas a unos 100 años luz de la Tierra, (de 80 a 130 años).

---

[20] Nota importante a final de este capítulo sobre este propósito.

3. La radiación zodiacal tardará pues de 80 a 130 años en llegar a la Tierra.

Esto bajo forma de Ley se expresa:

CUANDO CADA RECIÉN NACIDO SE IMPREGNA POR LA TRAMA SALIDA DE LAS DOCE, SU VIDA ENTERA ESTÁ PREDETERMINADA POR LOS INFLUJOS COMBINADOS QUE PROVIENEN DE ELLAS Y QUE YA ESTÁN PROPULSADOS EN EL ESPACIO PARA ALCANZAR EL TIEMPO TERRESTRE.

Dicho de otro modo:

A pesar de que ello esté muy claro, cuando un ser humano nace sobre la tierra, los rayos que salen de las Doce, que dejan su base astral en el mismo momento, no alcanzarán nuestro globo terráqueo más que de 80 a 130 años más tarde. Es decir en el momento en el que nace una parcela divina en una envoltura carnal humana, esta recibirá las mismas series predeterminadas de las radiaciones que se escalonan a lo largo de 80 años.

Si el sol, por un motivo u por otro se viese sacudido por una gigantesca explosión y desapareciese súbitamente, la tierra seguiría siendo alumbrada como si nada ocurriese a lo largo de unos SIETE MINUTOS, tiempo que tardan normalmente los rayos solares en alcanzar nuestros ojos. Es únicamente después de este lapso de tiempo que la tierra explotaría a su vez bajo el choque y sería la obscuridad completa que nada habrá anunciado de antemano.

Las doce constelaciones, estando a miles de millones de kilómetros alejados en el espacio, el tiempo transcurrido será de cerca de un siglo antes de que la radiación nos alcance. Esto significa que toda la duración de una vida humana ya está almacenada en el espacio en el momento de un nacimiento.

Veamos ahora con más detalle las doce Casas:

– La primera será evidentemente la más importante ya que delimitará por el grado de su inicio, el emplazamiento de las once restantes. El cálculo de la determinación de este lugar es fácil, pero para facilitar aún más el emplazamiento, he aportado en el anexo de este capítulo unas tablas generales para el conjunto de los nacidos. Para los antiguos egipcios, este cálculo les era facilitado por el hecho que los lugares estaban bien calculados sobre el emplazamiento de Memfis-Heliopolis, o sobre el de Dendera-Tebas.

El significado de esta Casa parte evidentemente del Sello divino que le es dado. Es la que ordenará los reflejos del alma en la vida general del nativo. Son pues las diversas combinaciones matemáticas precisadas en esta Casa las que diferenciarán una persona física de otra, tanto en sus sentimientos como en la forma de manifestarlos o de reaccionar a los acontecimientos sucesivos diarios. Todas las facultades intelectuales serán exaltadas, o debilitadas, hablando en jerga astronómica contemporánea, por la posición y la situación de los planetas inscritos en esta Casa y según la constelación que la cubre en parte o en su totalidad.

– La Casa 2 es la que influirá, por las combinaciones que indican, las riquezas y los bienes personales del nacido. Hoy, debemos añadir los bienes profesionales, los beneficios de las transacciones financieras y bursátiles, etc. Sobre el aspecto particular de este lugar astral, se considera que el Sol situado predispondrá a manipular oro y a conservarlo, la Luna está presente, es el dinero que será manipulado y acumulado. Los nacidos serán no sólo financieros, sino que las profesiones en las que el dinero en moneda y en billetes sea necesario, serán ampliamente ventajosas.

– La tercera Casa, por motivos matemáticos donde el número 3 tiene gran importancia, tiene a cargo el entorno familiar que es propio del nacido, es decir sus hermanos y sus hermanas, si los tiene. Generalizando, y siguiendo el emplazamiento en esta Casa de Mercurio o de Venus, estarán incluidos todos los que tocan de cerca la vida de la persona cuyo tema es estudiado: es decir parientes más alejados como sobrinos y sobrinas, (y no los tíos y tías), los primos y primas, o bien amistades muy queridas, como las relaciones íntimas no familiares, vecinales, etc.

– La cuarta Casa, en cuanto a ella se sitúa en uno de los polos representados por la carta del cielo, su importancia es segura. Ella delimita bien las relaciones de los nacidos con su padre y su madre, así como todos los problemas familiares y jurídicos del patrimonio o de la herencia que se derivarán un día. La presencia de Júpiter en esta Casa, sea cual fuere la constelación dominadora, permitirá superar todas las dificultades inherentes a estos espinosos temas con terceros. Ella permitirá por otra parte un muy buen entendimiento en familia, incluso si un hermano o hermana intente apropiarse en exclusividad el afecto del padre o de la madre.

– La quinta Casa llega lógicamente para definir las relaciones del nacido con sus hijos y su posibilidad de procrear. Esta Casa era de vital importancia en los tiempos antiguos ya que los maestros de la Medida y del Número no sólo tenían que determinar el momento del nacimiento de los faraones, sino sus posibilidades de engendrar sucesores. En efecto, para los antiguos egipcios, no estaba en el tema femenino donde se debía buscar el grado de esterilidad, sino en el del esposo, digno o no de dar su semilla carnal y hacerla apta para que reciba la parcela divina.

– La sexta Casa es de alguna forma la del entorno subalterno de los nacidos, pero muy importante en lo que representa en la vida cotidiana más o menos azarosa y debilitadora. Ella influirá mucho sobre la moral diaria, que podrá ser muy cambiante según los momentos. Aquí se sitúan las relaciones con los obreros o los empleados del mismo lugar de trabajo; con los tíos y las tías, los de la familia política, en fin con los que el Destino abre sus vías inesperadas en varios cruces del camino, según los aspectos planetarios que se sitúan, y que revestirán siempre un tipo de subjetividad en la vida del nacido.

– La séptima Casa es el tercer lugar esencial del tema ya que se refiere a la boda y a la pareja. Es de la posición estelar del nativo y la de su pareja, en la que los maestros veían si había algún acuerdo real o sencillamente un acuerdo legal, no teniendo nada que ver ni uno ni otro con la progenitura. Aquí no se trata de desarrollar el conjunto de las informaciones escritas sobre ello, ya que mil páginas no bastarían. Pero curiosamente existe un *Tratado sobre Casamiento* del mismo título e importancia que el *Tratado de Anatomía,* y si no está en el museo, existe sobre los muros del templo de Isis, considerado erróneamente al lugar dedicado a los festines orgíacos y blasfematorios [¡sic!].

– La octava Casa es tradicionalmente la de la muerte. Las observaciones de los ancianos han demostrado que en cada partida al Más Allá de la Vida, por analogía cuando ello no era constatado por una intervención directa, las Combinaciones-Matemáticas absolutamente contrarias a toda continuación de la vida terrestre se encuentran reunidas en esta Casa 8. Todas las informaciones están aquí escritas de antemano, pero en los movimientos combinatorios aún en gestación en el éter interestelar, aunque bien definidos para el porvenir, ya se trate de un final natural por longevidad, enfermedad, por crimen, suicidio o accidente.

– La novena Casa es lógicamente dedicada a las voluntades de Ptah y, pues, al Dios-Uno sea cual sea el nombre bajo el que se venere. Es aquí el lugar de Paz y buena voluntad, pero también el que es más a menudo perturbado cuando se trata de hacer los temas políticos. Cuando se trata únicamente de la carta del cielo de un nativo, será su fe, sus convicciones filosóficas y religiosas las que se pondrán en evidencia. Será apto para estudios teológicos si Júpiter presencia este dominio privilegiado. Cuanto más benéficas sean las tendencias combinatorias, tanto más el nativo será espiritualmente influido y llamado por Dios. Sin embargo, los peores aspectos serán generadores de maleficios que impedirán cualquier avance hacia el Bien.

– La décima Casa es la cuarta en importancia. Está calificada de centro del cielo por nuestros astrólogos modernos, lo que le confiere una renovación de energía a partir de la cuarentena. En realidad, es el medio social propio del nativo el que está en causa. Es el que se adquiere a fuerza de voluntad y de valentía, o que no poseerá si se deja llevar por su entorno dejando correr los acontecimientos. Lo que quiere decir que el nativo llegará a la edad madura debiendo satisfacerse con lo que haya conseguido, sólo deberá reprochárselo a él mismo en lugar de quejarse por insatisfecho. El interés de las Combinaciones-Matemáticas regulando todos los movimientos planetarios en esta Casa es que pueden ser empujadas hasta el fondo cuando son benéficas, y en revancha se mantienen totalmente neutras cuando son expuestas a ser nefastas.

– La undécima Casa es la de las esperanzas extra familiares y extra profesionales. Es la de la Amistad con un gran A, cuando posee buenos aspectos con la Casa 9 (veremos uno en los capítulos siguientes) todas las afirmaciones del nacido cambiarán en certezas victoriosas. Los consejeros y los protectores serán una ayuda eficaz en todas las ocasiones, incluso si algunas veces la sinceridad de uno y del otro se ponga en duda. Los apoyos de los que se beneficiarán los nativos les aportarán inmensos consuelos en momentos oportunos, sobre todo cuando provienen de aspectos maléficos con la Casa 8 (cuadrados).

– La doceava Casa por fin es la que se reserva el Mal, este término no es de los maestros, pero es el que le fue atribuido por el rumor público antiguamente. De hecho, aquí reside lo desconocido, lo incomprensible, las cosas escondidas. De ahí la tradición contemporánea dedujo sin intentar descubrir el misterio: la cárcel, los enemigos secretos, las pruebas tan dolorosas como inesperadas, etc. Esta Casa se ha transformado en maléfica cuando nada justifica tal denominación. El número 12 es el que justifica las Doce del Cinturón, las doce Casas, y tantos otros proyectos más con forma duodecimal, es el lugar del esoterismo encarnado. Pocos nativos están pues concernidos por algunos aspectos de esta última Casa.

Esta rápida vuelta de horizonte no satisfará a los lectores que desean estudiar en detalle su cielo de nacimiento, pero se trata de un vistazo para los que sólo desean conocer las bases de la astrología según los egipcios. Miles y miles de páginas serían necesarias para tomar el texto integro, y ello ya no está en mis posibilidades. Quizás algunos eruditos apasionados por este problema original, al igual que primordial, tomarán posteriormente este trabajo ya esbozado.

He aquí sin embargo un método sencillo y de uso que aprendí de los antiguos egipcios para que cada uno pudiese establecer sin temor a equivocarse su carta del cielo con las doce Casa antiguas.

La regla a calcular y la tabla de logaritmo no eran comunes hace más de seis milenios, y además el resultado conseguido no tiene ninguna relación con el uso que debemos hacer en nuestro Espacio-Tiempo. Podréis encontrar en la siguientes páginas un largo cuadro que tiene seis columnas, pero de las que únicamente tres os interesan y además una sola línea: en la que esté inscrita vuestra hora y minuto de nacimiento.

Los dos grupos de tres columnas tienen en la parte superior una latitud. El de izquierda tiene los 43, 44, 45 y 46° grados, ya que todo el sur de Francia está incluido: Perpignan está a 43°, Avignon o Albi a 44° y 50°, es decir, todo lo que está al norte en Francia: Lille, Roubaix, Tourcoing y Dunkerque son las puntas, y París el centro a 48° 50'

La orientación de partida de la primera Casa en un tema natal se consigue partiendo de una latitud, y otra, se encuentra por medio la hora sideral que se debe calcular. Para hacerlo disponemos de la hora local que debe ser reajustada siguiendo Greenwich y según la hora sea de verano o no, es fácil visualizar luego en la primera columna del grupo uno o dos, dependiendo de la latitud, para conseguir instantáneamente el ascendente en la constelación deseada, es decir el inicio de la primera Casa. El cuadro completo está en las siguientes páginas, el cálculo de la hora en relación a Greenwich está en todas las efemérides, sabiendo que su "duración" en Francia es *Caen y que a derechas se debe retroceder el reloj y a izquierdas adelantarlo.*

Ejemplo para demostrar el empleo de este cuadro: Paul Valery, nacido en Sète (Hérault) a las 18h.50' local. Sète está aproximadamente al este de Greenwich, hay que quitar a este número 21 minutos de tiempo, más 10 segundos de corrección matemática por hora de tiempo terrestre por encima del medio día, (es decir 70 segundo para conseguir la hora sideral) = 18h 30' y 10".

Deberemos consultar la tabla a las 18h.30', columna de los 43°/ 46°, para leer 31° 46' en Aries. Lo que establece las doce Casas siguientes:

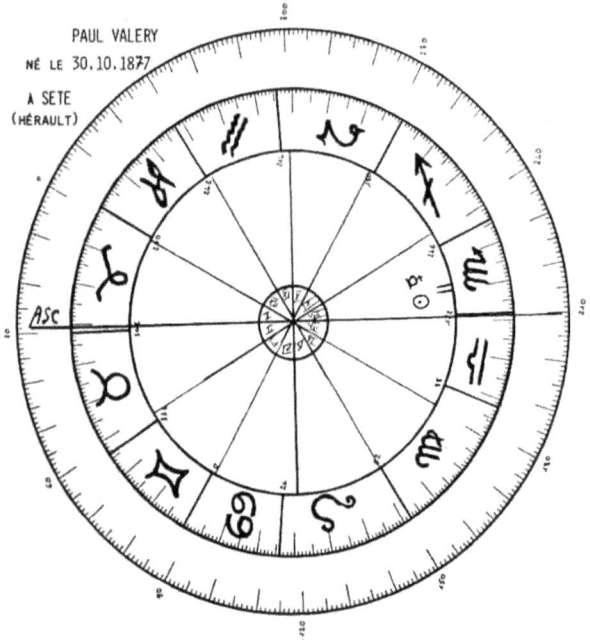

ANEXO

TABLE DES MAISONS POUR LES 43° – 44° – 45° ET 46°			TABLE DES MAISONS POUR LES 47° – 48° – 49° ET 50°		
ASCENSION DROITE		ASCENDANT	ASCENSION DROITE		ASCENDANT
TEMPS SIDERAL (h/mn)	DEGRE SIDERAL (degré/mn)	CANCER (degré/mn)	TEMPS SIDERAL (h/mn)	DEGRE SIDERAL (degré/mn)	CANCER (degré/mn)
0.0	0.0	21.20	0.0	0.0	24.30
0.3	0.55	22.15	0.3	0.55	25.25
0.7	1.50	23.10			
0.11	2.45	24.05			LION
0.14	3.40	25.00			
0.18	4.35	25.55	0.7	1.50	0.20
			0.11	2.45	1.15
		LION	0.14	3.40	2.10
			0.18	4.35	3.05
0.22	5.30	0.50	0.22	5.30	4.00
0.25	6.25	1.45	0.25	6.25	4.55
0.29	7.20	2.40	0.29	7.20	5.50
0.33	8.16	3.36	0.33	8.16	6.46
0.36	9.11	4.31	0.36	9.11	7.41
0.40	10.6	5.26	0.40	10.6	8.36
0.44	11.2	6.22	0.44	11.2	9.32
0.47	11.57	7.17	0.47	11.57	10.27
0.52	12.53	8.13	0.52	12.53	11.23
0.55	13.48	9.08	0.55	13.48	12.18
0.58	14.44	10.04	0.58	14.44	13.14
1.02	15.40	11.00	1.02	15.40	14.10
1.06	16.35	11.55	1.06	16.35	15.05
1.10	17.31	12.51	1.10	17.31	16.01
1.13	18.27	13.47	1.13	18.27	16.53
1.17	19.24	14.44	1.17	19.24	17.50
1.21	20.20	15.40	1.21	20.20	18.46
1.25	21.16	16.36	1.25	21.16	19.40
1.28	22.13	17.33	1.28	22.13	20.37
1.32	23.09	18.29	1.32	23.09	21.33
1.36	24.06	19.26	1.36	24.06	22.30
1.40	25.03	20.23	1.40	25.03	23.27
1.44	26.00	21.20	1.44	26.00	24.24
1.47	26.57	22.17	1.47	26.57	25.21
1.51	27.54	23.14	1.51	27.54	26.18
1.55	28.51	24.11	1.55	28.51	27.15
1.59	29.49	25.09	1.59	29.49	28.13
2.03	30.47	26.07	2.03	30.47	29.11

TABLE DES MAISONS POUR LES 43° – 44° – 45° ET 46°			TABLE DES MAISONS POUR LES 47° – 48° – 49° ET 50°		
ASCENSION DROITE		ASCENDANT	ASCENSION DROITE		ASCENDANT
TEMPS SIDÉRAL (h/mn)	DEGRÉ SIDÉRAL (degré/mn)	LION (degré/mn)	TEMPS SIDÉRAL (h/mn)	DEGRÉ SIDÉRAL (degré/mn)	LION (degré/mn)
2.07	31.44	27.04	2.07	31.45	30.09
2.10	32.42	28.02	2.10	32.42	31.06
2.14	33.41	29.01	2.14	33.41	32.05
2.18	34.39	31.59	2.18	34.39	33.03
2.22	35.37	32.57	2.22	35.37	34.01
2.26	36.36	33.56	2.26	36.36	35.00
2.30	37.35	34.55	2.30	37.35	35.59
2.34	38.34	35.54			
					VIERGE
		VIERGE	2.34	38.34	0.58
2.38	39.33	0.53	2.38	39.33	1.57
2.42	40.32	1.52	2.42	40.32	2.56
2.46	41.32	2.52	2.46	41.32	3.56
2.50	42.32	3.52	2.50	42.32	4.56
2.54	43.31	4.51	2.54	43.31	5.55
2.58	44.31	5.51	2.58	44.31	6.55
3.02	45.32	6.52	3.02	45.32	7.56
3.06	46.32	6.52	3.06	46.32	8.56
3.10	47.33	7.53	3.10	47.33	9.57
3.14	48.33	8.53	3.14	48.33	10.57
3.18	49.34	9.54	3.18	49.34	11.58
3.22	50.36	10.56	3.22	50.36	13.00
3.26	51.37	11.57	3.26	51.37	14.01
3.30	52.38	12.58	3.30	52.38	15.02
3.34	53.40	14.00	3.34	53.40	16.04
3.38	54.42	15.02	3.38	54.42	17.06
3.42	55.44	16.04	3.42	55.44	18.08
3.47	56.46	17.06	3.47	56.46	19.10
3.51	57.48	18.08	3.51	57.48	20.12
3.55	58.51	19.11	3.55	58.51	21.15
3.59	59.54	20.14	3.59	59.54	22.18
4.03	60.57	21.17	4.03	60.57	23.21
4.08	62.00	22.20	4.08	62.00	24.24
4.12	63.03	23.23	4.12	63.03	25.27
4.16	64.06	24.26	4.16	64.06	26.30
4.20	65.11	25.31	4.20	65.11	27.35
4.24	66.13	26.33	4.24	66.13	28.37

LA ASTRONOMÍA SEGÚN LOS EGIPCIOS

TABLE DES MAISONS POUR LES 43° – 44° – 45° ET 46°			TABLE DES MAISONS POUR LES 47° – 48° – 49° ET 50°		
ASCENSION DROITE		ASCENDANT	ASCENSION DROITE		ASCENDANT
TEMPS SIDÉRAL (h/mn)	DEGRÉ SIDÉRAL (degré/mn)	VIERGE (degré/mn)	TEMPS SIDÉRAL (h/mn)	DEGRÉ SIDÉRAL (degré/mn)	VIERGE (degré/mn)
4.29	67.17	27.37	4.29	67.17	29.41
4.33	68.21	28.41	4.33	68.21	30.45
4.37	69.25	29.43	4.37	69.25	31.49
4.41	70.29	30.49	4.41	70.29	32.53
4.46	71.34	31.54	4.46	71.34	33.58
4.50	72.38	32.58	4.50	72.38	35.02
4.54	73.44	34.04			
4.59	74.47	35.07			BALANCE
		BALANCE	4.54	73.44	1.06
			4.59	74.47	2.09
5.03	75.52	0.12	5.03	75.52	3.14
5.07	76.57	1.07	5.07	76.57	4.19
5.12	78.02	2.22	5.12	78.02	5.24
5.16	79.07	3.27	5.16	79.07	6.29
5.20	80.12	4.32	5.20	80.12	7.34
5.25	81.17	5.37	5.25	81.17	8.39
5.29	82.22	6.42	5.29	82.22	9.44
5.33	83.27	7.47	5.33	83.27	10.49
5.38	84.34	8.54	5.38	84.34	11.56
5.42	85.39	9.59	5.42	85.39	13.01
5.46	86.43	11.03	5.46	86.43	14.05
5.51	87.49	12.09	5.51	87.49	15.11
5.55	88.54	13.14	5.55	88.54	16.16
6.00	90.00	14.20	6.00	90.00	17.22
6.04	91.05	15.25	6.04	91.05	18.27
6.08	92.10	16.30	6.08	92.10	19.32
6.13	93.16	17.36	6.13	93.16	20.38
6.17	94.21	18.41	6.17	94.21	21.43
6.21	95.26	19.46	6.21	95.26	22.48
6.26	96.32	20.52	6.26	96.32	23.54
6.30	97.37	21.57			
6.34	98.42	23.02			SCORPION
		SCORPION	6.30	97.37	0.59
			6.34	98.42	2.04
6.39	99.47	1.07	6.39	99.47	3.09
6.43	100.52	2.12	6.43	100.52	4.14
6.47	101.57	3.17	6.47	101.57	5.19
6.52	103.02	4.22	6.52	103.02	6.22

TABLE DES MAISONS POUR LES 43° – 44° – 45° ET 46°			TABLE DES MAISONS POUR LES 47° – 48° – 49° ET 50°		
ASCENSION DROITE		ASCENDANT	ASCENSION DROITE		ASCENDANT
TEMPS SIDÉRAL (h/mn)	DEGRÉ SIDÉRAL (degré/mn)	SCORPION (degré/mn)	TEMPS SIDÉRAL (h/mn)	DEGRÉ SIDÉRAL (degré/mn)	SCORPION (degré/mn)
6.56	104.07	5.27	6.56	104.07	7.29
7.00	105.12	6.32	7.00	105.12	8.32
7.05	106.16	7.36	7.05	106.16	9.36
7.09	107.21	8.41	7.09	107.21	10.41
7.13	108.25	9.45	7.13	108.25	11.45
7.18	109.30	10.50	7.18	109.30	12.50
7.22	110.34	11.54	7.22	110.34	13.54
7.26	111.38	12.58	7.26	111.38	14.58
7.30	112.42	14.02	7.30	112.42	16.02
7.35	113.46	15.06	7.35	113.46	17.06
7.39	114.48	16.08	7.39	114.48	18.08
7.43	115.53	17.13	7.43	115.53	19.13
7.47	116.56	18.16	7.47	116.56	20.16
7.51	117.59	19.19	7.51	117.59	21.19
7.56	119.02	20.22	7.56	119.02	22.22
8.00	120.05	21.25	8.00	120.05	23.25
8.04	121.08	22.28			SAGITTAIRE
8.08	121.11	23.31			
		SAGITTAIRE	8.04	121.08	1.28
			8.08	122.11	2.31
8.12	123.13	1.33	8.12	123.13	3.33
8.17	124.15	2.35	8.17	124.15	4.35
8.21	125.17	3.37	8.21	125.17	5.37
8.25	126.19	4.39	8.25	126.19	6.39
8.29	127.21	5.41	8.29	127.21	7.41
8.33	128.22	6.42	8.33	128.22	8.42
8.37	129.24	7.44	8.37	129.24	9.44
8.41	130.25	8.45	8.41	130.25	10.45
8.45	131.26	9.46	8.45	131.26	11.46
8.49	132.26	10.46	8.49	132.26	12.46
8.53	133.27	11.47	8.53	133.27	13.47
8.57	134.27	12.47	8.57	134.27	14.47
9.01	135.28	13.48	9.01	135.28	15.48
9.05	136.28	14.48	9.05	136.28	16.48
9.09	137.27	15.47	9.09	137.27	17.47
9.13	138.26	16.46	9.13	138.26	18.46
9.17	139.26	17.46	9.17	139.26	19.46
9.21	140.26	18.46	9.21	140.26	20.46

LA ASTRONOMÍA SEGÚN LOS EGIPCIOS

TABLE DES MAISONS POUR LES 43° – 44° – 45° ET 46°			TABLE DES MAISONS POUR LES 47° – 48° – 49° ET 50°		
ASCENSION DROITE		ASCENDANT	ASCENSION DROITE		ASCENDANT
TEMPS SIDERAL (h/mn)	DEGRÉ SIDERAL (degré/mn)	SAGITTAIRE (degré/mn)	TEMPS SIDERAL (h/mn)	DEGRÉ SIDERAL (degré/mn)	SAGITTAIRE (degré/mn)
9.25	141.25	19.45	9.25	141.25	21.45
9.29	142.24	20.44	9.29	142.24	22.44
9.33	143.23	21.43	9.33	143.23	23.43
9.37	144.22	22.42	9.37	144.22	24.42
9.41	145.21	23.41	9.41	145.20	25.40
9.45	146.19	24.39	9.45	146.19	26.39
9.49	147.17	25.37	9.49	147.17	27.37
9.55	148.15	26.35	9.55	148.15	28.35
9.56	149.13	27.33	9.56	149.12	29.32
10.00	150.11	28.31	10.00	150.10	30.30
10.04	151.09	29.29	10.04	151.08	31.28
10.08	152.06	30.26	10.08	152.05	32.25
10.12	153.02	31.22	10.12	153.02	33.22
10.16	153.59	32.19			
10.19	154.56	33.16			CAPRICORNE
		CAPRICORNE	10.16	153.39	0.19
			10.19	154.56	1.16
10.23	155.53	0.13	10.23	155.53	2.13
10.27	156.50	1.10	10.27	156.50	3.10
10.31	157.47	2.07	10.31	157.47	4.07
10.34	158.43	3.03	10.34	158.43	5.03
10.38	159.39	3.59	10.38	159.39	5.59
10.42	160.36	4.56	10.42	160.36	6.56
10.49	161.32	5.52	10.49	161.32	7.52
10.53	162.28	6.48	10.53	163.24	9.44
10.57	164.21	8.41	10.57	164.20	10.40
11.01	165.16	9.36	11.01	165.15	11.35
11.04	166.11	10.31	11.04	166.11	12.31
11.08	167.07	11.27	11.08	167.07	13.27
11.12	168.02	12.22	11.12	168.02	14.22
11.15	168.58	13.18	11.15	168.58	15.18
11.19	169.53	14.13	11.19	169.53	16.13
11.23	170.48	15.08	11.23	170.48	17.08
11.26	171.44	16.04	11.26	171.44	18.04
11.30	172.39	16.59	11.30	172.39	18.59
11.34	173.34	17.54	11.34	173.34	19.54

TABLE DES MAISONS POUR LES 43° - 44° - 45° ET 46°			TABLE DES MAISONS POUR LES 47° - 48° - 49° ET 50°		
ASCENSION DROITE		ASCENDANT	ASCENSION DROITE		ASCENDANT
TEMPS SIDÉRAL (h/mn)	DEGRÉ SIDÉRAL (degré/mn)	CAPRICORNE (degré/mn)	TEMPS SIDÉRAL (h/mn)	DEGRÉ SIDÉRAL (degré/mn)	CAPRICORNE (degré/mn)
11.37	174.29	20.49	11.37	174.29	18.49
11.41	175.24	21.44	11.41	175.24	19.44
11.45	176.19	22.39	11.45	176.19	20.39
11.48	177.14	23.34	11.48	177.14	21.34
11.52	178.09	24.29	11.52	178.09	22.29
11.56	179.05	25.25	11.56	179.05	23.25
12.00	180.00	26.20	12.00	180.00	24.20
12.03	180.55	27.15	12.03	180.55	25.15
12.07	181.50	28.10	12.07	181.50	26.10
12.11	182.45	29.05	12.11	182.45	27.05
12.14	183.40	30.00	12.14	183.40	28.00
12.18	184.35	30.55	12.18	184.35	28.55
12.22	185.30	31.50	12.22	185.30	29.50
12.25	186.25	32.45	12.25	186.25	30.45
12.29	187.20	33.40	12.29	187.20	31.40
			12.33	188.16	32.36
		VERSEAU	12.36	189.11	33.31
12.33	188.16	0.36			VERSEAU
12.36	189.11	1.31			
12.40	190.06	2.26	12.40	190.06	0.26
12.44	191.02	3.22	12.44	191.02	1.92
12.47	191.57	4.17	12.47	191.57	2.17
12.51	192.53	5.13	12.51	192.53	3.13
12.55	193.48	6.08	12.55	193.48	4.08
12.58	194.44	7.04	12.58	194.44	5.04
13.02	195.40	8.00	13.02	195.40	6.00
13.06	196.35	8.55	13.06	196.35	6.55
13.10	197.31	9.51	13.10	197.31	7.51
13.13	198.27	10.47	13.13	198.27	8.47
13.17	199.24	11.44	13.17	199.24	9.44
13.21	200.20	12.40	13.21	200.20	10.40
13.25	201.16	13.36	13.25	201.16	11.36
13.28	202.13	14.33	13.28	202.13	12.33
13.32	203.09	15.29	13.32	203.09	13.29
13.36	204.06	16.27	13.36	204.06	14.26
13.40	205.03	17.23	13.40	205.03	15.23
13.44	206.00	18.20	13.44	206.00	16.20

TABLE DES MAISONS POUR LES 43° – 44° – 45° ET 46°			TABLE DES MAISONS POUR LES 47° – 48° – 49° ET 50°		
ASCENSION DROITE		ASCENDANT	ASCENSION DROITE		ASCENDANT
TEMPS SIDÉRAL (h/mn)	DEGRÉ SIDÉRAL (degré/mn)	VERSEAU (degré/mn)	TEMPS SIDÉRAL (h/mn)	DEGRÉ SIDÉRAL (degré/mn)	VERSEAU (degré/mn)
13.47	206.57	19.17	13.47	206.57	17.17
13.51	207.54	20.14	13.51	207.54	18.14
13.55	208.51	21.11	13.55	208.51	19.11
13.59	209.49	22.09	13.59	209.49	20.09
14.03	210.47	23.07	14.03	210.47	21.07
14.07	211.44	24.04	14.07	211.44	22.04
14.10	212.42	25.02	14.10	212.42	23.02
14.14	213.41	26.01	14.14	213.41	24.01
14.18	214.39	26.59	14.18	214.39	24.59
14.22	215.37	27.57	14.22	215.37	25.57
			14.26	216.36	26.56
		POISSONS	14.30	217.35	27.55
14.26	216.36	0.56			POISSONS
14.30	217.35	1.55			
14.34	218.34	2.54	14.34	218.34	0.54
14.38	219.33	3.53	14.38	219.33	1.53
14.42	220.32	4.52	14.42	220.32	2.52
14.46	221.32	5.52	14.46	221.32	3.52
14.50	222.32	6.52	14.50	222.32	4.52
14.54	223.31	7.51	14.54	223.31	5.51
14.58	224.31	8.51	14.58	224.31	6.51
15.02	225.32	9.52	15.02	225.32	7.52
15.06	226.32	10.52	15.06	226.32	8.52
15.10	227.33	11.53	15.10	227.33	9.53
15.14	228.33	12.53	15.14	228.33	10.53
15.18	229.34	13.54	15.18	229.34	11.54
15.22	230.36	14.56	15.22	230.36	12.56
15.26	231.37	15.57	15.26	231.37	13.57
15.30	232.38	16.58	15.30	232.38	14.58
15.34	233.40	18.00	15.34	233.40	16.00
15.38	234.42	19.02	15.38	234.42	17.02
15.42	235.44	20.04	15.42	235.44	18.04
15.47	236.46	21.06	15.47	236.46	19.06
15.51	237.48	22.08	15.51	237.48	20.08
15.55	238.51	23.11	15.55	238.51	21.11
15.59	239.54	24.14	15.59	239.54	22.14
16.03	240.57	25.17	16.03	240.57	23.17

TABLE DES MAISONS POUR LES 43° – 44° – 45° ET 46°			TABLE DES MAISONS POUR LES 47° – 48° – 49° ET 50°		
ASCENSION DROITE		ASCENDANT	ASCENSION DROITE		ASCENDANT
TEMPS SIDÉRAL (h/mn)	DEGRÉ SIDÉRAL (degré/mn)	POISSONS (degré/mn)	TEMPS SIDÉRAL (h/mn)	DEGRÉ SIDÉRAL (degré/mn)	POISSONS (degré/mn)
16.08	242.00	26.20	16.08	242.00	24.20
16.12	243.03	27.23	16.12	243.03	25.23
			16.16	244.06	26.26
		BÉLIER	16.21	245.10	27.30
16.16	244.06	0.26			
16.21	245.10	1.30			BÉLIER
16.25	246.13	2.33	16.25	246.13	0.33
16.30	247.17	3.37	16.30	247.17	1.37
16.35	248.21	4.41	16.35	248.21	2.41
16.40	249.25	5.45	16.40	249.25	3.45
16.44	250.29	6.49	16.44	250.29	4.49
16.49	251.34	7.54	16.49	251.34	5.54
16.54	252.38	8.58	16.54	252.38	6.58
16.59	253.43	10.03	16.59	253.43	8.03
17.03	254.47	11.07	17.03	254.47	9.07
17.07	255.52	12.12	17.07	255.52	10.12
17.12	256.57	13.17	17.12	256.57	11.17
17.16	258.02	14.22	17.16	258.02	12.22
17.21	259.07	15.27	17.21	259.07	13.27
17.26	260.12	16.32	17.26	260.12	14.32
17.30	261.17	17.37	17.30	261.17	15.37
17.35	262.22	18.42	17.35	262.22	16.42
17.39	263.27	19.47	17.39	263.27	17.47
17.43	264.33	20.53	17.43	264.33	18.53
17.48	265.38	21.58	17.48	265.38	19.58
17.53	266.43	23.03	17.53	266.43	21.03
17.58	267.49	24.09	17.58	267.49	22.09
18.03	268.54	25.14	18.03	268.54	23.14
18.08	270.00	26.20	18.08	270.00	24.20
18.13	271.05	27.25	18.13	271.05	25.25
18.17	272.10	28.30	18.17	272.10	26.30
18.21	273.16	29.36	18.21	273.16	27.36
18.26	274.21	30.41	18.26	274.21	28.41
18.30	275.26	31.46	18.30	275.26	29.46
			18.34	276.32	30.47
		TAUREAU	18.39	277.37	31.48
18.34	276.32	0.47			
18.39	277.37	1.48			

LA ASTRONOMÍA SEGÚN LOS EGIPCIOS

TABLE DES MAISONS POUR LES 43° - 44° - 45° ET 46°			TABLE DES MAISONS POUR LES 47° - 48° - 49° ET 50°		
ASCENSION DROITE		ASCENDANT	ASCENSION DROITE		ASCENDANT
TEMPS SIDÉRAL (h/mn)	DEGRÉ SIDÉRAL (degré/mn)	TAUREAU (degré/mn)	TEMPS SIDÉRAL (h/mn)	DEGRÉ SIDÉRAL (degré/mn)	TAUREAU (degré/mn)
18.43	278.42	2.49	18.43	278.42	0.49
18.47	279.47	3.50	18.47	279.47	1.50
18.52	280.52	4.51	18.52	280.52	2.51
18.57	281.57	5.52	18.57	281.57	3.52
19.02	283.02	6.53	19.02	283.02	4.53
19.07	284.07	7.54	19.07	284.07	5.54
19.12	285.12	8.55	19.12	285.12	6.55
19.17	286.16	9.56	19.17	286.16	7.56
19.22	287.21	10.57	19.22	287.21	8.57
19.26	288.25	11.58	19.26	288.25	9.58
19.30	289.30	12.59	19.30	289.30	10.59
19.35	290.34	14.01	19.35	290.34	12.01
19.39	291.38	15.02	19.39	291.38	13.02
19.44	292.42	16.03	19.44	292.42	14.03
19.49	293.46	17.04	19.49	293.46	15.04
19.54	294.49	18.05	19.54	294.49	16.05
19.59	295.53	19.06	19.59	295.53	17.06
20.04	296.56	20.07	20.04	296.56	18.07
20.08	297.59	21.08	20.08	297.59	19.08
20.12	299.02	22.09	20.12	299.02	20.09
20.17	300.05	23.10	20.17	300.05	21.10
20.21	301.08	24.11	20.21	301.08	22.10
20.25	302.11	25.12	20.25	302.11	23.12
20.29	303.13	26.13	20.29	303.13	24.13
20.33	304.25	27.14	20.33	304.25	25.14
20.37	305.37	28.15	20.37	305.37	26.15
20.41	306.49	29.16	20.41	306.49	27.16
20.45	308.01	30.17	20.45	308.01	28.17
20.54	309.17	31.18	20.54	309.17	29.18
			20.59	310.35	30.19
			21.04	311.54	31.21
		GEMEAUX			GÉMEAUX
20.59	310.35	0.19			
21.04	311.54	1.21			
21.09	313.05	2.23	21.09	313.05	0.23
21.13	314.17	3.26	21.13	314.17	1.28
21.17	315.27	4.30	21.17	315.27	2.34
21.21	316.38	5.35	21.21	316.38	3.43

TABLE DES MAISONS POUR LES 43° – 44° – 45° ET 46°			TABLE DES MAISONS POUR LES 47° – 48° – 49° ET 50°		
ASCENSION DROITE		ASCENDANT	ASCENSION DROITE		ASCENDANT
TEMPS SIDÉRAL (h/mn)	DEGRE SIDÉRAL (degré/mn)	GÉMEAUX (degré/mn)	TEMPS SIDÉRAL (h/mn)	DEGRE SIDÉRAL (degré/mn)	GÉMEAUX (degré/mn)
21.25	317.48	6.42	21.25	317.48	4.59
21.29	318.58	7.50	21.29	318.58	6.12
21.33	320.01	9.01	21.33	320.01	7.28
21.37	321.12	10.12	21.37	321.12	8.44
21.41	322.24	11.22	21.41	322.24	10.00
21.45	323.35	12.32	21.45	323.35	11.16
21.49	324.47	13.44	21.49	324.47	12.28
21.53	325.56	14.58	21.53	325.56	13.46
21.56	326.59	16.02	21.56	326.59	15.02
22.00	328.02	17.04	22.00	328.02	16.18
22.04	329.00	18.00	22.04	329.00	17.34
22.08	329.59	18.55	22.08	329.59	18.50
22.12	330.58	19.55	22.12	330.58	20.05
22.16	331.56	20.55	22.16	331.56	21.21
22.19	332.58	21.54	22.19	332.58	22.37
22.23	334.09	22.53	22.23	334.09	23.53
22.27	335.20	23.52	22.27	335.20	25.09
22.31	336.32	24.52			
22.34	337.44	25.51			CANCER
		CANCER	22.31	336.32	1.07
			22.34	337.44	2.21
22.38	338.57	0.50	22.38	338.57	3.34
22.42	340.10	1.52	22.42	340.10	4.45
22.46	341.22	2.55	22.46	341.22	5.56
22.49	342.34	4.05	22.49	342.34	7.07
22.53	343.46	5.17	22.53	343.46	8.13
22.57	344.57	6.26	22.57	344.57	9.19
23.01	346.08	7.37	23.01	346.08	10.25
23.06	347.20	8.49	23.06	347.20	11.41
23.11	348.32	10.01	23.11	348.32	12.55
23.16	349.40	11.09	23.16	349.40	14.01
23.21	350.47	12.16	23.21	350.47	15.09
23.25	351.52	13.21	23.25	351.52	16.12
23.30	352.57	14.26	23.30	352.57	17.20
23.34	354.01	15.30	23.34	354.01	18.27

TABLE DES MAISONS POUR LES 43° – 44° – 45° ET 46°			TABLE DES MAISONS POUR LES 47° – 48° – 49° ET 50°		
ASCENSION DROITE		ASCENDANT	ASCENSION DROITE		ASCENDANT
TEMPS SIDÉRAL (h/mn)	DEGRÉ SIDÉRAL (degré/mn)	CANCER (degré/mn)	TEMPS SIDÉRAL (h/mn)	DEGRÉ SIDÉRAL (degré/mn)	CANCER (degré/mn)
23.38	355.05	16.34	23.38	355.05	19.36
23.43	356.10	17.39	23.43	356.10	20.45
23.48	357.15	18.44	23.48	357.15	21.54
23.53	358.20	19.49	23.53	358.20	23.02
23.58	359.25	20.54	23.58	359.25	24.09

ACERCA DE LAS BIBLIOTECAS Y DE LA ESCUELA DE ALEJANDRÍA

Un poco de historia grecorromana, más cercana a nosotros, nos será útil como interludio en este fin de capítulo. Para marcar su gran victoria sobre Darío, al igual que para mostrar su atadura con Egipto, Alejandro el Macedonio en 331 antes de nuestra era ordenó la construcción de una majestuosa ciudad en el emplazamiento de un puerto natural desembocando al mar Mediterráneo. Fue de esta forma que este antiguo lugar se convirtió en la capital de Egipto, querida por los Tolomeos, bajo el nombre de Alejandría, y el general se convirtió en Alejandro el Grande.

Bajo su dominio, se desarrollaron las artes y las letras, los templos de todas tendencias religiosas brillaron con todo el oro disponible a orillas del Nilo. Pero el edificio religioso, más notable, fue en el que honraban al Toro Hapy, llamado Serapeum por los griegos, el templo de Serapis. Cleopatra incluso se lo dedicó a Isis, haciéndose consagrar con el título de *Reina-Divina* descendiente de Isis.

Otros edificios fastuosos crearon la fama de Alejandría. Además de sus dos bibliotecas: la Gran Biblioteca de Bruchium, con dos millones de manuscritos; y la Biblioteca del Serapeum donde estaban depositados los cuatro cientos mil manuscritos originales de todos los textos sagrados. También estaba el palacio de justicia, el gran teatro y el anfiteatro, el estadio, el gimnasio, el museo, el paneión, etc., sin olvidar nombrar la Sinagoga del barrio judío: la Diapleuston con setenta asientos de oro.

Esta ciudad se enriquecía a través de un comercio floreciente debido a su gran puerto bien protegido, en el que atracaban decenas y decenas de barcos mercantes, y se situaban las dársenas de la flota de guerra egipcia.

Diodoro de Sicilia asegura que en su tiempo (50 a.c.), a pesar del despotismo de los últimos tolomeos, Alejandría aún contaba con trescientos mil hombres libres. Lo que deja suponer que en esta época habría un millón de habitantes.

Esta corriente intelectual, instalada firmemente en Alejandría, duró unos seis siglos. En las Casas de Vida de los templos, en la amplia biblioteca, en las salas más ocultas del Serapeum, en las suntuosas dependencias del *Museum*, por doquier, los maestros del pensamiento enseñaban a los alumnos que acudían no sólo de todo Egipto, sino también de Grecia e Italia. Una universidad sacerdotal reagrupaba en el templo de Serapis todas las actividades religiosas de la ciudad. El emperador Tolomeo Soter intentó reconstruir en Alejandría lo que fue el esplendor de la Ciudad del Sol: Heliópolis. Un pontífice era el incontestado rector incluso bajo los romanos.

Incluso a la llegada de Julio Cesar, en tiempos de la reina Cleopatra que compartía su trono con un hermano demasiado débil, no se pudo detener el saber que se exportaba de la ciudad. En efecto, el estratega romano prendió fuego a la flota egipcia, que se extendió a los barcos mercantes, y las llamas volaron hasta el barrio de Bruchium adjunto a la ensenada, lo que destrozó la gran biblioteca con dos millones de volúmenes, pero el barrio del Serapeum no ardió, y la biblioteca de los textos sagrados se preservó en su totalidad, el barrio de Rhacotis, en el que se situaban los palacios y las residencias de los nobles, al igual que el templo del Serapeum, estaban sobre elevados y alejados de los lugares del siniestro.

Ello se observa perfectamente en el dibujo a continuación donde la Gran Biblioteca incendiada lleva el número 1, y la del Serapeum el número 2. Sólo será cuatro siglos más tarde que esta pérdida se consumó bajo la orden de la Santa Iglesia. En efecto, Teodosio firmó su decreto para que no "quedase piedra sobre piedra de los monumentos erigidos a unos ídolos bárbaros en todo el territorio de Egipto", y eso en el año 389.

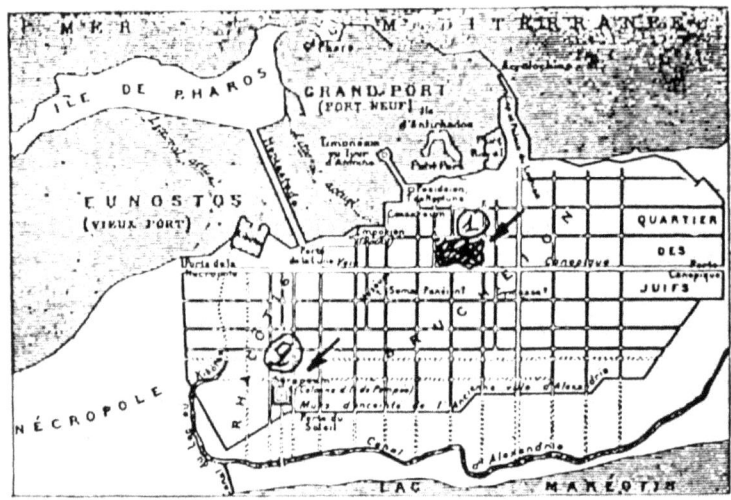

Dos años más tarde, la ejecución de esta orden fue llevada a cabo en el Templo y la Biblioteca ambos fueron aniquilados. Varios centenares de monumentos religiosos desaparecieron, incluso a lo largo de toda la orilla del Nilo, hasta Filae, casi mil kilómetros más al sur de Alejandría.

Parece que después de este último furor en destruir todo lo que había permitido el nacimiento del monoteísmo judío por Moisés, y partiendo de ahí permitió el advenimiento de Jesús, estaba la Escuela de Gnósticos de Alejandría, justamente. Esta Escuela única en su tipo fue célebre desde sus principios por sus trabajos de interpretación de la santa escritura del Antiguo Testamento, que intentó interpretar por el método llamado alegórico, que hoy calificaríamos de esotérico.

Se conectaba en ese tiempo con estrechos lazos a la escuela judía de Alejandría que no debemos confundir con la de Jerusalén totalmente opuesta a este tipo de interpretación. Es lo que debemos recordar aquí si queremos penetrar con amplitud de miras en el informe histórico de las ideas de esta primera escuela monoteísta que levantó varios siglos más tarde la ira de la Iglesia que dependía de San Pedro.

De esta escuela judeo-alejandrina surgió después de Julio Cesar la nueva escuela que era judeo-cristiana, y que rápidamente dejó paso a la famosa escuela llamada gnóstica, de la que hay que destacar a Filón el Judío, Aristóbulo, Clemente de Alejandría, Orígenes y Basilio que por poco no fue papa, justo antes del acontecimiento de Teodosio, emperador romano dispuesto a todo para favorecer la implantación del cristianismo ahí donde pudiese, este Teodosio hizo las peores estupideces pensando asegurarse un lugar en el paraíso. Y si se le reprocha, históricamente hablando, a Julio César el incendio de la Biblioteca, deberíamos acusar a este Teodoso de haber hecho retroceder la Historia Santa ¡dos mil años al menos!

CAPÍTULO XIV

LOS SESENTA Y CUATRO "GENIOS" DEL CIELO: LOS KHENT

"El Alma humana participa en la actividad creadora de la Tierra, estando unida a ella por su envoltura carnal animada, lo que le permite llamar a Dios en caso de necesidad. Si el Cielo y la Tierra están en desunión, la influencia padecida por el Alma por parte de las doce radiaciones celestes y el Sol, podrían someterla a pasiones extremas, opuestas a su destino divino, y que la obligarán a ser pesada en los platillos de la Balanza del Último Juicio por los 42 Asesores".

Este texto forma parte de los mandamientos grabados sobre una estela de la XII dinastía, siempre recopiada por un escriba de un papiro más antiguo. El lector no dejará de observar la constante repetición de los datos fundamentales a lo largo de esta obra, bajo todas las fórmulas posibles. Pero lo que aún no se ha tocado aquí, es la geometría de los llamados Decanos, que son en número de 36 para nuestros astrólogos modernos. Pero según los antiguos egipcios, esta división fraccional del zodíaco no aparece bajo la relación Espacio-Tiempo, sino bajo el más sutil Cielo-Tierra, conocido con el nombre de Khent, en número de 64.

Aún aquí, la intervención greco-latina falseó los datos conseguidos a trozos a orillas del Nilo. Sobre ello, recordemos el error retomado por este autor que vivió bajo el emperador Augusto, que con el pseudónimo de Marcus Manilus, firmó un *Astronomicón* que es actualmente de autoridad. Es verdad que con lo falso, estando íntimamente mezclado a las buenas semillas, es fácil ser engañado cuando no se conocen los textos egipcios.

Si a menudo he dicho en los anteriores capítulos que la mayoría son interpretaciones vueltas a ser copiadas, en cuanto los textos que se refieren a la matemática y a la geometría han sido totalmente revisados y corregidos por este escritor no erudito cuyo nombre exacto era Caïus Mallius. Desde el principio de su libro, además, un lector atento percibe el engaño ya que el autor escribe:

"He penetrado el primero de los misterios del cielo por el favor de los dioses".

Lo que llama la atención no es su vanagloria que se desprende como suma humana de esta corta frase, sino el plural de la divinidad, lo que demuestra que Manilio no tenía conocimiento alguno del monoteísmo que inspiró todas las combinaciones celestes.

Sin embargo entre las cosas interesantes que describe en los diversos "*Cantos*" de este *Astronomicón*, hay un pasaje vital en el ante penúltimo que captó mi atención, en él es *cuestión de un lugar del cielo* denominado en latín *octo topos*, es decir los *Ocho Lugares.* Volveremos a ello, ya que en este libre existen 36 de 10 cada uno, de ahí el nombre de *Decano*.

A priori es fácil equivocarse, ya que algunos textos egipcios también nombran a 36, pero siempre lo añaden de forma que simula la MEDIA-CORONA dependiendo del Cinturón de las Doce. Y ello da, con buena lógica matemática, un total de 72. Por contra, en los templos más especializados, como en Dendera, Edfú y Esna, unas listas astronómicas ofrecen los nombres propios a 64 khent diferentes. Como es en estos lugares donde la teología original estaba mejor conservada a pesar de las sucesivas reconstrucciones de los edificios religiosos, es este último número de 64 el que preconizo como bueno, y aporto la demostración de lo que adelanto, esto evitará a los astrólogos protestar a gritos.

Veamos en primer lugar la descripción de los 36 personajes del segundo círculo del Zodíaco de Dendera. Para ello cederé la palabra, mejor dicho la pluma, a un bibliotecario de Versalles, Leprince, que publicó en 1.822 un *Ensayo de interpretación del Zodíaco circular del templo de Dendera*.

Los más mínimos detalles fueron escrupulosamente anotados, lo que nos permite un testimonio perfecto. He aquí lo referente a los treinta y seis decanos:

"Empezaré por el primero de los dos personajes que se sitúan bajo Capricornio, donde todo el mundo ya está acostumbrado ver una división natural:

1. Bajo las patas de Capricornio vemos un personaje con cabeza de gavilán, vestido con una larga túnica blanca, que empieza por encima del seno, y se hace seguir por un carnero cuya cabeza está coronada por un disco, en medio de dos hojas ligeramente espiroidales que se parecen a las hojas del dourah, especie de trigo antaño muy común y muy productivo en Egipto.

2. El personaje que le sigue, es un hombre con cabeza de Isis coronado con dos hojas de dourah y otro atributo. Pienso que este último no es más que un capullo de nymphea-lotus.

3. Detrás de él hay un gran medallón que encierra varias figuras situadas sobre dos rangos, que están arrodilladas con las manos atadas detrás de su espalda.

4. Un cisne viene a continuación.

5. Un carnero camina detrás. Parece lleno de vigor y dispuesto a permitir que nazcan las más justas esperanzas. Sobre su cabeza, vemos dos hojas de dourah que soportan un disco.

6. Vemos un hombre con cabeza de chacal.

7. Un hombre peinado al estilo egipcio deja escapar, o mejor dicho, hace escapar de una jaula un tipo de paloma.

8. Dos parejas con cabezas de carneros encastradas sobre un tipo de altar y coronadas con dos hojas de douah y el disco.

9. Un hombre sentado sin brazos ni cabeza, esta última está sustituida por dos hojas de dourah.

10. Un hombre con cabeza de gavilán o de gypsocéfalo, es decir, de buitre.

11. Un niño agachado sobre una hoja de loto abierta. Pone un dedo sobre su boca y lleva apoyado al hombro dererchо el cetro aratriforme.

12. Un bloque cuadrangular coronado por cuatro ureus o figuras de culebras con cabezas de hombre.

13. Una cabeza muy grande de Aries con largo cuello, coronada de dos hojas de dourah, y erigida sobre un barco.

14. Una mujer arrodillada teniendo sobre su cabeza tres culebras.

15. Un cerdo.

16. Otro hombre sin atributo alguno.

17. Otro hombre que lo sigue igualmente.

18. Un gran paralelogramo sobre el que descansa una larga serpiente con la cabeza de Isis coronada por dos hojas de douah, una pequeña culebra y una flor de loto dispuesta a abrirse.

19. Otro hombre con cabeza de gavilán sin atributo alguno.

20. Otro idéntico le sigue igualmente.

21. Un hombre cuya cabeza está ornada de un atributo indefinible.

22. Un hombre con cabeza de gavilán con el atributo del anterior.

23. Un personaje vestido con un largo vestido, peinado al estilo egipcio y que lleva en la cabeza dos tipos de palmas.

24. Un hombre con cabeza de gavilán con un capullo de loto.

25. Un hombre con las dos hojas de dourah y la flor de loto.

26 Un hombre con cabeza de gavilán con las dos hojas y un disco en el medio del que se observa una pequeña culebra.

27. Un hombre que lleva el disco y la culebra.

28. Un hombre con el mismo atributo que el del 21 y 22.

29. Un gipsocéfalo con un disco.

30. Un harpócrates, que es un personaje solípedo, en su mano derecha tiene el cetro aratriforme al modo tradicional egipcio, un gancho en la otra mano y sobre la cabeza una flor de loto.

31 Un altar coronado por una cabeza de carnero sin cuernos con el atributo desconocido de los hombres 21 y 22.

32 Una figura pitonian, o hipopotámica, agachada en una barca. Su cabeza está coronada con una gruesa estrella de seis puntas.

33. Un hombre con cabeza de chacal.

34. Un hombre que lleva dos hojas de dourah, una pequeña culebra y la flor de loto semejante a la del n 18.

35. Un gypsocéfalo sin atributos.

36. Un hombre cuya cabeza es sustituida por un disco. Esta descripción minuciosa muestra la complejidad a los visitantes, incluso letrados, frente a esta gran complejidad aparente.

Los primeros textos sobre este tema son categóricos, y así se recuerda en el primer versículo del Capítulo 17 del libro: *Más-allá de la Vida:*

☥ ☉ 𓂀 𓏤 ☥ ☉ 𓏤 𓍯 𓏏 𓊃 𓈖 𓍿 𓏏 𓂀 𓏏 𓏏 𓉐 𓊖

Los Mandamientos del Creador controlados por el Muy-Alto actuan por las almas de los Ancestros sobre las de los Menores, animando sus cuerpos con las radiaciones provenientes de los Ocho Lugares.

Otra vez, tenemos aquí una confusión debida a unos textos inducidos a error por los distinguidos egiptólogos que se han ocupado de este problema. Los escribas han sido acusados de cometer errores groseros, lo que es el colmo, pero es una excusa por la inconsciencia de estos letrados del siglo XIX, como efectivamente la ciudad a la que se le dio el nombre de Hermopolis Magma, se escribía en jeroglífica: 𓊖 que significaba "*Guardiana de los Ocho Lugares Celestes*". Tradicionalmente, Athotis, hijo del primer faraón, restableció el calendario y la jeroglífica, vivió en este lugar y fue enterrado ahí, en una necrópolis que aún no ha sido encontrada. Además, la ciudad en si misma aún está totalmente enterrada, el visitante camina por encima de estatuas a medio desenterrar y pilares caídos.

Para volver a los Ocho Lugares, la escritura del nombre es muy diferente a pesar de lo que se refiere a los ocho trazos horizontales destinados sobre dos filas de cuatro. Y lo que es interesante observar es que en 1.860, Emmanuel De Rougé intentó traducir este capítulo 17, interpretó de esta forma el pasaje anterior:

"El dios Shou elevó el abismo celeste, estando sobre la escalera que está en el Sesoun. Él aplastó los hijos de la deflexión sobre la escalera que está en el Sesoun".

El comentario del eminente egiptólogo a las abstractas formulaciones es textualmente el siguiente:

"La ciudad llamada Sesoun, o bien la ciudad de los Ocho, es aquí Hermopolis, que tenía como principal divinidad a Thot, el dios de la razón y de la palabra divina. Thot era además un dios-lunus. La escalera de Sesoun puede haber sido introducida en esta glosa, bien como indicativo de la primera revolución lunar, bien como expresión general de las leyes de la mecánica celeste".

Observo que la intuición puede devolver a los que están en caminos desviados hacia una verdad original. Hay pues doce influjos divinos que son los corazones de las doce constelaciones del cinturón. Las Cuatro, que son los puntos cardinales de nuestro tiempo, llevan los nombres jeroglíficos de: *Amset, Hapy, Duamautep, Qebensennuf*. Estas denominaciones son las oficiales e imposibles de traducir por los egiptólogos que las nombraron las *Cuatro*[21].

El texto es el siguiente:

Está traducido por:

Señor de la Palabra, Primogénito de las Dos-Tierras, Pilar de la Justicia Hijo de la Verdad, son los Nombres venerados de los que aportan la Luz.

Y los ocho Influjos intermedios restantes, son los *Ocho Lugares* neutralizados, como lo es el séptimo día de la Creación, o el trigésimo sexto año de un ciclo tal como el primero, de ello ya hemos hablado gracias a un cuadro. Aquí en las 72, hay ocho influjos o radiaciones y 64 khent.

---

[21] También son los cuatro hijos de Osiris, que se representan como chacal, mono, halcón y hombre.

En el orden cronológico de los manuscritos existentes, está el que es conocido con el nombre de *Tebas de Titus,* establecido en el año III de su reinado, es decir en el año 81 de nuestra era. Está precedido por una introducción, sin ambigüedad alguna a pesar de estar en latín, que exhorta a la fidelidad del astrólogo, bajo el nombre, desgraciadamente desconocido, de las reglas inmutables de las Composiciones-Celestes-divinas en uso en la antigüedad.

También existe, en el mismo British Museum, el papiro número 98 que describe con detalles la carta del cielo de un personaje cuyo nombre jamás es pronunciado, pero que fue establecido para el año 102 de nuestra era, hecho con fidelidad siguiendo las leyes de las matemáticas egipcias. Otro manuscrito con el número 110 es el tema de Anubion, realizado en el primer año del reinado de Antonino, es decir en el año 138 de nuestra era, y ello siguiendo las instrucciones contenidas en un rollo de cuero egipcio muy antiguo traído de Alejandría. Ejemplos, hay por centenares en diferentes libros de museos del mundo, incluida en la famosa y antigua Ermita de Leningrado, antigua San Petersburgo, de la que es muy difícil conseguir copias, pero que se consiguen a fuerza de paciencia y obstinación.

Veamos primero la lista clásica llamada de los decanos egipcios que nos ha sido transmitida por Fírmico, también veremos la del no menos célebre Scaliger que es muy cercana.

El nombre que se sitúa entre las dos es la fonetización helena sacada del idioma utilizado por los coptos. El orden es evidentemente desde el primer grado de Aries, y la última columna, la cuarta, será sobre el nombre del planeta dominante del decano particular. Hay que observar que aquí la Luna y el Sol están incluidos para formar el grupo de los Siete al completo. Los signos en si, están a 30° cada uno, será fácil reconstruir el orden natural de las doce ya que habrá tres decanos por signo.

Viendo el cuadro a continuación, que había fabricado el eminente egiptólogo alemán Brugsch el siglo pasado, imaginó una fonética jeroglífica de los 36 decanos, de la que había vuelto a encontrar la pista, y de los que habla abundantemente en su enorme *Dictionnaire hiéroglyphique en trois volumes,* que sin duda es un monumento de erudición, y que sin embargo, fue contestado en vida por franceses, un belga, un suizo, y todos sabios egiptólogos.

CUADRO A

LISTE DES 36 DÉCANS « ÉGYPTIENS »				
selon FIRMICUS	*selon phonétique*	*selon* SCALIGER	*Planètes*	
SENATOR	Asicta	ASICCAN	Mars	1
SANACHER	Sentafora	SENACHER	Soleil	2
SENTACHER	Asentacer	ASENTACER	Vénus	3
SUO	Asicat	ASICATH	Mercure	4
ARYO	Asou	VIROASO	Lune	5
ROMANAE	Arfi	AHARPH	Saturne	6
THESOGAR	Tesossar	THESOGAR	Jupiter	7
VER	Asue	VERASUS	Mars	8
TEPIS	Atosoae	TEPISATOSOA	Soleil	9
SOTHIS	Socius	SOTHIS	Vénus	10
SIT	Seth	SYTH	Mercure	11
THIUMIS	Thumus	THUIMIS	Lune	12
CRAUMONIS	Africis	APHRUIMIS	Saturne	13
CICK	Siccer	SITHACER	Jupiter	14
FUTILE	Futie	PHUNISIE	Mars	15
THINIS	Thinnis	THUMUS	Soleil	16
TOPHICUS	Tropicus	THOTHIPUS	Vénus	17
APHUI	Asout	APHUT	Mercure	18
SECHUI	Senichut	SERUCUTH	Lune	19
SEPISENT	Atebenus	ATERECHINIS	Saturne	20
SENTA	Atecent	ARPIEN	Jupiter	21
SENTACER	Asente	SENTACER	Mars	22
TEPISEN	Asentatir	TEPISEUTH	Soleil	23
SENTINEU	Atercen	SENCINER	Vénus	24
EREGUBO	Erghob	EREGUBO	Mercure	25
SAGON	Sagen	SAGEN	Lune	26
CHENENE	Chenem	CHENEN	Saturne	27
THEMESO	Themedo	THEMESO	Jupiter	28
EPIMU	Epremou	EPIMA	Mars	29
OMOT	Omor	HOMOTH	Soleil	30
OROTH	Orosoer	OROMOTH	Vénus	31
CRATERO	Asturo	ASTIRO	Mercure	32
TEPIS	Amapero	TEPISATRAS	Lune	33
ACHATE	Athapiat	ARCHATATRAS	Saturne	34
TEPIBUT	Tepabiu	THOTHPIBU	Jupiter	35
UIU	Atexbut	ATEMBUI	Mars	36

No está en mis intenciones polemizar aquí sobre el valor real de esta enorme obra, ya que me sirvió ampliamente en mis primeros pasos, para ver lo que jamás se debería leer o aprender bajo pena de jamás poder aprender nada. He aquí como título documentario y en el orden, la fonetización dada por Brugsch.

1. Bélier : *a)* Zont-Har; *b)* Zont-Zré; *c)* Si-Ket.
2. Taureau : *a)* Arat; *b)* Remen-Hare; *c)* Zau.
3. Gémeaux : *a)* Oosalq; *b)* Uaret; *c)* Phu-Hor.
4. Cancer : *a)* Sopdet; *b)* Seta; *c)* Knum.
5. Lion : *a)* Ra-Tet; *b)* Zar-Knum; *c)* Phu-Tet.
6. Vierge : *a)* Tom; *b)* Uste-Bikot; *c)* Aposot.
7. Balance : *a)* Tpa-Zont; *b)* Sobzos; *c)* Zont-Har.
8. Scorpion : *a)* Spt-Znt; *b)* Sesme; *c)* Si-Sesme.
9. Sagittaire : *a)* Lire-Ua; *b)* Sesme; *c)* Konime.
10. Capricorne : *a)* Smat; *b)* Srat; *c)* Si-Srat.
11. Verseau : *a)* Tpa-Zu; *b)* Zu; *c)* Tpa-Biu.
12. Poissons : *a)* Biu; *b)* Zont-Har; *c)* Tpi-Biu.

Este hermético, humorista mejor dicho, bajo su aspecto serio no incitaba mucho a la investigación de la comprensión jeroglífica, bien debemos reconocerlo. Pasaremos, pues, a la parte esencial de nuestra demostración con el cuadro B a continuación, que incluye realmente los 64 khent que están en estrecha relación con las Errantes y sus dominantes:

Para una mejor visión del conjunto, este calendario de los 64 khent ha sido dividido en dos partes iguales. La primera está a continuación, y se inicia por el último khent en Cáncer. El símbolo, en sombra china, abajo, que lo representa es Thot, reconocible por su cabeza de ibis. Ocurrirá igual para las otras once constelaciones, ya que el último khent debe ser un recordatorio incesante para todos los Maestros y los alumnos del renacer de los Supervientes de Ahâ-Men-Ptah, gracias a la puesta en uso por Atêtâ (Athothis en griego) de la jeroglífica, del calendario, así como de la mayoría de las ciencias, incluyendo la anatomía.

El segundo khent contiene una estrella: es el que identifica la constelación siguiente, en este caso la del León, que ha visto el renacimiento asegurado de las nuevas generaciones salidas del primogénito gracias a los Seguidores de Horus, sus cuatro hijos. Seis khent son necesarios para asegura el buen desarrollo de las radiaciones en una longitud de 36 grados de arco en el cinturón de las doce. El último, el que lleva el número 7 en el cuadro, es de nuevo la efigie de Thot. La octava está alcanzada por una estrella que personifica el inicio de la constelación de Virgo bajo el nuevo cielo. Ella es la madre de las dos ramas dinásticas, Osiris y Set, que Ptah asegura que vivirán eternamente para acabar entendiéndose.

El sexto khent de esta larga porción de cielo, igual también a 36°, alcanzada por el ibis indica sin embargo una clara preferencia de la Reina-Virgen por el que ya se había convertido en el Toro Celeste, dotado de vida eterna ya que había resucitado una vez. El número 14 inicia la constelación de Libra. La tierra en equilibrio sobre el antiguo cielo demuestra la precariedad de lo que parecía asegurado, y que de nuevo bien amado por todos, parecía ir hacia la misma catástrofe. El 18 acaba esta constelación de 24° únicamente, con su ibis tradicional está velada por Osiris divinizado, a fin que nada molesto se produjese para los fieles de Ptah. En el 19 se inicia el Escorpión y su corto período, idéntico de 24°. Pero lo interesante en observar aquí es el corte que existe en el cuadro entre los números 20 y 21.

Hay dos casillas neutralizadas: las N. simbolizadas por dos sombras chinas sentadas, con una rodilla incorporada. Son los primeros de cuatro grupos de dos que forman los Ocho Lugares, de ahí las radiaciones delimitadas en el primer khent como siendo los "maestros de arriba" velando sobre la multitud en general. Es pues normal situar esta representación bajo la protección de los Dos-Hermanos enemigos ya que deben ser reunidos a finales del tiempo humano.

LA ASTRONOMÍA SEGÚN LOS EGIPCIOS

CUADRO B. Primera parte.

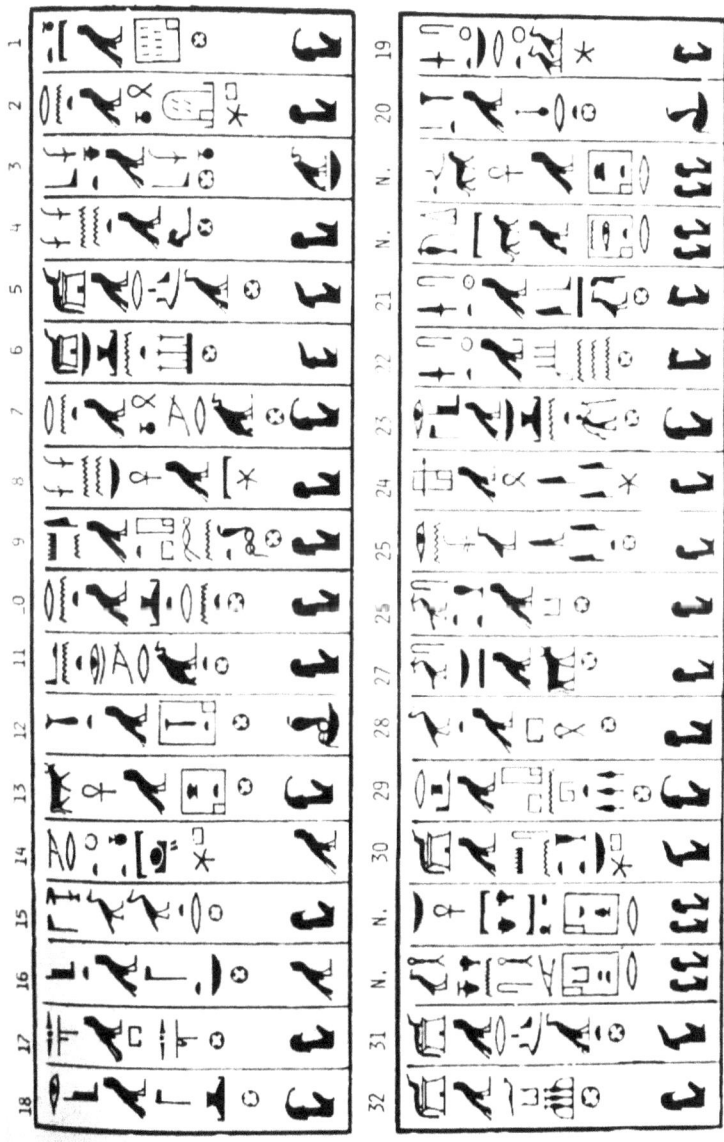

La constelación de Escorpión se acaba en 23 siempre, bajo la bendición de Osirirs velando a fin de que su descendencia personal, siempre en marcha, llegase al lugar que buscaba. El vigésimo cuarto khent inicia Sagitario que incluye a seis a lo largo de los 34°, lo que nos lleva a 29 khent. Es importante, ya que simboliza la morada eterna en los *Campos Ialou*, convertido por pronunciación helena en los *Campos Elíseos*.

El khent siguiente, el número 30, empieza en la constelación de Capricornio, donde el animal simbolizado es un cocodrilo, el que debía haber devorado el cuerpo de Osiris tirado al mar cosido en una piel de toro y que, al contrario, se alejó, por ello es agradecido. Las dos siguientes casillas son otra vez N. ya que dependen de los Ocho Lugares. Los dos últimos khent de esta primera parte son evidentemente miembros de la misma constelación de Capricornio que realiza también 34° de arco.

Veamos la segunda parte:

Es evidente que la inédita presentación de este cuadro en el marco astral de esta obra, no lo es más que a título justificativo y documental, no pudiendo recibir aquí la amplia y meritoria explicación que se le debe, lo que se hará en la aparición de los doce libros que pienso dedicar a los signos del Zodíaco visto por los antiguos egipcios.

Pasemos simplemente la vista sobre esta segunda parte, cuyo grabado se ha dibujado arriba. Se inicia a derechas con el número 33, toda la jeroglífica se lee de derechas a izquierdas, como en todos los antiguos manuscritos desde el faraón Atêtâ. El Thoth griego, que había instituido este modo de escritura para recordar eternamente a todo los letrados que estaban escribiendo que el cambio de navegación solar iba desde ahora de derechas a izquierdas debido a la cólera divina contra los ancestros convertidos en impíos. Esta preocupación constante de desear vivir en armonía con el cielo se vuelve a encontrar hasta en este detalle que alcanza su importancia con esta explicación.

La constelación de Capricornio se extiendo pues hasta el khent 35, después Acuario domina bajo la primacía de los Hijos de Horus que anuncian el nuevo cielo. Esta extensión de 28° profetiza el eterno dilema entre el Bien y el Mal: la Edad de Oro, o el Apocalipsis. Ella se acaba en el khent n 40. Luego vienen dos domicilios neutralizados por los Ocho Lugares, después empieza el 41 con la constelación de Piscis, yendo hasta el 45 incluido. Está muy bien definida con el símbolo de los Hijos del cielo (el pollito) en busca de su origen, o de su alma: la pluma.

CUADRO B. Segunda parte.

El 46 inicia la constelación de Aries. Aquí vemos muy claramente que el promotor de este calendario de los 64 khent no era en absoluto un Adorador del Sol descendiente de Set, ya que el simbolismo va del cocodrilo adorado por no haber devorado a Osiris, hasta la oca que es la representación de Geb, el padre de Set. Sólo el khent 50, el último de Aries, permite a este animal situarse por encima del ojo de Osiris. El 51 inicia la constelación de Tauro, perfectamente grabado bajo sus principales formas hasta el khent 55. Luego vienen los dos últimos de los Ocho Lugares neutralizados, que permiten introducir la última parte de este cuadro calendario con la constelación de los Dos-Hermanos: los Gemelos, convertidos por los griegos en Cástor y Polux.

Un apartado es indispensable ya que demuestra la complejidad de estas representaciones para los que buscaron demostrar su mecanismo sin comprender sus rodamientos. Quiero hablar de Jean-Baptiste Biot este ilustre astrónomo y matemático, en medio del pasado siglo XIX, autor de muchas obras sabias se apasionó por los dibujos de Champollion realizados en las tumbas de Ramsés VI y Ramses IX que había descubierto en Tebas y de las que De Rougé había traducido la jeroglífica. Ya hablamos de ello en del décimo capítulo de este libro, pero he guardado este pasaje del texto de Biot porque se refiere precisamente a las dos casillas neutralizadas por los últimos de los Ocho Lugares que acabamos de ver.

Estos dos grabados, lo recuerdo, eran las representaciones astronómicas que favorecían la partida al *Más Allá de la Vida terrestre*. Las pronunciaciones jeroglíficas son conocidas por su incomprensión, pero conservadas a continuación para saborear mejor la exposición que fue leía en el escenario en plena Academia de las Inscripciones y Bellas-Letras:

"Entre los asterismos que vemos nombrados en este cuadro, hemos recorrido consecutivamente todos los que son efectivamente usados para su levantamiento a la entrada de la noche o del alba del día. Nosotros reconocemos así que la parte trasera de la Oca y la cima de Sahou se alcanzan y se siguen en el primero de estos fenómenos sin intermediario alguno. Sin embargo, en esta columna del cuadro vemos otros dos más entre ellos, nombrados Ary y Choon. Vamos a examinar por qué motivo han sido insertados y si ello es legítimo.

En primer lugar referente a la inserción, era indispensable para conseguir 13 líneas en esta columna como en todas las demás. En cuanto a la legitimidad de la inserción, bastaría para justificarla que los dos asterismos así introducidos se sucediesen consecutivamente en el horizonte oriental, entre el amanecer de Sahou y el trasero de la Oca, cualesquiera que fuesen los intervalos de tiempo en que subdividiesen.

Sin embargo, la cima de Sahou está indentificada a Alpha de Orión, y el trasero de la Oca a las estrellas de la piel de Orión, lo que quiere decir que cualquier estrella sin importancia hubiese podido ser intercalada entre estos dos asterismos, siempre que estuviese situada en este intervalo, a poca distancia del ecuador y de la eclíptica

Que el egipcio hubiese elegido estas dos u otras, igualmente intermedias, como los gemelos, era perfectamente libre de hacerlo como marca de tiempo. Pero según este mismo carácter, no se les podía posteriormente intercalar en el encabezamiento de las quincenas. Queda por saber por qué los han nombrados Ary y Choon, que son dos nombres de decanos. Podemos adelantar un motivo muy probable, pero para comprender esta aplicación, debemos conocer lo que eran los decanos para los antiguos egipcios".

Este largo preámbulo era necesario si el lector desea comprender este proceso que llevó la astrología a usar los 36 decanos, y no los 64 khent antiguos. Ahí otra vez, los griegos son totalmente responsables de esta transposición sin pies ni cabeza. Pero Biot tenía la certeza aunque lo explica de esta forma errónea ya que interfiere en una pronunciación que se dice jeroglífica cuando a lo sumo será helena. Juzguen:

"Los astrólogos griegos aplicaban el nombre de decano a los arcos de 10 grados sexagesimales en los que dividían cada signo zodiacal en tres porciones iguales; lo que les daba en total 36 decanos, en la que cada tríada llevaba el nombre del signo al que pertenecía. Y como la subdivisión griega del zodíaco en 12 signos aún era muy reciente para que la precesión los hubiese separado sensiblemente de las constelaciones a las que primitivamente se los había hecho corresponder en el cielo, las influencias astrológicas de cada signo en los decanos se suponía que proviniesen invariablemente de las estrellas que contenían.

Cuando los astrólogos griegos se apropiaron el invento egipcio, dieron a sus 36 divisiones zodiacales los nombres de los 36 decanos egipcios, traducidos a su idioma, suprimiendo el decano 37 suplementario, que les era inútil. Lo arreglaron también en el mismo orden sucesivo. Pero además, mantuvieron la identidad de aplicación en otro detalle, cuyo conocimiento es hoy para nosotros de gran importancia.

En las listas de decanos inscritos sobre los monumentos egipcios, algunos están ocasionalmente asociados a personajes figurados, acompañados de asterismos estelares, y abrazando cierto número de decanos contiguos, de forma que esta continuidad de decanos parece haber sido adjunta a un grupo particular de estrellas, componiendo una constelación egipcia a la que presidía el personaje figurado, quizás dándole su nombre.

Este nombre es el decano Sothis, el 36 de la lista egipcia. Su asterismo determinativo, llamado en nuestro cuadro la estrella de Sothis, se identifica indudablemente a nuestra Sirio, por todas las tradiciones y todos los testimonios de la antigüedad. El simbolismo:

▲ ☆ : *que lo designa sobre los monumentos, es habitualmente anexo a la figura de la diosa Isis, una de las mayores divinidades egipcias a la que Sirio era en todo tiempo consagrada. Sin embargo, los astrólogos griegos han aplicado la denominación equivalente a su 36 decano zodiacal, que de igual forma adjuntaron a la constelación del gran Perro, del que Sirio es la estrella principal."*

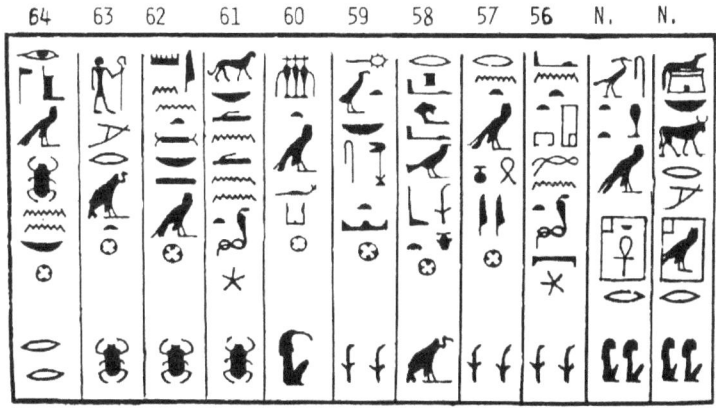

Este particular oscurantismo inconsciente de Biot, generó la incomprensión total de la teología monoteísta original de los egiptólogos de su tiempo, creó una psicosis de barbarismo en esta astronomía egipcia donde todo estaba censado de forma meticulosa, archivado escrupulosamente y estudiado espiritualmente.

Si nos referimos a nuestro cuadro de los 64 khent, ahí donde lo dejamos para hablar de los estudios de Biot, vemos con claridad que los dos asterismos intercalados en el calendario de la tumba de los Ramsés VI y IX, son en realidad las dos representaciones particulares intercaladas antes del khent 56 que inicia la Constelación de Géminis; nunca pretendieron ser algo intercalado, ni indicar cualquier estrella.

En fín, Sirio, o Sothis cuya representación jeroglífica es en astronomía indicada por Biot, tanto en el marco de su tumba como en el del cuadro, el error proviene de que el triángulo isósceles que ha sido ennegrecido por error por los dibujantes, luego por la imprenta, es en realidad blanco: 🔲 como en el N. que sigue al khent 40. Además no hay estrella, pero está rodeado de la morada eterna, no se trata de Sirio, sino de la FUERZA RADIANTE que brota de ella.

En conclusión para este capítulo, los 36 decanos no son más que una tentativa helena de integrar el verdadero conocimiento del inicio de los tiempos a su beneficio y sin discernimiento. Los 64 khent son efectivamente la transmisión del saber por los mismos antiguos egipcios. Y el último de todos, el 64, es de alguna manera una dedicatoria y una firma ya que no contiene efigie sombreada, sino dos bocas. Ellas significan que únicamente el *Verbo divino* es capaz de transmitir la *Ley* puesta bajo la autoridad legal del primogénito de Dios, luego de su hijo Horus, y al fin de todos los nacidos que son descendientes llevando la parcela divina.

CAPÍTULO XV

LAS COMBINACIONES-MATEMÁTICAS-DIVINAS O LOS ASPECTOS ASTROLÓGICOS

Para poder acabar de forma más específica este estudio astrológico según los conceptos más antiguos conocidos, veamos en este capítulo en detalle las configuraciones geométricas llegadas del fondo del cielo, más poéticamente nombradas en jeroglífico: las Combinaciones-Matemáticas-Divinas, o C-M-D.

Todos los términos usados en esta antigüedad de los tiempos eran tan representativos que la comprensión se efectuaba por si misma sin esfuerzo cerebral. El cinturón de las doce es mucho más explícito que el Zodíaco. Con el cinturón, sabemos inmediatamente que existen doce estrellas, que cada una en su grupo de estrellas forman un tipo de cinturón que abraza nuestro sistema solar. Para las C-M-D ocurre igual: ellas representan los movimientos combinatorios de las Fijas en primer lugar, que se unen a los de las Errantes para formar las configuraciones que interpretadas por los Horóscopos formarán la base de las cartas del cielo y de los estudios de los temas.

Por eso, esta carta será representada en un círculo de 360°, representando el cinturón. Pero este figurará también el globo terráqueo con sus doce Casas idénticas de treinta grados cada una. En este caso, los grados serán denominados longitudes en nuestra jerga moderna astronómica. Antes de seguir con la interpretación de las C-M-D, veamos cuales son los aspectos benéficos o maléficos o más exactamente las influencias que son susceptibles de determinar sobre un nativo que haya sido impregnado por una trama cervical totalmente personal que conservará a lo largo de su vida terrestre pero que será dotado de una evolución general que le será propia a lo largo de los ciclos venideros. Los aspectos de las C-M-D a tener en consideración son:

A. Las Benéficas:

El aspecto *sextil*,[22] cuyo ángulo de recepción de una radiación proveniente de otra fuente será de 60°, con tres de diferencia más o menos. Esta configuración está establecida como buena y su significado dependerá de dos emisores (las constelaciones) y de dos receptores (las Errantes) según las Casas donde se sitúan las puntas angulares.

- *El trigonal*, cuyo ángulo de recepción de la otra fuente sea de 120° con cuatro de diferencia en más o menos. El significado dependerá de las mismas condiciones como para el sextil.

- *La conjunción*, cuyo aspecto combinatorio es la confusión, el desorden, y la unión el punto de cruce de dos influencias bajo un mismo grado de círculo, o a seis grados máximo de diferencia entre los dos. Esta posición doble de radiación, es la más potente si es benéfica, o disminuye los efectos si al contrario es maléfica.

B. Las Maléficas:

El cuadrado, cuyo ángulo de recepción es particularmente intenso ya que llega a 90° de otra fuente, con cuatro más o menos de diferencia. Este aspecto es juzgado nefasto y la experiencia lo demuestra en casi todos los casos. Su significado definitivo dependerá en última instancia del emisor de la segunda fuente y de su situación en relación al primero en el tema del nacimiento.

- *La oposición* es la configuración clásica que, como su nombre indica, opondrá dos influencias en el seno de una vida en dos temas cuyo Bien y Mal se disputarán las ventajas y los inconvenientes. Este

---

[22] El aspecto de dos astros que distan entre sí sesenta grados.

aspecto seguirá una línea de horizonte propia con sus 180°, a más o menos 10 grados, pero de las que las dos que llegan, las Casas y las constelaciones determinarán la predestinación de la línea de vida del nacido.

- *La conjunción* también puede ser maléfica, como se ha dicho anteriormente, si uno de los dos emisores es el planeta que hoy llamamos Saturno y el otro Marte.

Es importante comprender que el efecto de influencia planeta no deja de ser bruscamente cuando el aspecto llega exactamente a los intervalos indicados, y no se detiene tampoco de repente en cuanto el ángulo se aleja del número de grados o signos fijos. Este efecto empieza a hacerse notar en cuanto los astros que forman el aspecto entran en órbita, es decir en cuanto penetran en la zona de acercamiento desde donde la observación demuestra que los planetas irradian con eficacia. De mismo modo, el efecto no dejar de ser cuando las Errantes con sus aspectos se hayan alejado más allá de la zona de separación constituida por la órbita de las configuraciones geométricas.

- Un aspecto exacto, formado en el grado justo, como un triángulo que va de 18° Aries a 18° Leo, será muy poderoso y actuará con fuerza.

- Un aspecto en órbita débil, pero que se convierte en poderoso si el planeta del que emana se acerca al aspecto exacto. Por ejemplo: Venus en 16° Aries en órbita de acercamiento del triángulo con Marte en 20° de León. Permanecerá débil si el planeta se separa cada vez más del aspecto exacto hasta alejarse al menos 6°. Después de ello, el efecto benéfico desaparece completamente.

- Un aspecto por acercamiento significa un valor previsible para el futuro.

- Un aspecto por separación indica una cosa que tiene sus raíces en el pasado y que se acaba o se borra.

De forma general podemos decir que cualquier aspecto exacto en un tema de nacimiento producirá un marcado efecto, y estable a lo largo de toda la vida en *Bien o en Mal*, y según la naturaleza y la determinación de los planetas que lo forman. Si existen varios aspectos exactos, la vida del nacido que está dotado de ellos, será ciertamente notable en lo que se refiere a acontecimientos indicados en las Casas terrestres con las que permanecerá en relación hasta su último soplo.

Los aspectos poco numerosos en el círculo, o sencillamente aproximados y sin dibujos geométricos, o aún viniendo de los movimientos retrógrados de varias de las Siete, dan muy a menudo vidas sin hechos notables, mediocres, las de los sin grados, que serán pronto esclavos de los acontecimientos y de los hombres fuertes. Es por lo que la posibilidad de poder y de saber controlar estas coacciones combinatorias es importante. Severamente controlada, esta falta de influencia en un tema de nacimiento permite el uso de las Combinaciones-Matemáticas celestes.

La naturaleza benéfica o maléfica de una Errante, por bien definida que esté en los manuales, cuenta con la acción superior de las doce del cinturón. Esta radiación es vital e influencia aún más la acción de las Siete de nuestro sistema solar. Así, uno de los aspectos es decretado como benéfico, igual éste no lo es forzosamente si la acción de una de las Doce es más poderosa en posición nefasta. Por ejemplo, si se dice que Júpiter en Casa 4 concede el éxito en las empresas emprendidas a lo largo de viajes, ello se revelará no sólo como falso, sino como peligroso si esta Combinación parte de la constelación de Escorpión.

Muchos otros factores deben ser tenidos en cuenta, difíciles de discernir sin profundizar todos los textos, ya que hemos visto que en su astronomía, los egipcios hacían decir a un sólo jeroglífico lo que trascribiríamos en tres o cuatro páginas. Para ellos era obvio, y nosotros hemos perdido ese origen.

Debemos, pues, desmarañar lo que aún poseemos para exprimir el conocimiento. Así, cuando se habla de un aspecto benéfico o maléfico, no quiere decir gran cosa. De hecho, si el dibujo de una configuración característica llega a un signo que constituye el lugar de habitación privilegiada de una Errante que ahí se sitúa, la Combinación no será benéfica más que si la otra extremidad del sextil o del trígono[23] está en Libra, en Acuario o en Géminis, y no en Escorpión o en Capricornio.

Igualmente, si el aspecto es maléfico a primera vista, sus consecuencias podrán verse fuertemente atenuadas o incluso suprimidas, si la Errante, en cuadrado o en oposición, ve la otra extremidad del aspecto en Virgo o Acuario. Por supuesto la complejidad reside en el hecho de que toda la astrología se debe empezar de cero, y que se debería emprender un nuevo método de razonamiento partiendo de cada una de las ocho mil cuarenta Combinaciones-Matemáticas primarias, y definir cada una por las Leyes que se desprenden.

Es demasiado fácil decir, tal y como se practica normalmente, que "si el nacido tiene su planeta Maestro en la Casa 1 que se aleja de la que le es opuesta en la Casa 7, no se casará jamás". O que "si la situación de la Casa 1 está entre la 4 y la 10, éste será un fracaso total en cuanto a la situación profesional del nacido". O también, que "si las Errantes que deberían estar en sus ubicaciones en las Casas 4 y 6 se sitúan conjuntamente en la Casa 8, su acción común acortará la vida del nacido por muerte prematura"...

Todas estas tonterías se dicen sin embargo, y ninguna ley prohíbe tal propagación. Entre los antiguos egipcios, sólo los que tenían el conocimiento de la ciencia divina podían ejercer el arte de instruir a las personas acerca de su futuro, y algunas particularidades no podían decirse con el objetivo de evitar inclinar el destino, sobre todo cuando la naturaleza de un tema enseñaba que se dirigía hacia un objetivo contrario a la armonía que debía existir entre el Creador y las Criaturas terrestres. Y en todo caso, la cuestión de la muerte era excluida de los temas, por el mismo hecho que hasta el último soplo expirado en la tierra, era posible acceder al Más-allá de la Vida terrestre, y que ello era la felicidad suprema.

Veamos algunos aspectos característicos de la antigüedad y que son aún válidos hoy, intentando transponer los términos con imágenes

---

[23] Conjunto de tres signos del Zodíaco equidistantes entre sí.

antiguas en oposición a sus homólogos contemporáneos, conocidos por todos, pero que no son tan representativos, como cuando se trata de Marte diciendo que "gobierna" a Aries y que es el Maestro de la primera Casa...

El Maestro de la Casa 1, junto al Sol, influye un deseo constante de elevación en el nacido que posee esta combinación, si está en compañía de Mercurio, acentúa una inteligencia que será muy apta para asimilar todo lo que se proponga de nuevo, además da una originalidad propia al nacido atraído por las ciencias más bien abstractas, en compañía de Venus la voluntad será atenuada por unos sentimientos que aportarán más dulzor en su vida diaria concediendo una cualidad de corazón que harán del nacido un ser de valor; en compañía de Saturno, la perturbación impuesta por este aspecto menos favorable podrá ser desviado cada vez que éste presente su doble geométrico por las fuerzas opuestas que serán puestas en valor justo en el mismo período.

Sin embargo, si la conjunción entre las dos Errantes descritas anteriormente presenta para la segunda un aspecto nefasto, es decir si la constelación que los une es una forma de exilio para ella, la combinación podrá cambiar sus influjos hasta ser totalmente opuesta, transformando las cualidades en defectos. Así, Mercurio las cambiará en espíritus sucios y excesivos; Venus los hará ser vanidosos e imbuidos de ellos mismos; mientras que Júpiter necesitará muchos más esfuerzos de los previstos para salir de una senda inesperada, erigida al inicio de cada nuevo ciclo de Júpiter. En cuanto a Saturno, aportará ahí un problema de los más difíciles de atajar, con una tendencia a la avaricia, acompañada de un corazón duro.

En cuanto a las relaciones de este Maestro de la Casa 1, ya no con las Errantes, sino con los otros dominios del Zodíaco, en número de 11, así como otras dominantes entre ellas, sus relaciones se estudiarán siguiendo este mismo principio anterior. Es decir que si los maestros de las buenas Casas 1 y 2, por ejemplo, son de naturaleza favorable, y conjuntas en un tema de nacimiento, o en aspecto combinatorio benéfico, la noción de ganancia es importante o de beneficio sustancial inherente a la segunda Casa predominará fácilmente en la interpretación general que se efectuará.

Si por otra parte, el Maestro de 1 y el Maestro de 2 son de una naturaleza contraria, o que la conjunción sea un exilio o una caída de la Errante conjunta, o que el aspecto que las une sea negativo, o bien que el maestro de 1 se separe o se aleje del Maestro de 2; en todos estos casos el beneficio será difícil, poco renumerador e inestable. Esta enumeración basta para hacer comprender el mecanismo de las relaciones de los planetas entre ellos, por su aspecto, según la Casas que ocupan o gobiernan.

Cuando una combinación benéfica sucede a otra, las ventajas prometidas se realizan con certeza, y son más duraderas.

Si un aspecto maléfico sucede a otro benéfico (sobre un mismo tema, por supuesto), el beneficio prometido no será más que pasajero, o será motivo de una pena, de un problema o de una desgracia, y viceversa.

En resumen, debemos observar referente a los aspectos:

a) El Orden de poder del planeta de donde viene el aspecto por estudiar y su analogía.
b) El Estado celeste de este planeta, es decir su más o menos Dignidad en relación a los que espera.
c) Su Estado terrestre, es decir su determinación, indicada por la Casa en la que se sitúa y en la que ésta domina.
d) El Acercamiento o la Separación entre los planetas que forman el aspecto.
e) La Forma benéfica o maléfica del aspecto.
f) El Signo, en que el cae (Dignidad o Debilidad de la Errante).
g) La Casa, en la que el aspecto viene a estar.
h) La Forma en la que se suceden los aspectos.

Con la ayuda de estos diversos elementos, es fácil establecer cual de las Errantes, en el aspecto, es realmente la más poderosa para ayudar o aniquilar. Si la dos son dominantes, la que posee más analogía con el efecto considerado prevalece.

Es evidente que una vez aprendida la jeroglífica de las Doce del Cinturón con sus Combinaciones-Matemáticas influyentes, queda aún por asimilar el dominio mucho más amplio de las interpretaciones que dependen de un complejo difícilmente cernido y en el que conviene conservar una ética rigurosa. Ya que la interpretación en un tema depende tanto de su instrucción anterior en la materia, como de su destreza e intención de no desear interpretar según su propio concepto.

En primer lugar se debe haber establecido una carta del cielo sin error alguno. Y actualmente, la cuestión de la hora es primordial, y veremos en conclusión cómo hacer para no dejarnos inducir al error por todas las efemérides. Convendrá luego reunir todos los elementos necesarios para la búsqueda precisa a realizar, y ello antes de iniciar el estudio. Este preámbulo primará sobre el valor moral, físico e incluso material del nacido, con todos sus aspectos buenos o malos, antes de sacar una síntesis nefasta o benéfica, temperamental y sentimental de un periodo determinado.

Es evidente que para no hacer de la astrología un negocio, se debe tener una intuición muy buena unida a un sentido de la observación muy aguda. La persona que ha acabado todos sus estudios deberá ser además un analista de sistemas, como se diría en informática, donde la lógica primaría sobre la necesidad. Las reglas codificadas de las Combinaciones-Matemáticas no vendrán más que en segundo lugar, ello no es suficiente para realizar una buena astrología.

El estudiante que se inicia para ser Maestro, sólo lo será si está en "regla con la Ley de la Creación divina", solo entonces pasará a la aplicación según las bases mismas:

1. Cada una de las Combinaciones-Matemáticas juega un papel preciso para cada uno de los momentos de una existencia humana, y ello, en dos planos diferentes al tema astral:

   a. por el ángulo dibujado en la constelación que definirá a una de las doce tendencias generales de la personalidad.
   b. por la Casa que lo recibirá en el tema natal, definida por el Ascendente y, pues, el momento y el lugar de nacimiento.
   c. por el emplazamiento de las Siete Errantes, que afinarán el boceto sentimental, las facultades, las capacidades morales e intelectuales.

d. por la posición de cada uno de los aspectos determinados en los tres párrafos anteriores, en sus relaciones unos con otros.

Ello forma parte de una contabilidad exacta, denominada a justo título: Combinaciones-Matemática-divinas. Su conjunto forma la parcela divina a su nacimiento. Es él, de alguna forma, que impregnando una alma humana en un cerebro, "da vida" de pensamiento en la envoltura carnal humana. Sin ella, el ser no sería más que un cordero, o un becerro semejante a cualquier otro cuerpo animal. Las C-M-D, por su número, su especificad y su grado de poder, crean, animan, dirigen y definen los sentimientos y los actos de toda una vida, definiendo de antemano las reglas armónicas que debería seguir para vivir en acuerdo con las reglas celestes y poder acceder de esta forma a continuación al más allá de la vida terrestre sin mayor dificultad.

2. El conjunto de la Combinaciones-Matemáticas-divinas alcanzan al recién nacido y le permitirán formar un carácter determinante, cuyos fundamentos podrán ser precisados por los dibujos formados sobre la carta dibujada:

a. según el emplazamiento de la primera Casa y de su constelación, o de las Errantes que ahí tienen asilo y domicilio.
b. según el número de buenos y malos aspectos de los que parten.
c. según la posición del Ascendente en la constelación nativa.

Esta triple determinación prefigurará lo esencial de lo que se convertirá en la "consciencia" del ser convertido en humano por el nombre que le fue atribuido. Es a partir de ese momento que la educación deberá tener en cuenta las influencias de las C-M-D. Más que un psicólogo, debería ser un astrólogo cuyos consejos iluminados pudiesen cambiar totalmente las influencias nefastas de los astros a lo largo de los años jóvenes. El Maestro del ascendente identificado y situado en su contexto astral delimita un campo de fuerzas precisas, cuyo origen puede ser quebrado si es nefasto, influyendo en los momentos contrarios al espíritu del niño. ¿Quién no se ha sentido tentado de regañar un adolescente el día en el que éste no estando "dispuesto" no escuchaba nada? El espíritu no es receptivo a cualquier diálogo más que el momento en el que es apto a su uso, lo que no siempre ocurre.

Por ejemplo, si varias Errantes se sitúan juntas en esta Casa 1 al tiempo de la que tiene su domicilio ahí, ningún influjo preciso saldrá: no habrá más que tendencias secundarias de las que será bueno determinar una, mucho mejor, para los períodos en los que ésta pudiese verse influida por el nativo mismo. Esta modificación de los caracteres dudosos, con el fin de hacer de ello fuerzas de la naturaleza, era muy a menudo realizada en la antigüedad, cuando los niños seguían sus estudios en las Casas de Vida, y ello, con el mayor éxito.

3. Este cinturón de las doce, perfectamente definido en los diferentes capítulos de este libro, no nos lleva a las C-M-D por un camino directo, ya que se ven perturbadas a lo largo del recorrido por las Siete Errantes en movimiento constante y uniforme en el cielo de nuestro sistema solar. De ahí una segunda matemática, quizás más adecuada para las débiles competencias humanas que forman cada "Yo" humano. Los planetas son visibles a simple vista para quienes deseen contemplarlos cuando el cielo está claro. En cuanto a las dos luminarias, sus diámetros y su luminosidad los hace casi al alcance de la mano. Todas estas efemérides astronómicas ofrecen unas coordenadas al segundo, frente a las constelaciones bajo las que evolucionan, y no dentro. Estando bien por debajo, la radiación golpea indiscutiblemente a la Errante cuando ésta pasa, perturbando así el descenso hacia la tierra, en unas condiciones precisas por las configuraciones dibujadas en ese momento, entre la Errante y las C-M-D.

Es por lo que siempre será preferible tener este planeta en triángulo o sextil, buen situado en otra Casa que la que determinará el Ascendente. Y el motivo es sencillo ya que la Errante no es más que un espejo sin influencia personal. Ella refleja las radiaciones que intercepta, reenviándolas perturbadas hacia la tierra, siempre a esta velocidad de la Luz, no lo olvidemos de 300.000 km/s. El planeta es como prisionero de su propia navegación celeste, cuya antigua observación demostró que unas eran nefastas por esencia, y las otras benéficas.

4. Varias Errantes en una Casa, y en contrapartida pasando frente a una constelación en el momento del nacimiento, predisponen a una actividad intelectual más intensa. Esta configuración específica, sobre todo cuando hay una o varias conjunciones, permiten un interesante beneficio para tantas disciplinas literarias y científicas como influencias planetarias diferentes. Ellas caracterizarán además, la comprensión y la adaptación de los/las nacidos/as a las ideas de una tercera persona. Si, además, Mercurio está incluida en esta combinación, el campo de las predisposiciones espirituales será infinita. El evidente dominio de esta Errante dará un tipo astral muy raro que tendrá una vida ejemplar en el campo cultural que habrá elegido para realizarse según sus deseos.

5. El Sol y su influencia es menos determinante que su aportación reflectora de la radiación de la trama que viene de una de las Doce del Cinturón. Así no debemos ver un interés particular en el hecho que un nacido haya llegado a su vida terrestre en el amanecer del astro del día más que a su atardecer o en el trascurso de la noche. Su posición en la primera o la doceava Casa tendrá mucha más importancia. Por contra, la pregunta de la determinación de la hora del nacimiento tendrá un importancia primordial, ya como hemos observado en el gran cuadro, del capítulo 13, los cálculos para el inicio de la primera Casa no tienen más que minutos de amplitud. Es eso lo que será objeto del último punto que veremos en detalle, ya que en Francia, la hora tiene varias facetas. Pero en cualquier lugar la hora legal es 60 minutos de 60 segundos. Un día legal tiene 24 horas, que van de cero horas a media noche. Lo que todos sabemos. Pero, incluso descontando durante la noche, el día estaba basado en el paso del Sol al meridiano de Greenwich, dos veces sucesivas eran admitidas ocurriendo a medio día precisamente cada día, separando así el espacio de tiempo de 24 horas que son el día civil.

Sin embargo, la observación astronómica demuestra desde la antigüedad de los tiempos, es decir mucho antes de que esta anomalía sea demostrada científicamente, que el Sol no pasa exactamente en el mismo instante de equivalencia del meridiano de Greenwich todo los días. ¡Algunas veces se adelanta y otra se retrasa! lo que todo el mundo sabe. Ello proviene del movimiento irregular de la rotación de la tierra, el mismo que hace variar el tiempo introduciendo las diferentes estaciones: más rápido en invierno, y menos rápido en verano. Esta irregularidad provoca los dos medios días consecutivos, la diferencia más o menos mayor en correspondencia a las épocas en el que el movimiento irregular de la tierra a lo largo de su órbita y la oblicuidad de la eclíptica actúan conjuntamente.

Desde el instante en el que el sol está más cerca de la tierra, en perihelio[24] el 24 de diciembre, hasta el momento en el que se aleja en afelio el 21 de junio. La hora de los péndulos terrestres del mundo entero adelanta sobre la hora solar. La mayor diferencia es de 17 minutos el 3 de noviembre. Un reloj bien regulado, incluso atómico, no "se guía pues con el sol". Veamos a título documentario, para permitir al lector calcular él mismo la hora de un nacimiento, la diferencia tomada de quincena en quincena, entre la hora fijada legalmente y la del sol a medio día:

1er janvier – Midi + 4'	1er juillet – Midi – 3'
15 janvier – Midi + 10'	15 juillet – Midi – 5'
1er février – Midi + 14'	1er août – Midi – 6'
15 février – Midi + 14'	15 août – Midi – 4'
1er mars – Midi + 12'	1er septembre – Midi – (identique)
15 mars – Midi + 9'	15 septembre – Midi – 5'
1er avril – Midi + 4'	1er octobre – Midi – 11'
15 avril – Midi (identique)	15 octobre – Midi – 14'
1er mai – Midi + 3'	1er novembre – Midi – 17'
15 mai – Midi + 5'	15 novembre – Midi – 16'
1er juin – Midi + 3'	1er décembre – Midi – 11'
15 juin – Midi (identique)	15 décembre – Midi – 5'
	25 décembre – Midi – (identique)

Es fácil observar a simple vista en el cuadro la complejidad del movimiento de rotación terrestre que sitúa no sólo el verdadero medio día cuatro veces al año con nuestros relojes, estando mientras tanto en retraso, o en adelanto. Como nuestros péndulos no varían, este ejemplo demuestra perfectamente por qué los antiguos egipcios se habían fabricado un año de 360 días. Dentro de cinco mil años, quién no nos dice que nuestros menores de las "civilizaciones avanzadas"

---

[24] La traslación de la tierra sobre el sol tiene un momento en el que está más alejado que se llama Afelio. Por el contrario, el punto más cercano de la tierra con el sol es el Perihelio.

comprendan nuestra "salvajada" de utilizar una hora rígida mientras que es tan frágil en el cielo...

No podemos imaginar pedir a nuestros relojes variaciones iguales a las de este cuadro anterior. No existe ningún mecanismo sutil, delicado conocido por todos. Es por lo que fue decidida la determinación de regular de una vez por todas sobre un Sol ficticio, de ahí nació el "medio-día medio". Era sin embargo, indispensable darse cuenta en cuánto tiempo exactamente se realizaba la rotación diurna de la tierra para corresponder al verdadero medio día.

El Sol no podía ser utilizado para tal medida, Flammarion nos enseña que se pensó en estudiar el paso en el meridiano de una estrella Fija. Y rápidamente se constató que la estrella que pasa por el meridiano con una puntualidad absoluta, al segundo, cada día, empleando siempre 86.164 segundos, jamás uno de más, ni uno de menos; los que hacen exactamente 24 horas, pero únicamente 23h 56' 4", duración de la rotación diurna del globo terráqueo, rotación llamada "*día sideral*".

Este es pues más corto que el día civil de 3' 56" y para recuperar esta diferencia, la tierra debe girar aún a lo largo del mismo espacio de tiempo para que el Sol se sitúe en el punto exacto que ocupaba la víspera en el meridiano (23h 56' 4" + 3' 56" = 24 horas).

Sobre la totalidad del año, esta diferencia corresponde a las 366 rotaciones y ¼ que la tierra debe realizar para equivaler a los 365 días ¼ del año solar: es decir exactamente una rotación de más o 24 horas suplementarias a incorporar en el año de 365 días ¼ al final del cuarto año. Es fácil darse cuenta, observando cualquiera de las efemérides, en el día de la entrada del Sol en Aries, época en la que empieza esta incorporación de 3' 56" por día, que añadiéndose hasta el próximo regreso del Sol, realiza las 24 horas suplementarias.

Para 1.882, por ejemplo, el Sol está censado entrar en Aries el 21 de Marzo, pero ese día, tradicionalmente de primavera, no correspondía ya a la realidad, por el fenómeno de los años bisiestos.

Todos estos artificios humanos destinados a recuperar los movimientos combinatorios en el espacio por las sumas matemáticas de Tiempo, aportan la prueba de que los antiguos egipcios habían encontrado una solución diferente a su problema de los 360 días para coincidir con los 360°, pero el proceso era del mismo tipo del de nuestros días.

Hemos visto que en la antigüedad, el día se contaba en doce horas de día, y doce horas de noche, de longitud de tiempo diferente según la estación. Pero actualmente, el calendario, después de haber adoptado el gregoriano juliano, decidió que el Tiempo se contaría de medio día a medio día en astronomía, y, pues, en astrología la media noche empezaba el inicio del día legal. Pero para las efemérides de las que se servían todos los astrólogos para sus cálculos de las horas de los nacimientos, medio día corresponde a la hora cero, lo que divide este tiempo efímero en dos grupos de doce horas en astronomía muy diferente del que según los orígenes se tenía de los antiguos egipcios:

a) de medio día hasta media noche = 12 horas.
b) de media noche hasta medio día = 12 horas.

Si volvemos a este nacimiento que tuvo lugar en 1.882, y que fue el de Franklin Delano Roosevelt, presidente de los Estados Unidos de América, que tuvo la gran responsabilidad de hacer entrar su país en la Segunda Guerra Mundial. Nació exactamente a las 20h 20', en Hyde Park, el 30 de enero 1.882. Esta hora significa en astrología que el nacimiento llegó al mundo cerca de la octava hora ¡ya que medio día es el inicio! Ello da de alguna forma la base de partida de la construcción real de la hora del nacimiento. Varias definiciones son necesarias antes de llegar a ello:

- La hora local del nacimiento. Se trata de la hora en alguna forma legalizada, en el lugar de nacimiento, pero a la que deberemos añadir o sustraer la diferencia existente en horas, minutos y segundos entre la longitud de este lugar y la de Greenwich que es el meridiano que define el punto cero. La diferencia entre Nueva York y Greenwich es evidentemente muy importante. Pero en Francia, otras complicaciones han intervenido, aún más engorrosas por el hecho que los franceses no utilizaban

Greenwich como tiempo de referencia sino el de París antes de 1.891, hasta el 15 de marzo de ese año para ser precisos.
- La hora local de cada ciudad en Francia era calculada según su longitud propia en relación a un grado cero, que aún no era Greenwich, sino París. Cuando era medio día en *Caen,* que se sitúa en la longitud de Greenwich, era y aún lo es hoy, medio día y cinco minutos en París cuando hasta en 1.891, la hora local de *Evreux* eran las doce menos cinco en relación con el medio día parisino.
- La situación horaria en Francia no se mejoró hasta después de 1.891. Incluso empeoró hasta 1.911, fecha en la que se alineó con Greenwich. Del 15 de marzo 1.891 hasta el 10 de marzo de 1.911, la hora no sólo fue arbitraria, sino anormal, ya que la hora legal de París se había aplicado a toda Francia. Cada uno comprenderá con facilidad que el tiempo (horas) no puede ser igual en *Vannes* donde el Sol se pone 20 minutos más tarde que en París, o en Marsella, donde se pone 41 minutos antes que en *Morbihan.*

Si por ejemplo el tema de Jean Paul Sartre, nacido el 21 de junio 1.905 en París, a las 6 h 35', se realizase, se debería antes de realizar cualquier otro cálculo, reducirlo en nueve minutos. No será más que el 10 de marzo de 1.911, después de un acuerdo gubernamental que sigue siendo inexplicable para la mayoría de los franceses que elevaron grandes protestas muy justificadas, que el país se decidió adoptar la hora de Greenwich.

Ello provoca que el error común de los astrólogos es retirar en lugar de añadir los nueve minutos y algunos segundos en un tema de nacimiento, realizando así desde el inicio un error de más de 18 minutos para el cálculo del ascendente. La mayoría cuentan en efecto esta diferencia de tiempo de 9' 20" de menos a la hora del nacimiento en París. Lo que igualmente está demostrado por las efemérides que dan la correcta posición planetaria, pero incorrecta en longitud al meridiano de Greenwich, de ahí el error.

Otro tema escabroso, las diferentes horas de "verano". Esta hora, que no tiene ningún motivo, ni matemático, ni espacial por existir, se debe a las contingencias económicas nacidas de las guerras, antes de ser adoptadas actualmente por las economías de energía y de carburante. Lo arbitrario reside en estas horas y en las fechas a las que fue cambiada esta hora llamada de verano. A fin de poder restablecer la hora sideral verdadera para un nacido en estas épocas, veamos el cuadro completo de las horas de verano desde que fueron introducidas en 1.916, exclusivamente en Francia:

Année	Date	Heure	Fin	Heure	Année	Date	Heure	Fin	Heure
1916	14.6	23h	1.10	24 h	1928	14.4	23 h	6.10	24 h
1917	24.3		7.10		1929	20.4		5.10	
1918	9.3		6.10		1930	12.4		4.10	
1919	1.3		5.10		1931	18.4		3.10	
1920	14.2		23.10		1932	2.4		1.10	
1921	14.3		25.10		1933	25.3		7.10	
1922	25.3		7.10		1934	7.4		6.10	
1923	26.5		6.10		1935	30.3		5.10	
1924	29.3		4.10		1936	18.4		3.10	
1925	4.4		3.10		1937	3.4		2.10	
1926	17.4		2.10		1938	26.3		1.10	
1927	9.4		1.10		1939	15.4		18.11	

Para complicar un poco los cálculos, la guerra mundial que duró cinco años, dividió Francia en dos partes, con diferentes husos horarios, veamos las nomenclaturas:

A. Zona ocupada:

1940: 25 febrero- 2horas-, adelanta una hora; 14 junio -21 horas-, adelanta dos horas (especial en París); 1º julio -21 horas-, adelanta Dos horas (especial en Burdeos);

1941: adelanta dos horas todo el año para la zona ocupada.

1942: adelanta dos horas hasta el 2 de noviembre. Devuelta después a una hora hasta finales de año.

1943: adelanta una hora hasta el 29 de marzo a las 3 de la mañana, cuando es devuelta a dos horas.

B. Zona Libre:

1940: 25 de febrero -2 horas-, adelanta una hora.

1941: adelanta una hora hasta el 4 de mayo; a partir del 5 de octubre se devuelve a una hora;

1942: 8 de marzo -23 horas-, adelanto llevado a dos horas; 2 noviembre -3 horas-, adelanto devuelto a una hora.

Para el resto, las efemérides ofrecen como documento de actualidad todos los cambios de hora hasta nuestro año 1.981. Así que esta hora habiendo sido hallada se podrá seguir, si el nacido tiene la mala suerte de haber llegado a término en uno de estos períodos, se deberá incluir en los cálculos las diferencias entre la hora legal y la que los relojes de los ayuntamientos marcaban, la hora sideral y el meridiano de Greenwich.

Veamos como conclusión, como se establecía una carta del cielo en tiempo de los antiguos egipcios.

CAPÍTULO XVI

LA CARTA DEL CIELO DEL NACIMIENTO

La técnica antigua, eminentemente sencilla en sus conceptos no lo era menos en su credibilidad comparada con las preconizadas por las diversas escuelas astrológicas que, al tiempo que atribuían radiaciones a Neptuno, Urano, Plutón e incluso otros planetas desconocidos, encuentran una decimotercera constelación e incluso una catorceava...

Los antiguos Maestros de la Medida y del Número se revolverían en sus tumbas de desesperación, si no hubiesen conocido los defectos inherentes a la raza humana y sobre todo si no hubieran vuelto desde milenios a un mundo mejor, dejando a su Creador original el cuidado de mantener las nuevas generaciones de criaturas.

¿Cuáles eran los elementos disponibles en la antigüedad, siempre intangibles en el lento movimiento que desplaza el conjunto de todo nuestro sistema solar? En primer lugar las doce del cinturón que llamamos hoy el Zodíaco Celeste, tal como las vemos en el seno del firmamento con sus diferentes tamaños, y como fueron reproducidas en el Círculo de Oro terrestre y en el techo de Dendera. Después tenemos las Siete Errantes, que son nuestros cinco planetas visibles acompañados de las dos "luminarias" que son el Sol y la Luna. Es muy evidente que las radiaciones enviadas por las Doce no pueden ser influenciadas en lo más mínimo por una reverberación sobre otros planetas muy lejanos y sobre todo perfectamente helados como debe ser Plutón y consorte. Eso para el cielo.

En cuanto al plano terrestre para el recién nacido, lo importante a tomar en consideración era el ángulo geométrico del lugar de nacimiento en la escala de los 360°, acompañado por la hora sideral de ese momento, lo que daba una base de cálculo equivalente, en el orden de los elementos nombrados anteriormente, a:

12 X 7 X 360 X (24 X 60 /4) (dividido por 4) = 10.886.400 C-M-D de base.

Lo que equivale a decir con justicia que incluso los mellizos nacidos en el mismo lugar, pero sólo con tres minutos de intervalo, no podrán tener la misma carta del cielo. Además, sea cual sea la fecha por estudiar, y el acontecimiento al que se refiere, lo primordial será determinar la hora exacta. De ahí la importancia que los antiguos daban a la educación de los novicios destinados a entrar en la venerada orden de los Horóscopos, que literalmente, significa "Guardián de las Horas".

La carta del cielo del recién nacido es pues para él solo, es decir, el indicador exacto del momento del nacimiento por estudiar. Era el punto preciso del Zodíaco que pasaba por encima del horizonte personal en el momento del nacimiento, y que ofrecía el punto de partida del Ascendente o de la Casa 1.

Estas dos coordenadas terrestres que son el lugar y el momento del nacimiento están en absoluta equivalencia con dos definiciones celestes que aseguran una armonía total con la C-M-D. Por una parte, la longitud corresponderá con el momento del nacimiento, es decir, con la hora sideral: la otra, la latitud unirá el lugar de nacimiento con las Casas que serán los reflejos de los particulares influjos de las Doce en los terrenos de la vida humana.

Es por lo que es indispensable conocer, la longitud y la latitud terrestres del lugar de nacimiento para poder determinar estos puntos esenciales:

1) El grado exacto del meridiano de este lugar, o el Medio del Cielo Celeste:
2) La posición que los planetas ocuparán en el círculo de la Eclíptica a la hora del nacimiento en este lugar habrá sido llevada a la hora del meridiano-tipo de Greenwich.

Es también indispensable conocer la latitud del lugar de nacimiento, para determinar con exactitud el *Punto o el Grado* preciso del Zodíaco que pasaba en el horizonte en el momento de este nacimiento, dando el signo ascendente y el grado ascendente.

El centro del cielo, su cálculo planetario, la posición del Signo y del Grado ascendente serán determinados a su vez por las otras divisiones del Horóscopo (Casas), así como las particularidades del horóscopo individual.

Las longitudes se cuentan sobre la misma línea del Ecuador, en dirección Este-Oeste, o Oeste-Este, siguiendo ciertas condiciones de la natividad, dependiendo del meridiano del lugar donde el nacimiento se había producido en relación al meridiano de Greenwich (Inglaterra). La longitud fija el lugar de los planetas en el zodíaco.

Un grado es la 1/360 parte de un círculo, de cualquier circunferencia; y en astrología un grado es la 1/360 parte del círculo del Ecuador o del de la Eclíptica. De tal forma considerada, es grado de longitud. Pero el número 360 corresponde también al total de las horas del día, y al círculo que traza virtualmente la tierra girando sobre ella misma en 24 horas. Su parte se expresa entonces en tiempo, como cuando decimos que cada signo del zodíaco pasa en el horizonte en el espacio de dos horas: un grado de longitud equivale a 4' de tiempo.

Se necesita pues 15° para tener una hora, es decir 15° X 4 = 60' o una hora; y 30° X 4 = 120' o dos horas.

Y para llegar hasta el final de la demostración deberemos tomar los cálculos de los horarios antiguos, que vemos en el cuadro de lectura directa del momento del nacimiento sideral. Las 24 horas de 60 minutos divididas en cuartos nos dan los 360° del total de los momentos del nacimiento en un día.

Dos cosas aún son indispensables, siempre y en todo lugar, para establecer una carta del cielo, o horóscopo:

1) Una efeméride del año del nacimiento a estudiar, dando para cada día la hora del verdadero medio día, llamada hora sideral

o en inglés *sideral time,* y dando también la posición de los planetas para cada día a medio día Greenwich. La hora sideral u hora del verdadero medio día, aumenta cada día en 3' 56", a partir del momento en el que el Sol hace su entrada en Aries, lo que es fácil observar consultando la efeméride de cualquier año, estos 3' 56" representan la verdadera marcha del Sol, sobre la que no podemos regular nuestros péndulos, ya que cada día deberíamos adelantar en gran detrimento de su mecanismo.

2) La tabla de las Casas corresponde a la latitud del lugar de nacimiento, y que, tal como lo indica su nombre, servirá para situar el ángulo del ascendente, partirá de las cimas de las Casas astrológicas que tendrán cada una 30°. Existe una tabla de Casas para todas las latitudes francesas en el capítulo 13. Nos hemos limitados a estas tablas de las Casas para el 45° y para el 49°, la primera se utiliza para el *Midi* de Francia, también para el sur-este tanto como para el sur-oeste, del que Perpiñán es el punto extremo, en 43° de latitud; para Aviñón o *Albi* en 44°, para *Puy* en 45° más o menos, y encima para el 46°. La segunda siendo válida para los lugares situados en 47, 48, 49, 50 grados, Incluyendo *Lille* como límite, y París como media en 48° 50°.

La orientación de un tema de nacimiento se consigue a través de la hora local, es decir, de la hora que era en el momento y en el lugar donde tuvo lugar el parto, se pueden presentar tres casos:

- El nacimiento tuvo lugar a medio día exactamente
- El nacimiento tuvo lugar antes de medio día
- El nacimiento tuvo lugar después de medio día

Manteniendo en la memoria el recuerdo de que la hora local debe ser añadida o sustraída de la hora sideral según el instante real del momento del nacimiento, será bastante fácil conseguir el tiempo verdadero. Por ejemplo: el tema de Jean Mermoz, nacido oficialmente el 9 de diciembre de 1.901 en *Aubenton (Aisne),* a las 1h 40'. El nacimiento tiene lugar, pues, antes de medio día, el tiempo cero. Conviene entonces deducir el tiempo que existe entre la hora sideral (11h 53' 09") y la hora local del nacimiento 10h 13' 09" que debemos aún multiplicar por la diferencia entre el reloj de *Aubenton* y la de Greenwich, lo que nos da 1h 35' 45". Lo que debemos comprender bien, es que este "enderezamiento" astronómico no es más que un juego matemático destinado en restablecer el tiempo espacial completamente falseado por los humanos. Lo que no tenían que hacer los antiguos egipcios ya que con el año de Sirio, obtenían el tiempo verdadero del nacimiento sin dificultad. Aún actualmente debemos añadir además 10" cada hora para recuperar los 3' 50" del retroceso tomado por la tierra sobre el Sol, ya que este globo es nuestro patrón.

Gracias al Cuadro de las Casas catalogado a finales del capítulo 3, vemos que la verdadera hora de nacimiento de Jean Mermoz es 0 h 02' (1 h 40' − 1 h 37' 20"), para el 48° de Aubenton el ascendente se sitúa en 0° 55' del inicio del Zodíaco, es decir 25° 25' de Cáncer ya que el inicio del Círculo de Oro egipcio no estaba en Aries, sino a finales de la pequeña constelación de Cáncer.

Son, además, las doce de este cinturón celeste de partes desiguales que facilitan los datos calculables de las doce Casas con igual tamaño, ya que las doce constelaciones, a pesar de ser desiguales, permanecen intangibles en un contexto inextensible de 360° únicamente.

Lo que no significa por ello que el ascendente, o la Casa 1, iniciando en 25° 25' de Cáncer, hará que las once otras Casas iniciarán también en 25° 25' de cada signo, ya que el tamaño de estas difieren. Prueba de ello para Jean Mermoz a continuación:

```
Maison  1 :   25° 25'  du Cancer
Maison  2 :   29° 25'  du Lion
Maison  3 :   23° 25'  de la Vierge
Maison  4 :   17° 25'  de la Balance
Maison  5 :   23° 25'  du Scorpion
Maison  6 :   29° 25'  du Sagittaire
Maison  7 :   25° 25'  du Capricorne
Maison  8 :   21° 25'  du Verseau
Maison  9 :   19° 25'  des Poissons
Maison 10 :   25° 25'  du Bélier
Maison 11 :   23° 25'  du Taureau
Maison 12 :   21° 25'  des Gémeaux
```

Lo que permite llegar al emplazamiento de las Siete Errantes que servirán como receptores a los emisores que forman las doce gracias a las Combinaciones-Matemáticas-divinas, cuya geometría permitirá el estudio previsional a partir de una fecha exacta de nacimiento.

Pero hoy esta determinación necesita nuevas correcciones de hora aún más complejas. Es lo que muy a menudo echa para atrás a los estudiantes del primer curso apasionados por la astrología.

Para conseguir la orientación real de una carta del cielo con su división de doce Casas de 30° cada una, era indispensable la hora como tiempo de referencia, pues dividido en esas 24 partes uniformes de un día, lo que no ofrecía ninguna complicación para el cálculo del avance planetario, del "paso" diario de cada Errante, la hora se convierte en un espacio de tiempo en grados, minutos y segundos.

Hoy, para situar un planeta en el momento deseado, en su tiempo propio en el espacio, el problema no es el mismo. Comprendámoslo, nuestro horóscopo será desde ahora orientado, con sus doce Casas antiguas y sus doce constelaciones de diferentes tamaños. En este Círculo de Oro, las Siete Errantes deben navegar en armonía.

El 9 de diciembre de 1.901, por ejemplo, el cielo que vio nacer a Jean Mermoz, el tiempo sideral era de 17H 09' en el momento en que la hora local eran las 12 horas, es decir con más o menos cinco horas de desfase con nuestros relojes. Si esta diferencia no juega para las Errantes lentas como Saturno y Júpiter, es sin embargo más sensible para los dos luminarios, sobre todo para la luna.

	0	1	2	3	4	5	6	7
0	∞	1.3802	1.0792	.90309	.77815	.68124	.60206	.53511
1	3.1584	1.3730	1.0756	.90068	.77635	.67980	.60086	.53408
2	2.8573	1.3660	1.0720	.89829	.77455	.67836	.59965	.53305
3	2.6812	1.3590	1.0685	.89591	.77276	.67692	.59846	.53202
4	2.5563	1.3522	1.0649	.89354	.77097	.67549	.59726	.53100
5	2.4594	1.3454	1.0615	.89119	.76920	.67406	.59607	.52997
6	2.3802	1.3388	1.0580	.88885	.76743	.67264	.59488	.52895
7	2.3133	1.3323	1.0546	.88652	.76567	.87122	.59370	.52793
8	2.2553	1.3259	1.0512	.88420	.76391	.66981	.59251	.52692
9	2.2041	1.3195	1.0478	.88190	.76216	.66840	.59134	.52591
10	2.1584	1.3133	1.0444	.87961	.76042	.66700	.59018	.52489
11	2.1170	1.3071	1.0411	.87733	.75869	.66560	.58899	.52389
12	2.0792	1.3010	1.0378	.87506	.75696	.66421	.58782	.52288
13	2.0444	1.2950	1.0345	.87281	.75524	.66282	.58665	.52187
14	2.0122	1.2891	1.0313	.87056	.75353	.66143	.58549	.52087
15	1.9823	1.2833	1.0280	.86833	.75182	.66005	.58433	.51987
16	1.9542	1.2775	1.0248	.86611	.75012	.65868	.58317	.51888
17	1.9279	1.2719	1.0216	.86390	.74843	.65730	.58202	.51788
18	1.9031	1.2663	1.0185	.86170	.74674	.65594	.58087	.51689
19	1.8796	1.2607	1.0153	.85951	.74506	.65457	.57972	.51590
20	1.8573	1.2553	1.0122	.85733	.74339	.65321	.57858	.51491
21	1.8361	1.2499	1.0091	.85517	.74172	.65186	.57744	.51392
22	1.8159	1.2445	1.0061	.85301	.74006	.65051	.57630	.51294
23	1.7966	1.2393	1.0030	.85087	.73841	.64916	.57516	.51196
24	1.7782	1.2341	1.0000	.84873	.73676	.64782	.57403	.51098
25	1.7604	1.2289	0.9970	.84661	.73512	.64648	.57290	.51000
26	1.7434	1.2239	0.9940	.84450	.73348	.64514	.57178	.50903
27	1.7270	1.2188	0.9910	.84239	.73185	.64382	.57065	.50806
28	1.7112	1.2139	0.9881	.84030	.73023	.64249	.56953	.50708
29	1.6960	1.2090	0.9852	.83822	.72861	.64117	.56841	.50612
30	1.6812	1.2041	0.9823	.83614	.72700	.63985	.56730	.50515
31	1.6670	1.1993	0.9794	.83408	.72539	.63853	.56619	.50419
32	1.6532	1.1946	0.9765	.83203	.72379	.63722	.56508	.50322
33	1.6398	1.1899	0.9737	.82998	.72220	.63592	.56397	.50226
34	1.6269	1.1852	0.9708	.82795	.72061	.63462	.56287	.50131
35	1.6143	1.1806	0.9680	.82592	.71903	.63332	.56177	.50035
36	1.6021	1.1761	0.9652	.82391	.71745	.63202	.56067	.49940
37	1.5902	1.1716	0.9625	.83190	.71588	.63073	.55957	.49845
38	1.5786	1.1671	0.9597	.81991	.71432	.62945	.55848	.49750
39	1.5673	1.1627	0.9570	.81792	.71276	.62816	.55739	.49655
40	1.5563	1.1584	0.9542	.81594	.71120	.62688	.55630	.45960
41	1.5456	1.1540	0.9515	.81397	.70966	.62561	.55522	.49466
42	1.5351	1.1498	0.9488	.81201	.70811	.62434	.55414	.49372
43	1.5249	1.1455	0.9462	.81006	.70658	.62307	.55306	.49278
44	1.5149	1.1413	0.9435	.80811	.70504	.62180	.55198	.49184
45	1.5051	1.1372	0.9409	.80618	.70352	.62054	.55091	.49091
46	1.4956	1.1331	0.9383	.80425	.70200	.61929	.54984	.48998
47	1.4863	1.1290	0.9356	.80234	.70048	.61803	.54877	.48905
48	1.4771	1.1249	0.9331	.80043	.69897	.61678	.54770	.48812
49	1.4682	1.1209	0.9305	.79853	.69746	.61554	.54664	.48719
50	1.4594	1.1170	0.9279	.79683	.69596	.61429	.54558	.48626
51	1.4508	1.1130	0.9254	.79475	.69447	.61306	.54452	.48534
52	1.4424	1.1091	0.9228	.79287	.69298	.61182	.54347	.48442
53	1.4341	1.1053	0.9203	.79101	.69149	.61059	.54241	.48350
54	1.4260	1.1015	0.9178	.78915	.69002	.60936	.54136	.48258
55	1.4180	1.0977	0.9153	.78729	.68854	.60813	.54031	.48167
56	1.4102	1.0939	0.9129	.78545	.68707	.60691	.53927	.48076
57	1.4025	1.0902	0.9104	.78361	.68561	.60569	.53823	.47984
58	1.3949	1.0865	0.9079	.78179	.68415	.60448	.53719	.47893
59	1.3875	1.0828	0.9055	.77996	.68269	.60327	.53615	.47803

LA ASTRONOMÍA SEGÚN LOS EGIPCIOS

	8	9	10	11	12	13	14	15
0	47712	42597	38021	33882	30103	26627	23408	20412
1	47622	42517	37949	33818	30043	26571	23357	20364
2	47532	42436	37877	33750	29983	26518	23305	20316
3	47442	42356	37806	33686	29923	26460	23254	20268
4	47352	42276	37733	33620	29862	26405	23202	20219
5	47262	42197	37661	33554	29802	26349	23151	20171
6	47173	42117	37589	33489	29743	26294	23099	20124
7	47083	42038	37517	33424	29683	26239	23048	20076
8	46994	41958	37446	33359	29623	26184	22997	20029
9	46905	41879	37375	33294	29564	26129	22946	19981
10	46817	41800	37303	33229	29504	26074	22894	19932
11	46728	41721	37232	33164	29445	26019	22843	19884
12	46640	41642	37161	33099	29385	25964	22792	19837
13	46552	41564	37090	33035	29326	25909	22741	19789
14	46464	41485	37019	32970	29267	25854	22691	19742
15	46376	41407	36949	32906	29208	25800	22640	19694
16	46288	41329	36878	32842	29149	25745	22589	19647
17	46201	41251	36808	32777	29090	25690	22538	19599
18	46113	41173	36737	32713	29031	25636	22488	19552
19	46026	41095	36667	32649	28972	25582	22437	19505
20	45939	41017	36597	32585	28913	25527	22386	19457
21	45852	40940	36527	32522	28855	25473	22336	19410
22	45766	40863	36457	32458	28796	25419	22286	19363
23	45679	40785	36387	32394	28737	25365	22236	19316
24	45593	40708	36318	32331	28679	25311	22185	19269
25	45507	40631	36248	32267	28621	25257	22135	19222
26	45421	40555	36179	32204	28562	25203	22084	19175
27	45335	40478	36110	32141	28504	25149	22034	19128
28	45250	40401	36040	32077	28446	25095	21984	19082
29	45165	40325	35971	32014	28388	25041	21934	19035
30	45079	40249	35902	31951	28330	24988	21884	18988
31	44994	40173	35833	31889	28272	24934	21835	18941
32	44909	40097	35765	31826	28214	24881	21785	18895
33	44825	40021	35696	31763	28157	24827	21735	18848
34	44740	39945	35627	31700	28099	24774	21685	18802
35	44656	39869	35559	31638	28042	24721	21635	18755
36	44571	39794	35491	31575	27984	24667	21586	18709
37	44487	39719	35422	31513	27927	24614	21536	18662
38	44403	39643	35354	31451	27869	24561	21487	18616
39	44320	39568	35286	31389	27812	24508	21437	18570
40	44236	39493	35218	31327	27755	24456	21388	18524
41	44153	39419	35150	31266	27698	24402	21339	18477
42	44069	39344	35083	31203	27641	24349	21289	18431
43	43986	39269	35015	31141	27584	24296	21240	18385
44	43903	39195	34948	31079	27527	24244	21191	18339
45	43820	39121	34880	31017	27470	24191	21142	18293
46	43738	39047	34813	30956	27413	24138	21093	18247
47	43655	38972	34746	30894	27357	24086	21044	18201
48	43573	38899	34679	30833	27300	24033	20995	18155
49	43491	38825	34612	30772	27244	23981	20946	18110
50	43409	38751	34545	30710	27187	23928	20897	18064
51	43327	38678	34478	30649	27131	23876	20849	18018
52	43245	38604	34412	30588	27075	23824	20800	17973
53	43164	38531	34345	30527	27018	23772	20751	17927
54	43082	38458	34279	30466	26962	23720	20703	17881
55	43001	38385	34212	30406	26906	23668	20654	17836
56	42920	38312	34146	30345	26850	23616	20606	17791
57	42839	38239	34080	30284	26794	23564	20557	17745
58	42758	38166	34014	30224	26738	23512	20509	17700
59	42677	38094	33948	30163	26683	23460	20460	17654

Sabemos que nuestro tiempo de París está en retraso de más de 9' sobre el de Greenwich, y que debemos desfasar de tanto la longitud que será adoptada. El estudio algo más completo detallado permitirá familiarizarse con el retroceso o el avance de las Siete Errantes:

1) Para un nacimiento teniendo lugar a medio día, y en el meridiano de Greenwich (en Francia: Caen, Mont-de-Marsan, Pau...), no hay diferencia de tiempo local. Las 5 horas de adelanto sobre el tiempo sideral sobre el Sol serán a deducir en los cálculos de los pasos planetarios (para el nacimiento en París, conviene aumentar de 9' 20" el tiempo local).
2) Para un nacimiento que tiene lugar después de la hora local de medio día, es necesario sustraer en tiempo el obtenido por la diferencia de longitud entre Greenwich y esta, si se ha pasado al este, o añadirla si tiene lugar en el oeste del meridiano inglés.
3) Si el nacimiento tiene lugar antes de medio día, como el que nos ocupa con Jean Mermoz, el problema del tiempo es inverso, y el "paso cotidiano" en el Espacio es definido a continuación:

El Sol: Las efemérides más fiables ofrecen unos datos elementales que, para un paso de 52' 05", lo sitúa en 256° 27' de Aries, lo que viene a decir que con las constelaciones astronómicas sobre las que están basadas las graduaciones, nuestro astro del día se situaba el 9 de diciembre de 1.901 a las 12 horas precisas tiempo local, en 16° 27' de Sagitario en relación a la longitud de Greenwich.

Sin volver a tomar todos los elementos que, partiendo de finales de Cáncer dan un número celeste diferente, veamos directamente el equivalente en tamaño sideral real de las constelaciones.

El único medio práctico es el que consiste en utilizar las tablas de logaritmos para volver a encontrar la hora exacta de la salida del paso del Sol. Nosotros tenemos un nacimiento en tiempo real terrestre de 0h 02' 40" en Aubento para Jean Mermoz por una parte. Por otra, un "paso" solar de 52' 05" que empieza en 16° 27 de Sagitario a las 17h 09' sideral.

La tabla de los logaritmos adjunta permite una simplificación de todos los cálculos, pero cada operación debe ser efectuada sucesivamente en orden y metódicamente. Horizontalmente, hay 15 columnas "grados o horas", y verticalmente, numeradas en la izquierda, la columna de los minutos que va desde cero a 59.

De 17h 09' tiempo sideral a 12h (hora local), hay 5h 09' en demasía. Debemos pues conocer la "*proporción logarítmica cifrable que será desquitada o añadida según el nacimiento*". Para ello, miramos en la columna 5 de las horas, y bajamos hasta el 09 de los minutos para encontrar la proporción matemática del logaritmo de 5h 09', es decir: 6.684.

Esta cifra permitirá pasar al segundo nivel de la operación para conseguir el "paso" solar, al igual que el de las seis Errantes. Hemos visto que el 9 de diciembre 1.901 la navegación del Sol era de 52' 05", veamos en la misma tabla en la primera columna de las horas y de los grados: la del cero. Debemos bajar hasta casi el final, frente a los 52 minutos para leer: 14.424.

Para conseguir el verdadero desplazamiento sideral del Sol a lo largo de esas 5h 09', basta sumar los dos logaritmos conseguidos y buscar el desplazamiento en grados que le corresponde en la Tabla para conocer el desplazamiento complementario del "paso": 6.684 + 14.424 = 21.108.

El número más cercano al 21.108 en la Tabla se sitúa en la columna 13 (marcada como 14), y frente al número 15 de los minutos, es decir 2.114. Deberemos restar, en esta última fase, los 15 minutos conseguidos científicamente, para un cálculo que se hacía de forma automática para los antiguos egipcios gracias al año "vago" de 360 día cuyas 12 horas tanto de día como de noche eran uniformes. Por último, el nacimiento enseñaba el Sol del 9/12/1901, para el célebre aviador, en: (16° 27' – 0° 45') = **15° 32'** de Sagitario.

Ocurre lo mismo para la Luna, donde el paso cotidiano es mucho más rápido, ya que es de 11° 53' cada 24 horas. Para conseguirlo en tiempo sideral, conviene realizar el mismo ciclo logarítmico como para el Sol, lo que nos da 2° 21' a restar, situando nuestro luminario nocturno en: **9° 27'** de Piscis.

Para Mercurio y Venus, tenemos cerca de 20 minutos de más; Marte tiene: 4', Júpiter y Saturno: 2'. La diferencia no influye en las C-M-D, y estos números se pueden usar sin temor al error.

Los apasionados de astrología dirán. "¿*Pero y referente a la fortuna, Los nudos de la Luna, los otros planetas...*?" Pero esta obra se refiere a la astronomía antigua, y ello nunca formó parte de lo que precedió, nada de ello podía falsear las combinaciones geométricas realizadas por las siete Errantes en un todo inscrito en la Creación divina, inscrito en nuestro universo visible: el sistema solar.

Esta es la carta del cielo de Jean Mermoz, tal como se define en el Círculo de Oro de Dendera:

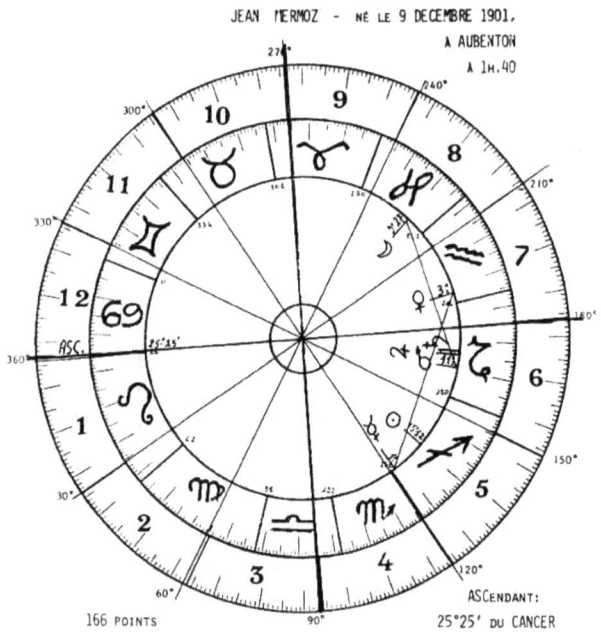

Hay diferencias notables a primera vista en esta carta del cielo, provienen de las desiguales longitudes de las constelaciones, así como por el reparto de las Siete en cuatro de las Casas de la parte occidental (4,5,6,7 y 8 esta última es la casa de la muerte). Por otra parte Mercurio está aquí en Sagitario como lo hubiese estado para los egipcios, mientras que en la astrología moderna, la situaría en Escorpión ya que esta constelación sólo tiene 24° en lugar de 30°.

Sólo con mirar esta carta del cielo del nacimiento es fácil ver las generalidades del tema de Mermoz y cual será su fin.

Llegamos al final de nuestro estudio, que quizás no tenga todas la precisiones deseadas en cuanto a las previsiones, dependiendo de las C-M-D, pero esa no era la finalidad de este libro, que sobre todo nos propone algunas reflexiones a los apasionados de astrología que deseen profundizar la Ciencia que utilizan sin conocer los Orígenes astronómicos del antiguo Egipto. Ahora tienen todos los datos.

CONCLUSIÓN

Sin querer filosofar en vano sobre el alcance de este trabajo en relación a los miles de manuscritos consagrados a las ciencias religiosas, del cual forma parte el estudio del cielo, es bueno recordar para concluir algunas nociones que parecieron elementales a los egiptólogos del siglo pasado que las obviaron.

Este año "*Vago*" de 360 días con meses de 30 días, de los que las 12 horas del día, seguidas de las 12 de la noche invariables, era tan "*primario, salvaje*" y "*el hecho de una civilización que no podía tener más que iletrados...*" Ninguno de nuestros sabios pensó estudiar [¡sic!] para intentar comprender si había un motivo más profundo para esta aparente simplificación, ya que todo el mundo admite además que existían cinco días epagómenos para que el Espacio egipcio se mantuviera en acuerdo con el verdadero año de 365 días en el tiempo. Conviene, pues, con toda lógica, comprender primero por qué existía este año de 360 días. Tenía un motivo profundo de existir, el de mantener la armonía con el Círculo de Oro Celeste: el Cinturón de las doce, dicho de otro modo, nuestro zodíaco con doce constelaciones.

Lo que aparece como unas nociones elementales, precisas o utilitarias que no superan el nivel de vulgarización para el uso de las poblaciones agrícolas a orillas del Nilo, es al contrario un concepto simplista ya que son las mismas bases de la raíz del conocimiento.

Todas las informaciones divulgadas en esta obra son reflejos particulares de la ciencia que estudia el cielo bajo todos sus aspectos y bajo todas sus relaciones con la tierra: las C-M-D. Existen muchas más, que aún están enterradas en los sótanos de Dendera, y que serán puestas al día llegado el momento.

Fue casi imposible en septiembre de 1.979, pero hubo un brutal bloqueo de la egiptología francesa bajo el pretexto fútil de falta de crédito para iniciar las excavaciones, lo que es ridículo. A mi regreso a

Egipto, tuve que estar largo tiempo hospitalizado, pero las demostraciones de amistad y el apoyo no me han faltado, incluyendo las de un obispo copto que me demostró que ello era una prueba, ya que el momento no había llegado. En efecto, las profecías antiguas pretenden que no será más que a partir 1.984 que los textos originales resurgirán de las arenas donde fueron enterrados, y no antes...

Algunos incluso dedujeron que sería como consecuencia del gran acontecimiento de ese año. Ya he dicho, escrito y repetido que el fin del mundo, o incluso de un mundo, no debe tener lugar antes de finales de siglo XXI, para no conceder crédito a este cambio en Egipto de 1.984; pero quizás a fuerza de paciencia, podría decidir llevar un equipo oficial y penetrar en el templo construido por Keops, y desde ahí, al que data de la primera época del primer faraón. Lo que permitirá al fin penetrar en el Círculo de Oro, convertido en el Gran Laberinto querido de Herodoto, Diodoro de Sicilia, y todos los autores griegos y árabes, cuyo rumor público se mantiene aún hoy, dicen que resurgirá para demostrar la vanidad del hombre y su fin cercano para que se arrepienta de sus pecados cerca del Eterno Creador.

OTROS TÍTULOS

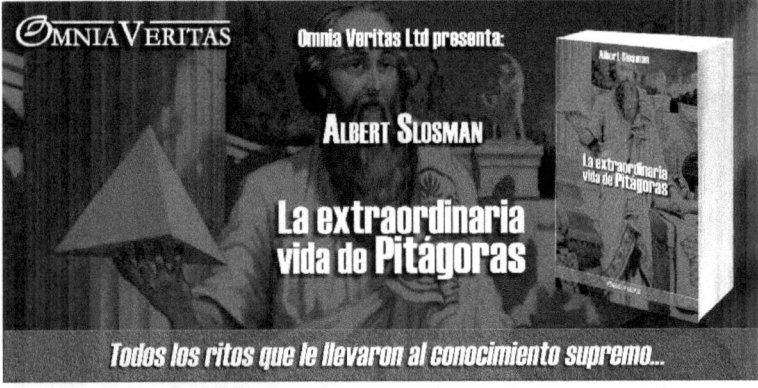

LA ASTRONOMÍA SEGÚN LOS EGIPCIOS

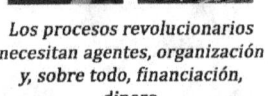

LA ASTRONOMÍA SEGÚN LOS EGIPCIOS

OMNIA VERITAS

Omnia Veritas Ltd presenta:

HISTORIA PROSCRITA
II
LA HISTORIA SILENCIADA DE ENTREGUERRAS

POR

VICTORIA FORNER

"El verdadero crimen es acabar una guerra con el fin de hacer inevitable la próxima."

EL TRATADO DE VERSALLES FUE "UN DICTADO DE ODIO Y DE LATROCINIO"

OMNIA VERITAS

Omnia Veritas Ltd presenta:

HISTORIA PROSCRITA
III
LA II GUERRA MUNDIAL Y LA POSGUERRA

POR

VICTORIA FORNER

Distintas fuerzas trabajaban para la guerra en los países europeos

MUCHOS AGENTES SERVÍAN INTERESES DE UN PARTIDO BELICISTA TRANSNACIONAL

OMNIA VERITAS

Omnia Veritas Ltd presenta:

HISTORIA PROSCRITA
IV
HOLOCAUSTO JUDÍO, NUEVO DOGMA DE FE PARA LA HUMANIDAD

POR

VICTORIA FORNER

Nunca en la historia de la humanidad se había producido una circunstancia como la que estudiaremos...

UN HECHO HISTÓRICO SE HA CONVERTIDO EN DOGMA DE FE

Omnia Veritas Ltd presenta:

EUROPEA Y LA IDEA DE NACIÓN
seguido de
HISTORIA COMO SISTEMA
por
JOSÉ ORTEGA Y GASSET

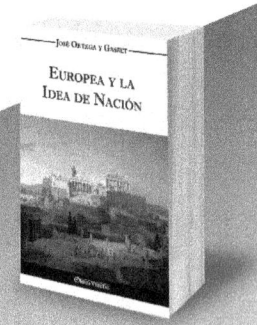

Pero la nación europea llegó a ser "nación" porque añadiera formas de vida que pretenden representar una "manera de ser hombre"

Un programa de vida hacia el futuro

Omnia Veritas Ltd presenta:

FRANCO
por
JOAQUÍN ARRARÁS

"La alegría del alma está en la acción." De Marruecos sube un estruendo bélico, que pasa como un trueno sobre España.

Caudillo de la nueva Reconquista, Señor de España

Omnia Veritas Ltd presente:

LA GUERRA OCULTA
de
Emmanuel Malynski

En esencia, **La Guerra Oculta** es una metafísica de la historia, es la concepción de la perenne **lucha entre dos opuestos** órdenes de fuerzas...

La Guerra Oculta es un libro que ha sido calificado de "maldito"

El análisis más anticonformista de los hechos históricos

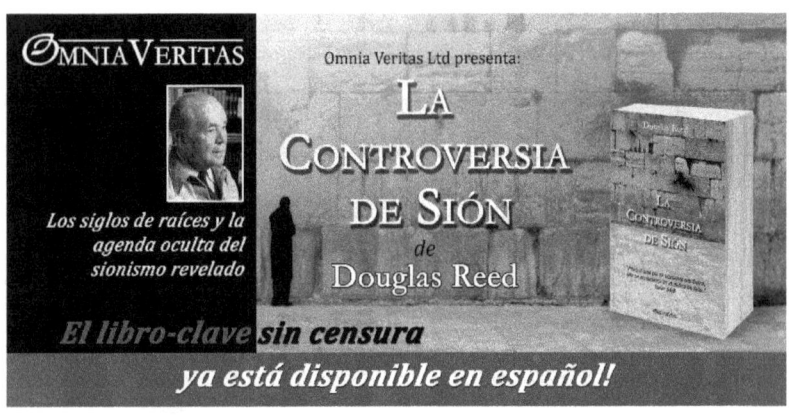

Omnia Veritas Ltd presenta:

RENÉ GUÉNON
Apreciaciones sobre el Esoterismo Cristiano

« Este cambio convirtió al cristianismo en una religión en el verdadero sentido de la palabra y una forma tradicional ... »

Las verdades esotéricas estaban fuera del alcance del mayor número...

Omnia Veritas Ltd presenta:

RENÉ GUÉNON
Autoridad espiritual y poder temporal

"La distinción de las castas constituye, en la especie humana, una verdadera clasificación natural a la cual debe corresponder la repartición de las funciones sociales."

La igualdad no existe en realidad en ninguna parte

Omnia Veritas Ltd presenta:

RENÉ GUÉNON
EL ERROR ESPIRITISTA

En nuestra época hay muchas otras "contraverdades" que es bueno combatir...

Entre todas las doctrinas "neoespiritualistas", el espiritismo es ciertamente la más extendida

« Dante indica de una manera muy explícita que hay en su obra un sentido oculto, propiamente doctrinal, del que el sentido exterior y aparente no es más que un velo »

... y que debe ser buscado por aquellos que son capaces de penetrarle

"Cuando consideramos lo que es la filosofía en los tiempos modernos, no podemos impedirnos pensar que su ausencia en una civilización no tiene nada de particularmente lamentable."

El Vêdânta no es ni una filosofía, ni una religión

OMNIA VERITAS LTD PRESENTA:

RENÉ GUÉNON

EL REINO DE LA CANTIDAD Y LOS SIGNOS DE LOS TIEMPOS

« Porque todo lo que existe de alguna manera, incluso el error, necesariamente tiene su razón de ser »

... y el desorden en sí mismo debe encontrar su lugar entre los elementos del orden universal

"Un principio, la Inteligencia cósmica que refleja la Luz espiritual pura y formula la Ley"

El Legislador primordial y universal

«La consideración de un ser en su aspecto individual es necesariamente insuficiente»

... puesto que quien dice metafísico dice universal

OMNIA VERITAS LTD PRESENTA:
RENÉ GUÉNON
EL TEOSOFISMO
HISTORIA DE UNA SEUDORELIGIÓN

"Nuestra meta, decía entonces Mme Blavatsky, no es restaurar el hinduismo, sino barrer al cristianismo de la faz de la tierra"

El término teosofía sirvió como una denominación común para una variedad de doctrinas

OMNIA VERITAS

Omnia Veritas Ltd presenta:

RENÉ GUÉNON

ESTUDIOS SOBRE EL HINDUÍSMO

"Considerando la contemplación y la acción como complementarias, nos emplazamos en un punto de vista ya más profundo y más verdadero"

... la doble actividad, interior y exterior, de un solo y mismo ser

OMNIA VERITAS

Omnia Veritas Ltd presenta:

RENÉ GUÉNON

ESTUDIOS SOBRE LA FRANCMASONERIA Y EL COMPAÑERAZGO

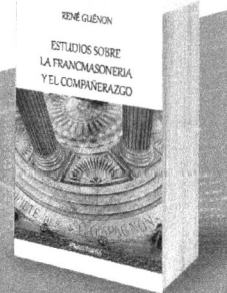

«Entre los símbolos usados en la Edad Media, además de aquellos de los cuales los Masones modernos han conservado el recuerdo aun no comprendiendo ya apenas su significado, hay muchos otros de los que ellos no tienen la menor idea.»

la distinción entre "Masonería operativa" y "Masonería especulativa"

OMNIA VERITAS

Omnia Veritas Ltd presenta:

RENÉ GUÉNON

FORMAS TRADICIONALES Y CICLOS CÓSMICOS

« Los artículos reunidos en el presente libro representan el aspecto más "original" de la obra de René Guénon.»

Fragmentos de una historia desconocida

Omnia Veritas Ltd presenta:

RENÉ GUÉNON

INICIACIÓN
Y
REALIZACIÓN ESPIRITUAL

« Necedad e ignorancia pueden reunirse en suma bajo el nombre común de incomprensión »

La gente es como un "reservorio" desde el cual se puede disparar todo, lo mejor y lo peor

OMNIA VERITAS LTD PRESENTA:

RENÉ GUÉNON
INTRODUCCIÓN GENERAL
AL ESTUDIO DE
LAS DOCTRINAS HINDÚES

« Muchas dificultades se oponen, en Occidente, a un estudio serio y profundo de las doctrinas orientales »

... este último elemento que ninguna erudición jamás permitirá penetrar

Omnia Veritas Ltd presenta:

RENÉ GUÉNON

LA CRISIS DEL
MUNDO
MODERNO

«Parece por lo demás que nos acercamos al desenlace, y es lo que hace más posible hoy que nunca el carácter anormal de este estado de cosas que dura desde hace ya algunos siglos»

Una transformación más o menos profunda es inminente

LA ASTRONOMÍA SEGÚN LOS EGIPCIOS

«En todo ternario tradicional, cualesquiera que sea, se quiere encontrar un equivalente más o menos exacto de la Trinidad cristiana»

se trata muy evidentemente de un conjunto de tres aspectos divinos

« La metafísica pura, al estar por esencia fuera y más allá de todas las formas y de todas las contingencias »

no es ni oriental ni occidental, es universal

Omnia Veritas Ltd presenta:

PAUL CHACORNAC

LA VIDA SIMPLE
DE RENÉ GUÉNON

«Vamos a hablar de un hombre extraordinario en el sentido más estricto de la palabra. Pues no es posible definirlo ni "clasificarlo".»

Por su inteligencia y su saber, el fue, durante toda su vida, un hombre oscuro

«Según la significación etimológica del término que le designa, el Infinito es lo que no tiene límites»

La noción del Infinito metafísico en sus relaciones con la Posibilidad universal

OMNIA VERITAS LTD PRESENTA:

RENÉ GUÉNON

LOS PRINCIPIOS DEL CÁLCULO INFINITESIMAL

«... nos ha parecido útil emprender este estudio para precisar algunas nociones del simbolismo matemático »

Esa ausencia de principios que caracteriza a las ciencias profanas

OMNIA VERITAS LTD PRESENTA:

RENÉ GUÉNON

MISCELÁNEA

"Hay cierto número de problemas que constantemente han preocupado a los hombres, pero quizás ninguno ha parecido generalmente tan difícil de resolver como el del origen del Mal"

Este dilema es insoluble para aquellos que consideran la Creación como la obra directa de Dios

LA ASTRONOMÍA SEGÚN LOS EGIPCIOS

Omnia Veritas Ltd presenta:

RENÉ GUÉNON
ORIENTE Y OCCIDENTE

«La civilización occidental moderna aparece en la historia como una verdadera anomalía...»

Esta civilización es la única que se ha desarrollado en un aspecto puramente material

OMNIA VERITAS

OMNIA VERITAS LTD PRESENTA:

RENÉ GUÉNON
ESCRITOS PARA REGNABIT

«Esa copa sustituye al Corazón de Cristo como receptáculo de su sangre. ¿Y no es más notable aún, en tales condiciones, que el vaso haya sido ya antiguamente un emblema del corazón?»

El Santo Grial es la copa que contiene la preciosa Sangre de Cristo

OMNIA VERITAS

OMNIA VERITAS LTD PRESENTA:

RENÉ GUÉNON
SÍMBOLOS DE LA CIENCIA SAGRADA

«Este desarrollo material ha sido acompañado de una regresión intelectual, que ese desarrollo es harto incapaz de compensar»

¿Qué importa la verdad en un mundo cuyas aspiraciones son únicamente materiales y sentimentales?

www.omnia-veritas.com

www.ingramcontent.com/pod-product-compliance
Lightning Source LLC
Chambersburg PA
CBHW050127170426
43197CB00011B/1742